KB151873

Introduction to Big data analysis by R

R을 이용한 빅데이터분석 입문

민만식 지음

저자소개

민만식 고려대학교 수학과에서 학사와 대학원통계학과에서 수리통계로 석사, 박사학위를 취득했다. 현재 안양대학교에서 강의하며, 그동안 강의 경험을 바탕으로 다수의 저서를 집필하였다. 저서로는 〈SPSS을 활용한 통계학〉, 〈미분적분학〉, 〈선형대수학〉, 〈이산수학〉, 〈공학수학〉, 〈사례로 배우는 확률과 통계〉, 〈생활속의 수학〉, 〈통계수학〉, 〈확률론〉, 〈AP Calculus〉, 〈엑셀을 이용한 통계학〉, 〈대학수학〉, 〈다변수 미적분학〉 등이 있다.

R을 이용한 빅데이터분석 입문

발행일 2017년 9월 15일 초판 1쇄
2018년 8월 22일 2쇄
지은이 민만식
펴낸이 김준호
펴낸곳 한티미디어 | **주 소** 서울시 마포구 연남로 1길 67 1층
등 록 제15-571호 2006년 5월 15일
전 화 02)332-7993~4 | **팩 스** 02)332-7995
ISBN 978-89-6421-312-4(93410)
가 격 23,000원

마케팅 박재인 최상욱 김원국 | **관 리** 김지영
편 집 김은수 유채원

이 책에 대한 의견이나 잘못된 내용에 대한 수정 정보는 한티미디어 홈페이지나 이메일로 알려주십시오.
독자님의 의견을 충분히 반영하도록 늘 노력하겠습니다.
홈페이지 www.hanteemedia.co.kr | **이메일** hantee@empal.com

PREFACE

수많은 데이터를 계산해 낼 수 있는 컴퓨터가 개발되면서 통계학도 폭발적으로 발전해 왔다.

수많은 데이터로부터 수많은 가설을 입증하고 이론을 뽑아낼 수 있었기 때문이다. 인터넷과 컴퓨터의 발달도 데이터 집중화가 가능해졌을 뿐만 아니라 매일 사용하는 스마트폰만으로도 개개인의 방대한 양의 이동정보와 관심정보가 수집될 수 있다. 대표적인 예로 서울 심야버스사례를 들 수 있다. KT의 위치정보를 이용하여 많은 사람들이 이동하는 지점을 분석하여 심야버스 노선을 구축하였다. 이제는 그다음 단계의 분석기술들이 많이 발전하고 있다. 많은 양의 데이터를 처리하는 하드웨어도 발전하고, 그것들을 분석해내는 소프트웨어들도 함께 발전 중에 있다. 그런데 데이터 수집단계와 다르게 분석의 단계는 여전히 통계분석능력과 통찰력을 갖춘 인재가 중요하다고 생각한다. 따라서 본 교재는 R을 이용하여 빅데이터를 분석하기 위한 기초로 자료분석을 위주로 주요개념소개와 함께 데이터를 분석을 원하는 비전공자들도 쉽게 이해할 수 있도록 쓰여 졌다. R프로그램은 통계데이터분석 뿐만 아니라 현존하는 컴퓨터 도구 가운데 단연 최고라고 생각한다. R은 무료소프트웨어로 데이터분석, 시각화, 프로그래밍의 역할을 동시에 수행하는 꽤 좋은 도구이다. 이제 복잡한 데이터 분석은 R에 맡기고 분석자는 분석의 방향제시와 결과해석에 치중하면 된다. 이 책은 총 10장으로 구성되었으며, 제1장에서 3장까지는 R프로그램의 기초와 그래프를 제4장과 제5장은 R을 이용한 확률분포계산과 표본분포의 모의실험, 제6장은 R을 이용하여 데이터 시각화분석, 제7장에서 10장까지는 R을 이용한 데이터의 추정, 검정, 상관분석 및 두 변수 이상이 갖는 자료탐구 등을 다루고 있다.

이 책이 R을 이용한 시각화와 기초빅데이터 분석을 원하는 독자들에게 조금이나마 도움이 되었으면 하며, 이 책이 출간되기까지 많은 도움을 주신 한티미디어 관계자 분들께 감사드리고, R 프로그램 작성에 도움을 준 안양대학교 정보통계학과 원귀현 군에게 감사를 표하며, 나에게 큰 힘이 되어주는 가족에게 고마움을 전하고자 한다.

2017. 9.

저자

CONTENTS

CHAPTER 3 그래프

CHAPTER 4 확률분포와 R의 분포함수

CHAPTER 5 표본분포와 모의실험

CHAPTER 6 데이터의 시각화분석

CHAPTER 7 통계적 추정

CHAPTER 8 가설검정

CHAPTER 9 범주형자료분석

CHAPTER 10 상관분석과 회귀분석

CHAPTER

01

프로그램 R소개

구성

1.1 R이란

1.2 R설치

1.3 R스튜디오 설명 및 설치

요약

R 프로그래밍 언어(R)는 하나의 빅데이터 소프트웨어이자 언어이다. 장점으로 R은 공짜(freeware), 꽤 좋다, 전 세계의 1급 연구자들이 개발한 각종 알고리즘 등이 인터넷을 통해 활용할 수 있다는 점이다.

1.1 R이란

R 프로그래밍 언어(R)는 통계 계산과 그래픽을 위한 프로그래밍 언어이자 소프트웨어 환경이다.

뉴질랜드 오클랜드 대학의 로버트 젠틀맨(Robert Gentleman)과 로스 이하카(Ross Ihaka)에 의해 시작되어 현재는 R코어 팀이 개발하고 있다. R은 GPL하에 배포되는 S 프로그래밍 언어의 구현으로 GNU S라고도 한다. 또한 통계 소프트웨어 개발과 자료 분석에 널리 사용되고 있으며, 패키지 개발이 용이하여 통계학자들 사이에서 통계 소프트웨어 개발에 많이 쓰이고 있다. 또한 R에서 Hadoop 환경 상에서 분산처리를 지원하는 패키지개발로 인해 구글, 페이스북 등의 빅데이터 분석이 필요한 기업에서 데이터마이닝 및 분석에 많이 활용 되고 있다. R이 가지고 있는 장점은 여러 학자들에 의해서 만들어진 최신의 분석기법들을 패키지로 만들어 제공하며 오늘날에도 계속해서 새로운 패키지들이 개발되고 널리 사용되고 있다. 또한 SQL Hadoop 등 여러 가지 소프트웨어들을 R에서 패키지로 불러와 사용할 수 있으므로 프로그램의 확장이 뛰어나며 대표적으로 ggplot2 또는 rgl같은 그래픽에 특화된 패키지를 사용하면서 데이터 시각화에 뛰어난 장점을 가지고 있다.

그리고 무엇보다도 오픈 소스이기 때문에 비용이 들지 않고 Help기능을 통해 프로그램 함수를 이해하고 연습할 수 있다.

1.2 R설치

R을 설치하기 위해서는 먼저 다음과 같은 주소 (https://www.r-project.org)에 접속한 후 좌측 첫 번째 메뉴에 있는 Download 아래 CRAN을 클릭한다.

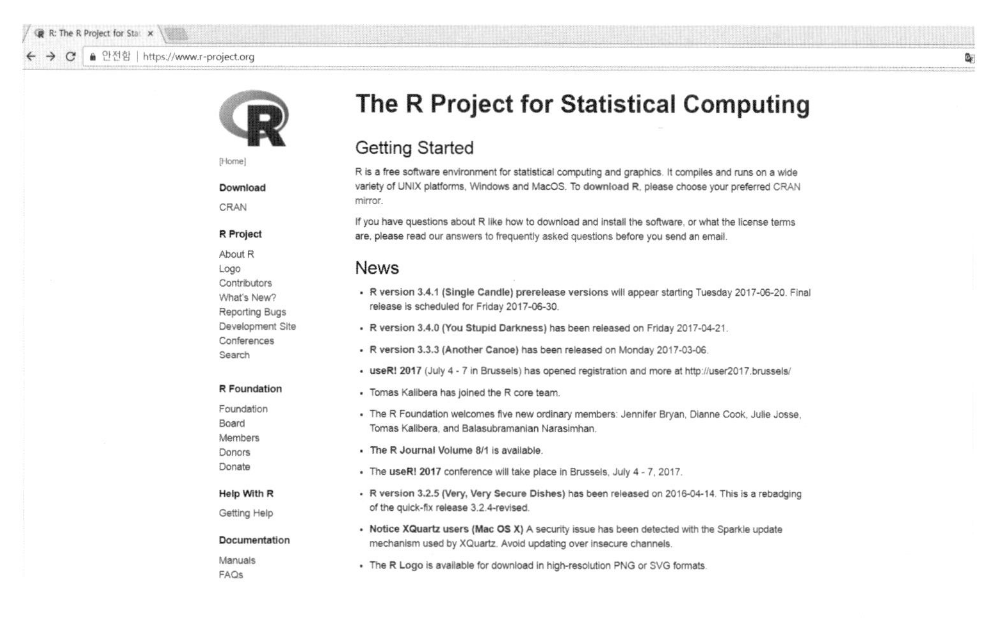

그림 1.1 R 공식사이트

사용자의 운영체제에 맞는 프로그램을 설치한다. Linux Mac Windows 총 세 가지의 버전이 있으며 세 종류의 프로그램 중 사용자에 맞는 운영체제를 선택하면 된다.

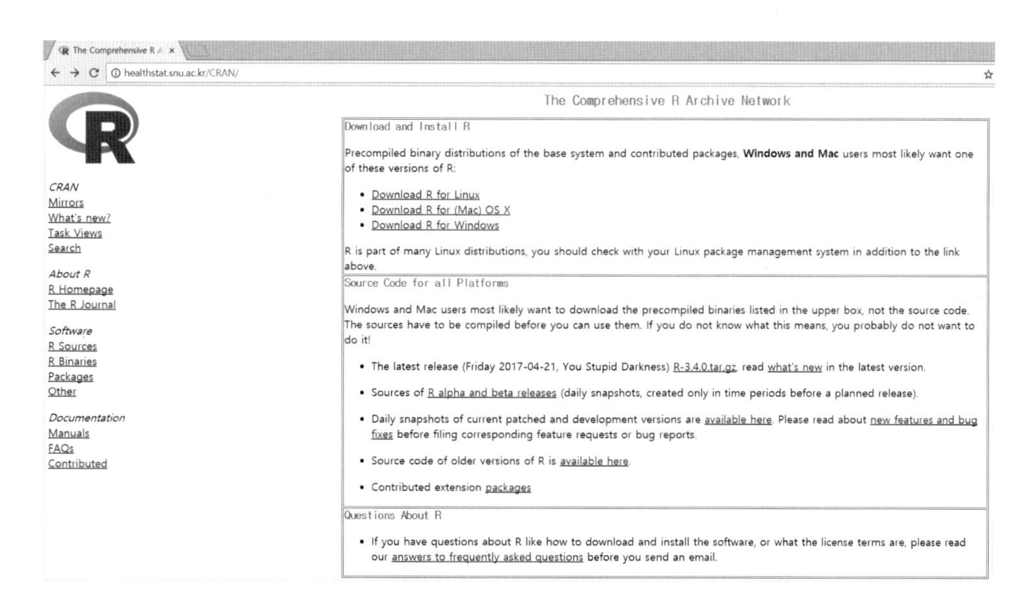

그림 1.2 R프로그램 운영체제 선택화면

그 다음 나라별 주소가 들어있으므로 Korea의 주소를 찾아서 클릭해서 들어간다. Korea의 주소는 총 3개 있으므로 3중 아무거나 다운받아도 상관없다.

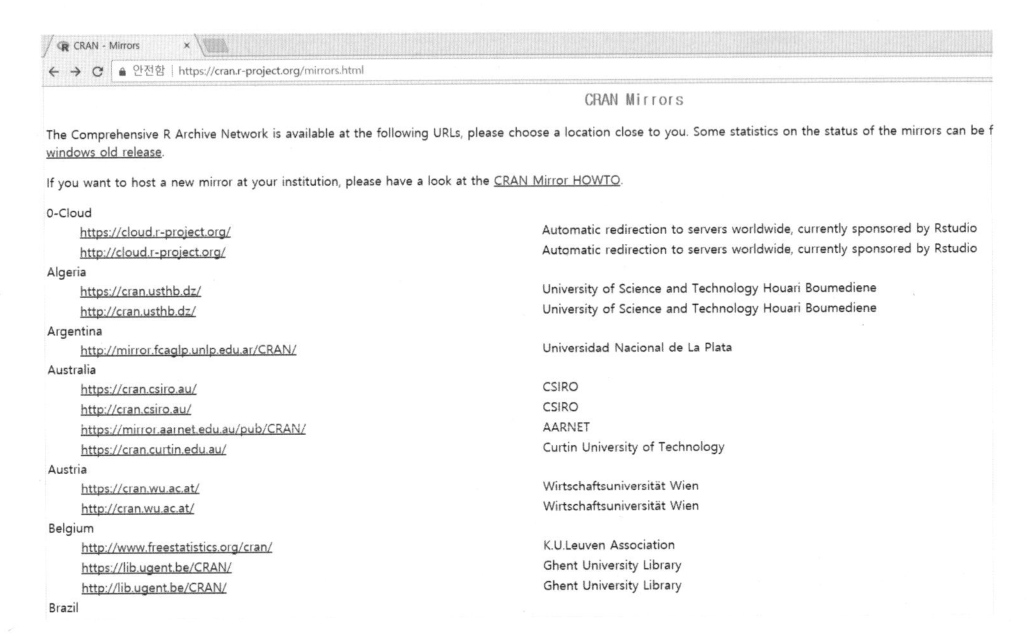

그림 1.3 국가별 R다운로드 링크

그 다음 Subdirectories로 들어가게 되는데 이중 base contrib old contrib Rtoools가 있으며 이 중에 base를 선택한다. 다음 페이지로 넘어가면 Download R 3.4.0 for

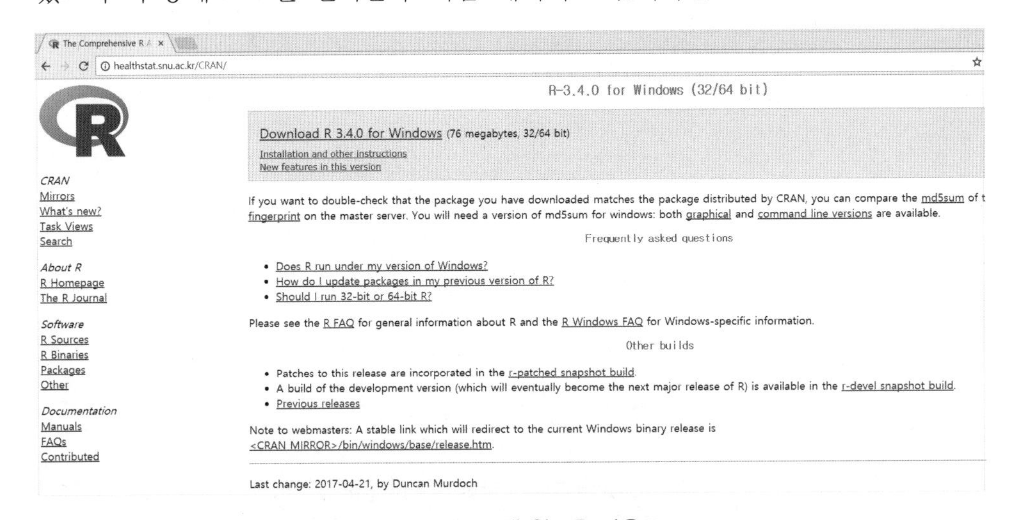

그림 1.4 R프로그램 윈도우 다운로드

Windows (윈도우 운영체제 선택을 한 경우)를 클릭하면 된다. 이때 3.4.0은 버전 이름이며 변경될 수가 있으므로 유의하자. 아이콘을 클릭하면 다운로드가 시작되고 설치를 진행하면 된다.

언어를 선택하고 계속해서 설치를 진행하면 된다.

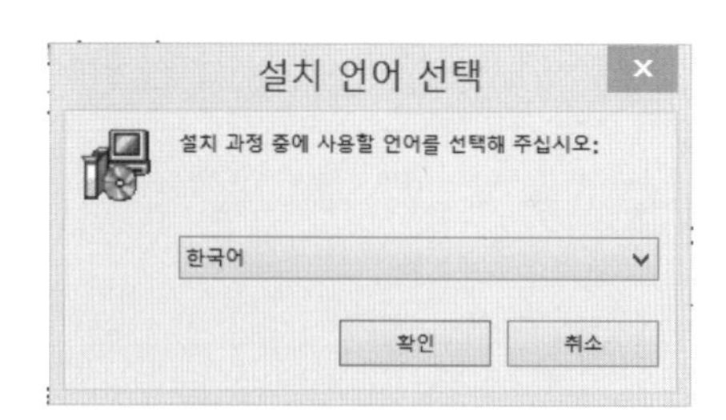

그림 1.5 설치 언어 선택

그림 1.6 설치화면

설치가 완료된 후 R아이콘을 클릭하면 다음과 같은 화면이 생성되면 정상적으로 설치가 완료된다.

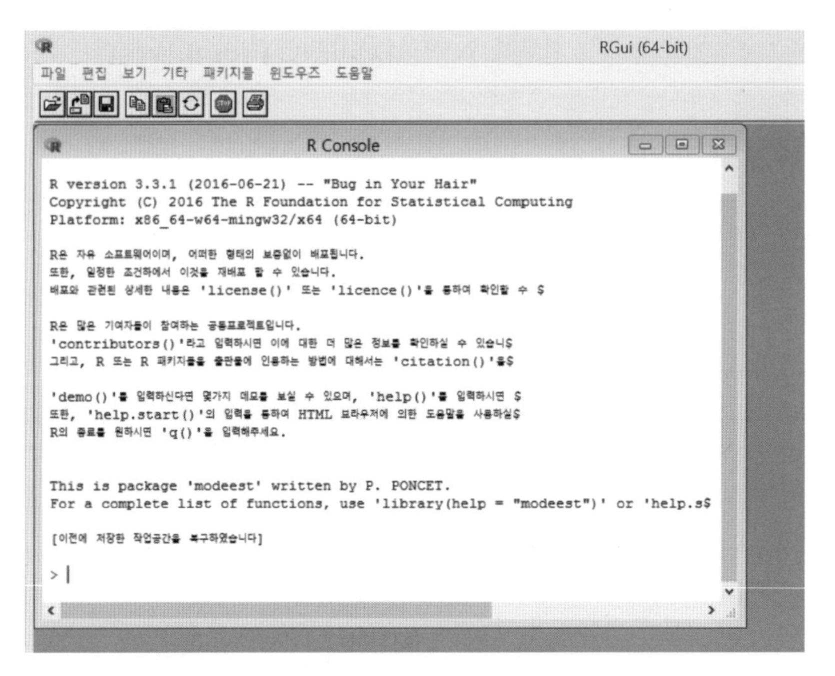

그림 1.7 R프로그램 실행

1.3 R스튜디오 설명 및 설치

여기까지는 R프로그램을 설치하는 과정이었다. 하지만 기본R프로그램은 코드작성이나 저장 불러오기 등에 불편함이 많이 발생한다. 이를 보완하기 위한 보조프로그램으로 R-Studio를 사용한다. 물론 설치하지 않아도 코딩에 큰 문제는 발생하지 않는다. 하지만 R-Studio를 사용할 경우 R의 코드의 이해에도 큰 도움이 되고 또한 스크립트 사용, 단축키 사용, Environment 표시, History, Plot화면 등, R에 대한 조작도가 크게 향상된다. 기본적으로 R-Studio는 R프로그램의 다운로드가 완료되어야 설치 및 실행이 가능하다.

R스튜디오 설치는 다음과 같은 주소 (https://www.rstudio.com)에서 가능하다.

홈페이지에서 RStudio와 그림의 하단에 Download를 클릭한다.

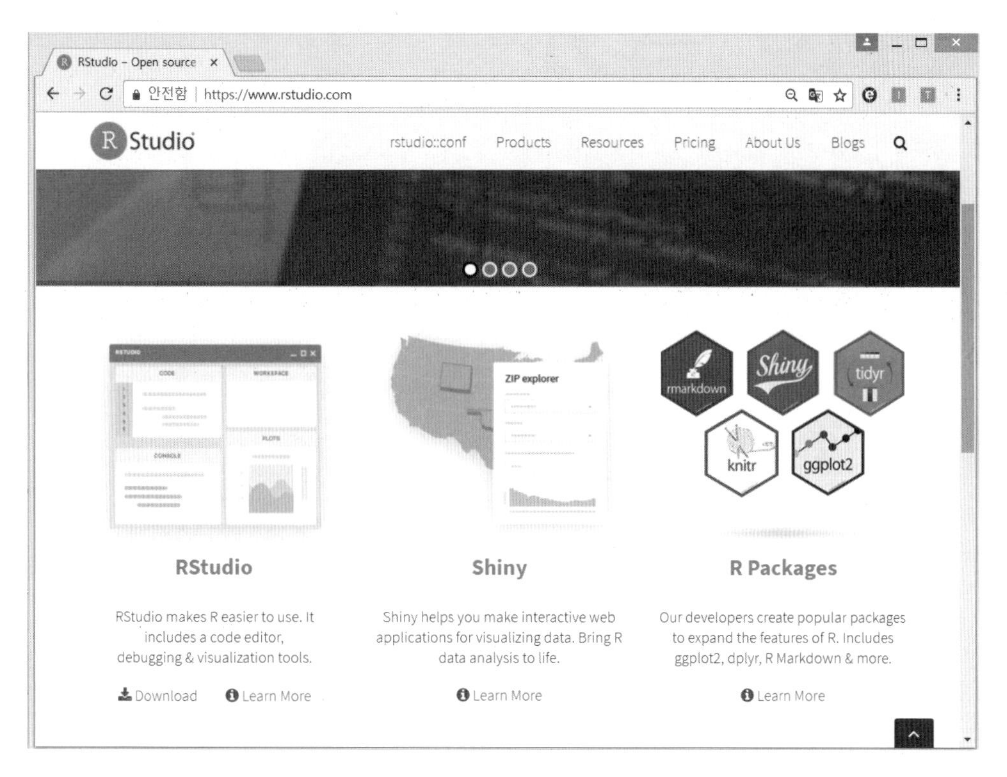

그림 1.8 R-Studio 공식사이트

Download를 클릭하면 다음과 같은 화면이 생성되는데 이 중 첫 번째 RStudio Desktop Open Source License 하단에 있는 녹색 Download 아이콘을 클릭한다.

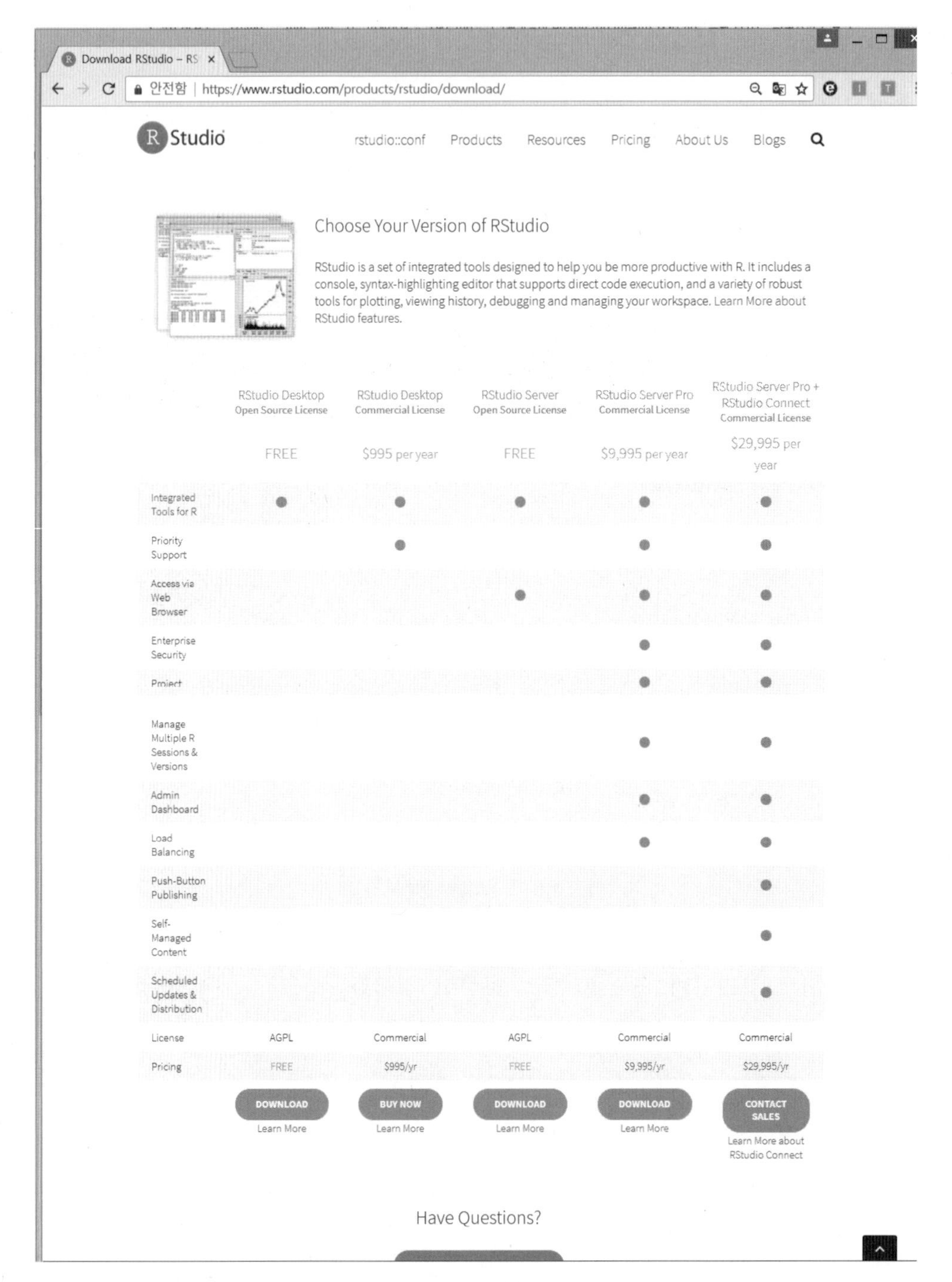

그림 1.9 R-Studio 다운로드 메뉴1

다음으로는 Installers for Supported Platforms에 있는 다운로드 링크 중 자신의 운영체제 버전(윈도우 버전)에 맞는 링크를 클릭하여 설치파일을 다운받는다.

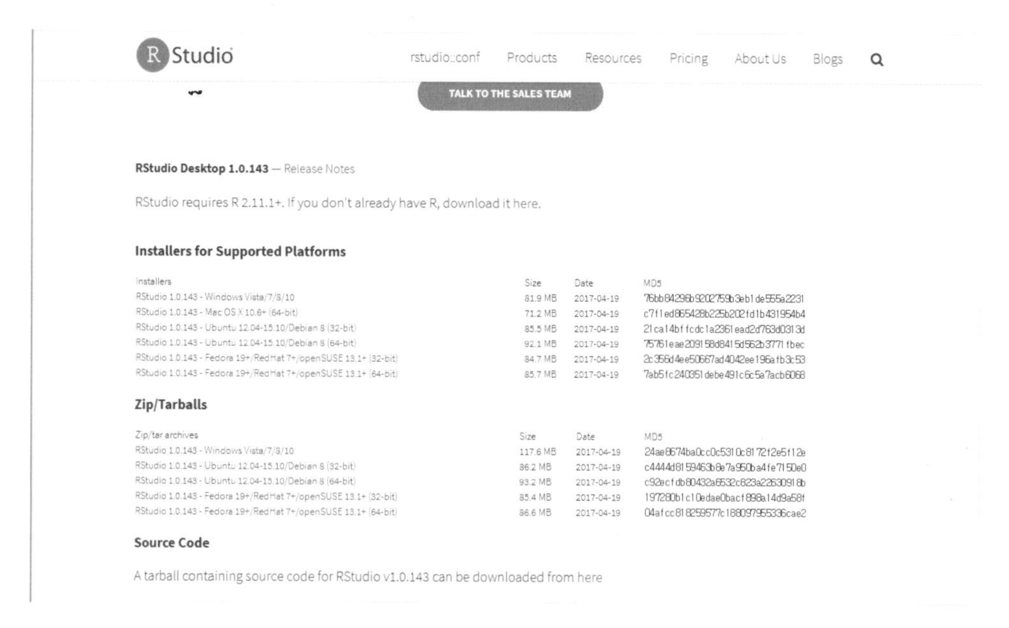

그림 1.10 R-Studio 다운로드 설치파일 종류선택

설치파일을 클릭하면 다음과 같은 설치프로세스가 실행되고 다음을 클릭하고 설치 위치를 지정한 후에 설치를 계속해서 진행하면 된다.

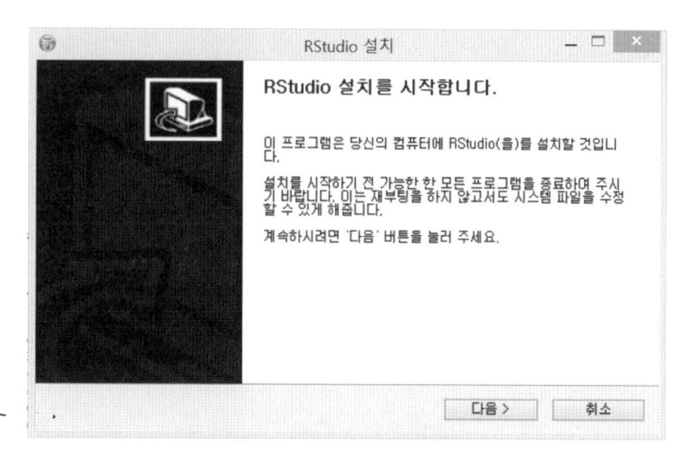

그림 1.11 R-Studio 설치1

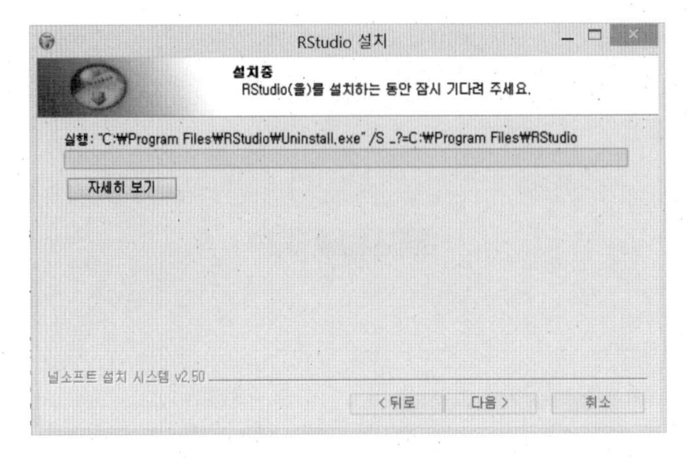

그림 1.12 R-Studio 설치2

R-Studio실행아이콘을 클릭하면 다음과 같은 화면이 생성된다.

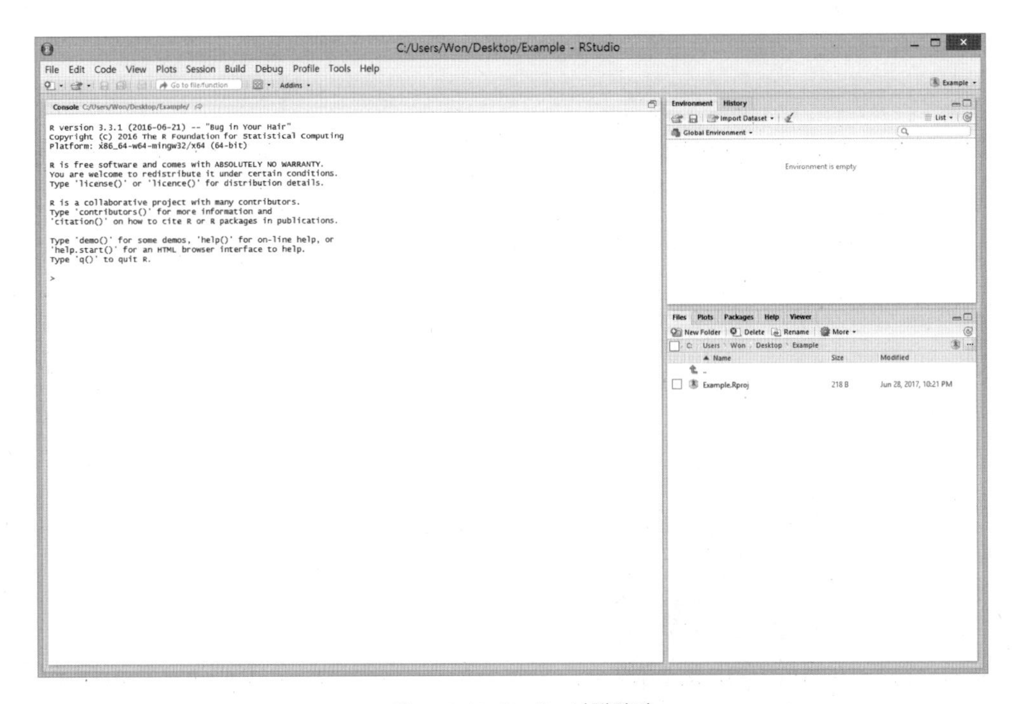

그림 1.13 R-Studio 실행화면

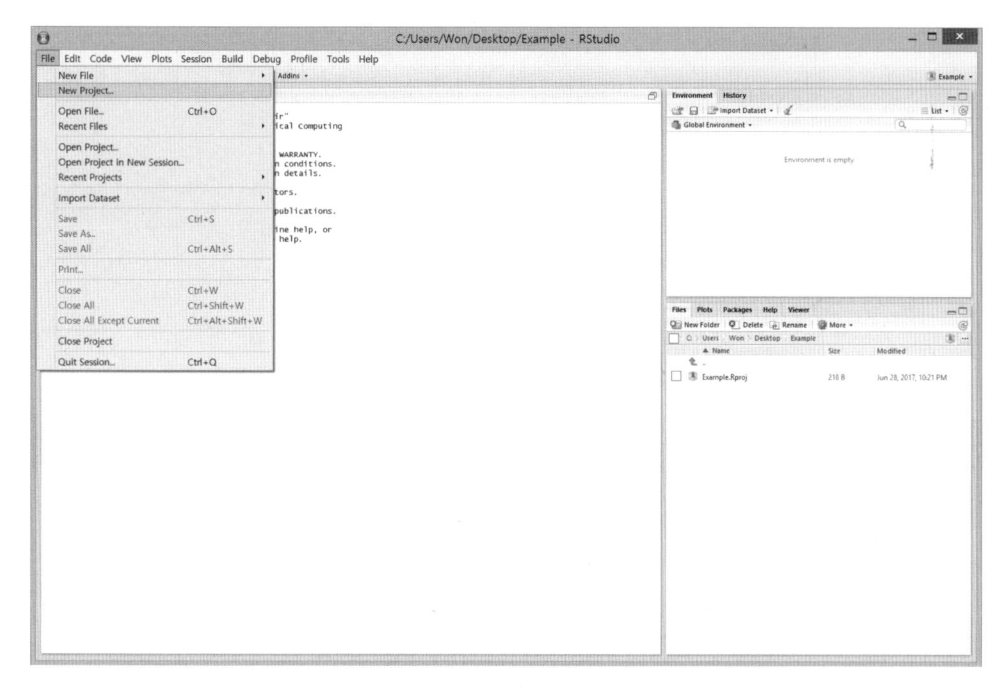

그림 1.14 새로운 프로젝트 생성

좌측부분이 콘솔부분이며 프로그램의 명령어입력 및 실행을 이곳에서 담당한다.

우측 첫 번째 부분은 콘솔에서 할당한 변수명과 자료를 요약 설명해주는 Environment와 그전에 실행한 코드내역이 기록되어 있다. 그 아래에는 R의 파일을 생성 및 조작할 수 있는 파일 내역 부분과 콘솔에서 입력한 그래프를 출력하는 플롯 그리고 R에서 사용 가능한 패키지목록을 보여주고 실행할 수 있으며 또한 사용자가 실행 중 모르는 함수를 설명해주는 Help기능도 이곳에서 출력이 된다. 먼저 새로운 파일을 생성한다. File에 있는 New project버튼을 클릭한 후 다음과 같은 화면이 생성되면 New Directory를 클릭한다.

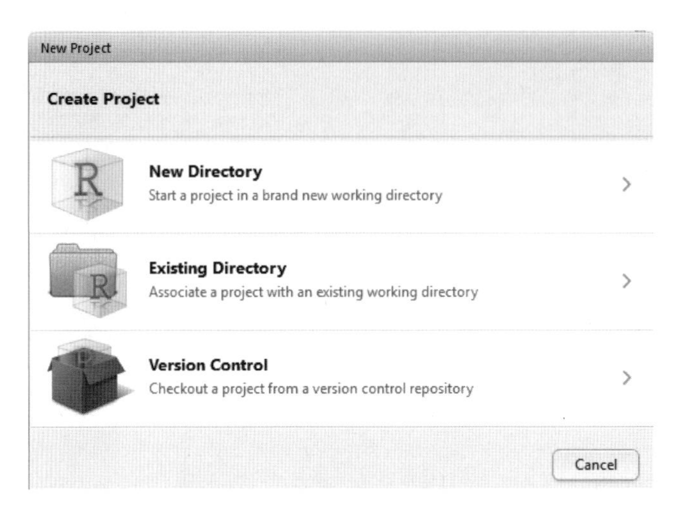

그림 1.15 프로젝트 종류 선택1

다음으로 Empty Project를 클릭하고 파일명 및 저장위치를 지정해주면 새로운 R-Studio창이 실행된다.

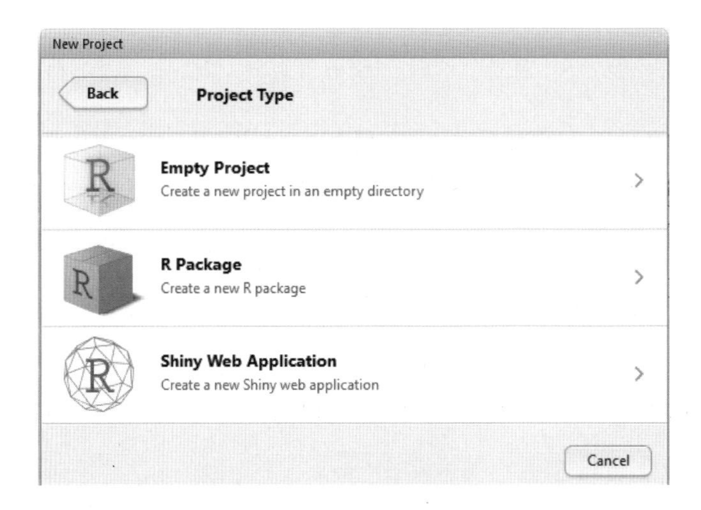

그림 1.16 프로젝트 종류선택2

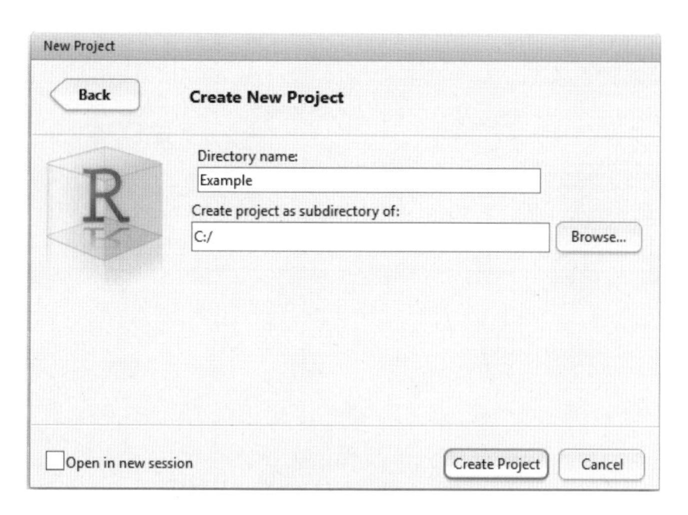

그림 1.17 프로젝트 이름 및 저장위치 지정

먼저 R-Studio를 사용한 기본적인 데이터 입력 및 기능에 대해 소개하고자 한다.

코드를 작성 및 실행하는 콘솔부분에 명령어를 입력한다. R에서는 기본적으로 자료 할당 및 계산이 가능하다. 밑의 사진을 보면 data1<-c(1,2,3,4,5)를 입력한다. 이는 열(column) 벡터형태로 자료 1,2,3,4,5를 data1이라는 자료명(변수)에 할당하는 명령어를 준 것이다. 이는 열(column) 벡터형태인 자료 1,2,3,4,5가 data1이라는 이름으로 저장되어 있으므로 이를 출력 할 때에는 자료명(변수)를 입력하여 출력할 수 있다. 또한 R에서는 계산이 가능하다. 기본적인 연산자로는 +(더하기), −(빼기) *(곱하기)/(나누기) 연산자가 존재하고 추가적인 연산자는 뒤에서 다루기로 한다. 또한 한 번에 다수의 명령을 내릴 경우 (;)를 사용하여 연속적으로 명령이 가능하다. 밑의 명령문을 보면 a에 2를 할당하는 명령어 b에 8을 할당하는 명령어 b에서 a를 빼는(- 연산자) 명령어 총 3가지의 명령어를 (;)을 사용하여 한꺼번에 실행하였다.

```
Console C:/Users/Won/Desktop/Example/

R version 3.3.1 (2016-06-21) -- "Bug in Your Hair"
Copyright (C) 2016 The R Foundation for Statistical Computing
Platform: x86_64-w64-mingw32/x64 (64-bit)

R is free software and comes with ABSOLUTELY NO WARRANTY.
You are welcome to redistribute it under certain conditions.
Type 'license()' or 'licence()' for distribution details.

R is a collaborative project with many contributors.
Type 'contributors()' for more information and
'citation()' on how to cite R or R packages in publications.

Type 'demo()' for some demos, 'help()' for on-line help, or
'help.start()' for an HTML browser interface to help.
Type 'q()' to quit R.

[Workspace loaded from C:/Users/Won/Desktop/Example/.RData]

> data1<-c(1,2,3,4,5)
> data1
[1] 1 2 3 4 5
> 5+16
[1] 21
> 15-5
[1] 10
> 10*5
[1] 50
> a<-2 ; b<-8 ; b-a
[1] 6
> |
```

그림 1.18 R-studio Console 실행화면

다음으로 R스크립트를 실행하고자 한다. R스크립트는 기존R 콘솔에서 작성하는 코드의 불편함을 해결할 수 있으며 코드를 문서처럼 작성할 수 있고 원하는 코드내역을 임의로 지정하여 실행시킬 수 있다. 다음과 같은 아이콘을 클릭한 후 R Script를 클릭한다. 또는 단축키(Ctrl+Shift+N)로 실행할 수 있다.

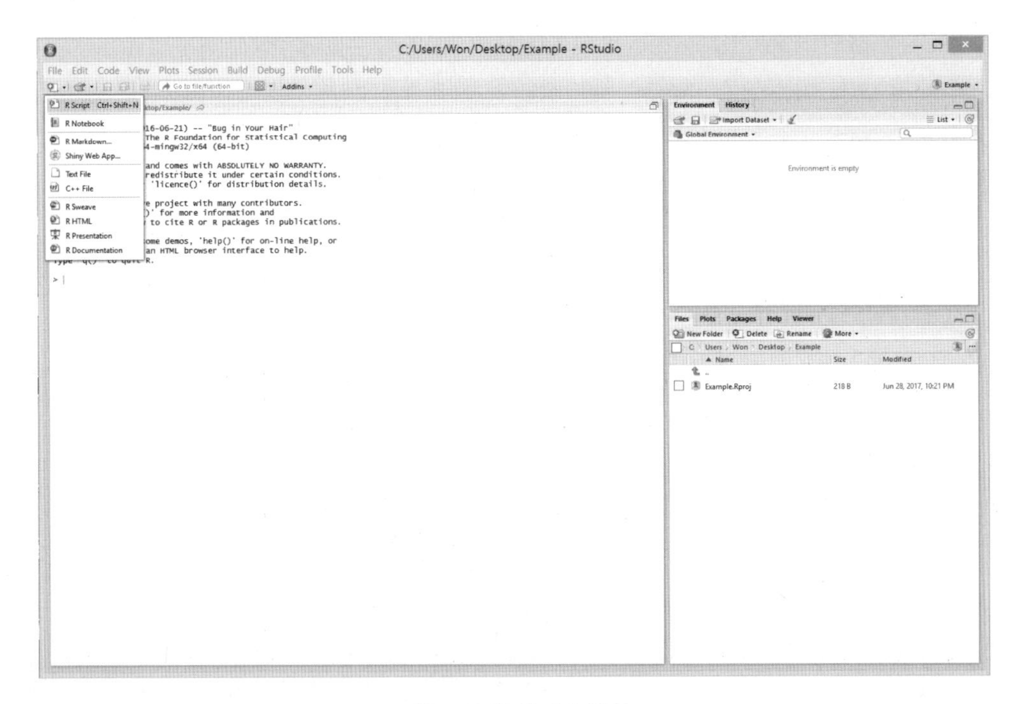

그림 1.19 R-Script 생성

위의 실행을 거치면 콘솔 위에 새롭게 Untitled1인 R스크립트가 생성되고 앞으로 실행하고자 하는 코드를 R스크립트에 계속해서 작성하면 된다. 코드 실행방법은 여러 줄인 경우 드래그 또는 다중선택을 한 후에 Run아이콘을 클릭하거나 단축키(Ctrl+Enter)를 입력하면 지정된 코드가 실행된다. 실행하고자 하는 코드가 한 줄인 경우 실행하고자 하는 코드의 줄에 입력커서를 위치시키고 Run아이콘 또는 단축키를 입력하면 된다. 다음은 두 줄의 미리 작성된 코드를 실행시킨 결과이다. 콘솔창에 R스크립트에서 미리 작성한 코드가 실행되고 우측 상단 Environment의 Values에 data1과 함께 요약된 자료가 표시된다.

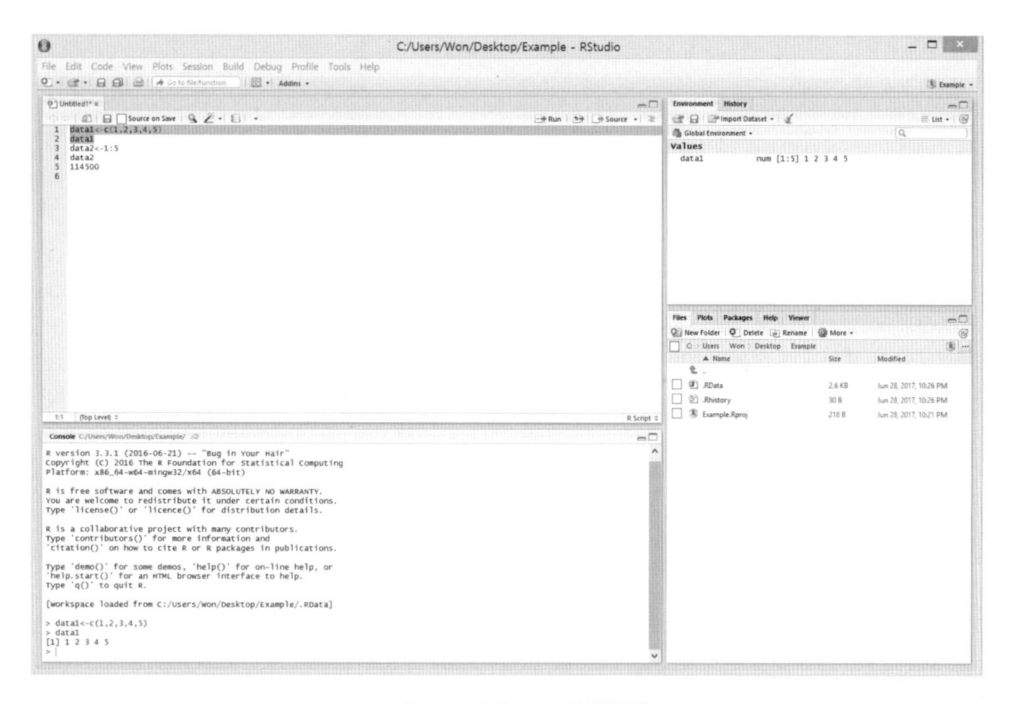

그림 1.20 R-Script 실행화면

다음은 plot(그래프함수)을 사용한 결과이다. Data1의 자료를 plot()을 이용하여 작성하면 R-Studio화면의 우측하단에 그래프결과가 출력된다. 이전의 그래프도 연속해서 볼 수 있으며 확대와 그래프저장(사진)기능도 존재한다.

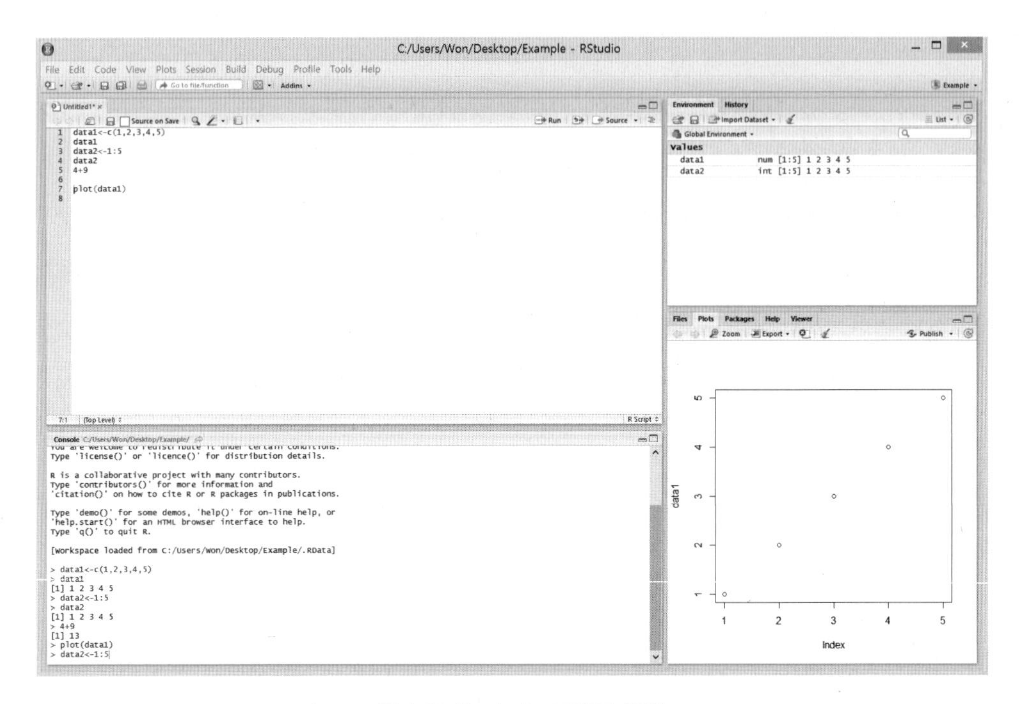

그림 1.21 R-studio 그래프 출력

CHAPTER

02

프로그램 R의 기초

구성

요약

데이터의 특징과 내재하는 구조를 알아내기 위한 여러 기법들을 알아야 한다. R의 장점을 살려 이변량 및 다변량자료에 확장할 수 있다.

2.1 R의 계산

2.1.1 R의 연산자와 함수

R에서 산술연산자(arithmetic operator)인 +, -, *, /, ^ 을 이용하여 덧셈, 뺄셈, 곱셈, 나눗셈, 제곱셈 등 간단한 수학계산기(calculator)로 사용하는 방법에 대해 알아본다. 명령 프롬프트에서 명령어를 쓴 후 [Enter] 키를 눌러 수행시켜 한 줄(line)에 여러 개의 명령문을 쓰고자 하는 경우에는 명령문 끝에 세미콜론(;)을 사용하여 나열할 수 있다.

다음과 같이 간단한 연산을 해 보자.

```
> 4+5
[1] 9

> 4/5
[1] 0.8

> 3^4
[1] 81

> 10+3*2-8
[1] 8
```

비교연산자는 다음과 같다.

```
<,  >,  <=,  >=,  ==,  !=
```

논리연산자는 다음과 같다.

```
!x  :  Not ,   X&Y  : AND,    X|Y : OR
```

```
> x<-10:15
> x
[1] 10 11 12 13 14 15

> x[x>=13]<-50
> x
[1] 10 11 12 50 50 50
```

부등식 3<x<5를 표시할 때 3<x & x<5와 같이 두 개의 부등식과 &로 표현해야 한다.

```
> x<-1:15
> x
[1] 1 2 3 4 5 6 7 8 9 10 11 12 13 14 15

> x[2<=x & x<=10]
[1] 2 3 4 5 6 7 8 9 10

> x[2<x & x<10]
[1] 3 4 5 6 7 8 9
```

2.1.2 함수를 이용한 계산

R에서는 다양한 수학적 또는 통계적 함수(function)을 사용할 수 있다. 내장 상수(built-in constant)로서 pi값이 할당되어 있기 때문에 명령어 pi를 사용하면 된다. R의 내장함수의 일부가 <표 2.1>에 나열되어 있다.

〈표 2.1〉 R에 내장된 주요 수학함수

R의 내장 수학함수	내용
sqrt(x)	x의 제곱근
sin(x)	sin x
cos(x)	cos x
tan(x)	tan x
abs(x)	x의 절대값
log(x)	lnx (자연로그)
log(x,base=a)	밑이 a인 로그
choose(n,k)	n개 중 k개를 뽑는 조합의 수

예를 들어 sin(5pi/6), e^2, sqrt(5), log(10,5), log(5,10), ln100, |-50|, 6!, 10C7의 값을 R에서 계산하여 보자.

```
> pi                        #내장상수 3.141593
[1] 3.141593

> sin(5*pi/6)               #삼각함수 sin
[1] 0.5

> sqrt(5)                   #루트
[1] 2.236068

> log(5, base=10)           #밑이 10인 로그
[1] 0. 69897

> log(10, base=5)           #밑이 5인 로그
[1] 1.430677

> log(100)                  #밑이 e 자연로그
[1] 4.60517

> abs(-50)                  #절대값
[1] 50

> factoria1(6)              #6!
[1] 720

> choose(10, 7)             #조합(combination)
[1] 120
```

2.2 c() 함수를 이용한 벡터 만들기

2.2.1 데이터벡터

데이터는 여러 개의 관측치를 갖는다. 예를 들어, 10명의 학생들의 기초통계 시험점수가 다음과 같았다.

```
98, 90, 86, 76, 78, 85, 88, 93, 82, 90
```

위의 데이터를 데이터벡터로 저장하고자 할 때 c( )를 이용한다.

```
> s_score<-c(98,90,86,76,78,85,88,93,82,90)          #데이터 할당(1)
> s_score
[1] 98 90 86 76 78 85 88 93 82 90
```

또 다른 학생 10명의 기초통계 시험점수가 다음과 같다고 하자.

```
87, 93, 96, 91, 87, 85, 92, 88, 94, 97
```

```
> s_score_2<-c(87,93,96,91,87,85,92,88,94,97)       #데이터 할당(2)
> s_score_2
[1] 87 93 96 91 87 85 92 88 94 97
```

20명 학생들 모두를 score라는 벡터로 저장하고 싶을 때 다음과 같이 한다.

```
> score<-c(s_score,s_score_2)                        #데이터 병합(1,2)
> score
[1] 98 90 86 76 78 85 88 93 82 90 87 93 96 91 87 85 92 88 94 97
```

2.2.2 벡터의 형태

숫자형(numeric), 문자형(character), 논리값(logical value: TRUE, FALSE)등의 데이터 형태가 있으며 데이터 벡터를 만들 때 한 가지 제한점은 같은 형태의 데이터 값을 가져야 한다는 것이다. 문자형 데이터는 “ “ 또는 ‘ ‘ 부호를 사용하여 입력한다.

① 숫자형 데이터 벡터 z를 만들고자 한다.

```
> z<-c(7,19,27,35,97)                                #numeric
> z
  [1]  7 19 27 35 97
```

② 문자형 데이터 벡터

```
> family<-c("Min","Ko","Jiyong","ByuGu")             #character
> names(family)=c("father","mother","daughter","son")    #이름 달기
> family
[1] father    mother daughter     son
    "Min"      "Ko"  "Jiyong"  "ByuGu"
```

데이터벡터 생성시 문자와 숫자를 섞어 저장하면 숫자도 문자형 데이터로 인식한다.

```
> Y<-c("Min",95,97,90)                         #문자형(character)으로 인식
> y
[1] "Min" "95" "97" "90"
```

Min이 문자형 데이터이므로 95,97,90도 문자형 데이터로 생성된다.

③ T(TRUE)와 F(FALSE) 값을 갖는 논리형 데이터벡터를 만들고자 한다.

```
> logic1<-c(T,F,F,F,T,F,F)                      #논리형(logic)벡터
> logic1
[1] TRUE FALSE FALSE FALSE TRUE FALSE FALSE

> x<-(-4: 3)                                    #-4에서 3까지 정수 생성
> x
[1] -4 -3 -2 -1 0 1 2 3

> v<-(x < 1)                                    #논리연산자로 사용 논리형벡터 생성
> v
[1] TRUE TRUE TRUE TRUE TRUE FALSE FALSE FALSE
> v<-x[x < 1]
> v
[1] -4 -3 -2 -1 0
```

논리형 데이터의 경우 TRUE 인 경우는 1 , FALSE인 경우는 0으로 주어져 계산된다.

```
> sum(v)
[1] 5
```

2.2.3 데이터 형태의 변환

필요에 따라 데이터 또는 데이터 객체의 형태(type)를 변환시킬 수 있다.

〈표 2.2〉 데이터 형태 변환 함수

다음으로 변환	변환 함수	변환규칙
numeric	as.numeric	FALSE->0 TRUE-> 1 "1","2",". ….->1,2,…. "A" -> NA
logical	as.logical	0->FALSE 그 외 다른 수 ->TRUE "FALSE","F"-> FALSE "TRUE","T" ->TRUE 그 외 다른 문자 -> NA
Character	as.character	1,2…..-> "1", "2" FALSE -> "FALSE" TRUE -> "TRUE"
Factor	as.factor	범주형 factor 형식으로
Vector	as.vector	벡터 형식으로
Matrix	as.matrix	행렬 형식으로
Dataframe	as.data.frame	데이터프레임 형식으로

예를 들어 보자.

```
> Min<-c(10,20,30,40)                 #숫자형(numeric) 벡터
> Min
[1] 10 20 30 40

> Min1<-as.factor(Min)               #범주형(factor) 벡터로 변환
> Min1
[1] 10 20 30 40
Levels: 10 20 30 40

> M.log<-as.logical(Min)             #논리형(logical) 벡터로 변환
> M.log
[1] TRUE TRUE TRUE TRUE

> sub.fact<-factor(c("Kor","Math",Eng","Eng","Kor","Math")) #범주형(factor)벡터 생성
> sub.fact
```

```
[1] Kor Math Eng Eng Kor Math
Levels: Eng Kor Math
> sub.fact1<-as.numeric(sub.fact)          #숫자형(numeric) 벡터로 변환
> sub.fact1
[1] 2 3 1 1 2 3
```

2.3 내장된 함수적용하기

2.3.1 반올림

숫자 데이터 값의 올림, 내림, 버림, 반올림을 하기 위해 ceiling(), floor(), trunc(), round() 함수를 이용한다.

```
> a<-c(-3.465,5.789,4.275,-2.676)
> ceiling(a)                        #올림
[1] -3 6 5 -2
> floor(a)                          #내림
[1] -4 5 4 -3
> trunc(a)                          #버림
[1] -3 5 4 -2
> round(a,digit=2)                  #반올림(2자리 수)
[1] -3.46 5.79 4.28 -2.68
```

2.3.2 기초 통계량

데이터 객체에 기초통계량을 구하기 위한 함수로 sum(합계), mean(평균), max(최대값), min(최소값), range(범위), var(분산), sd(표준편차), rank(순위) 등을 구한다.

다음의 통계학 점수 데이터에 대하여 기초통계량을 구하여보자.

```
> stat<-c(87,85,86,96,78,83,89,95,92,68)
> sum(stat)                  #총합
[1] 859

> mean(stat)                 #평균
[1] 85.9

> max(stat)                  #최대값
[1] 96

> min(stat)                  #최소값
[1] 68

> range(stat)                #범위
[1] 68 96

> var(stat)                  #분산
[1] 69.43333

> sd(stat)                   #표준편차
[1] 8.332667

> median(stat)               #중앙값
[1] 86.5

> rank(stat)                 #순위
[1]  6  4  5  10  2  3  7  9  8  1

> length(stat)               #벡터의 길이
[1] 10
```

2.4 패턴(Pattern)적인 데이터 생성

패턴이 있는 데이터를 생성할 때 seq(), rep() 함수를 이용한다.

① 변수 x가 1부터 10까지의 정수값을 가질 경우

```
> x<-seq(1,10)              #1부터 10까지의 정수데이터 생성
> x
[1]  1  2  3  4  5  6  7  8  9  10
```

또는 seq함수 대신 x<- 1:10과 같이 해도 동일한 결과를 얻을 수 있다.

```
> x<-1:10                         #1부터 10까지의 정수데이터 생성
> x
[1]  1  2  3  4  5  6  7  8  9  10
```

② seq()함수를 이용하여 간격을 둔 연속적인 자료를 만들고자 하는 경우 seq(from=?, to=, by=)을 이용한다.

```
> seq(from=1,to=10,by=2)          #1에서 10까지 간격이 2인 정수데이터 생성
[1] 1 3 5 7 9

> seq(1,10,2)                     #방법2
[1] 1 3 5 7 9

> seq(5,30,by=3)                  #5에서 30까지 간격이 3인 정수데이터 생성
[1] 5 8 11 14 17 20 23 26 29
```

③ rep()함수는 어떤수가 반복된 자료를 만드는 경우 사용한다.

```
> rep(1,5)                        #1이 5번 반복된 데이터 생성
[1] 1 1 1 1 1

> rep(seq(-3,3,by=2),3)           #-3에서 3까지 간격이 2인 정수데이터 3번 반복
[1] -3 -1 1 3 -3 -1 1 3 -3 -1 1 3

> rep(c(2,5,8),4)                 #벡터 2,5,8  4번반복
[1] 2 5 8 2 5 8 2 5 8 2 5 8

> x<-rep(0,7)                     #0이 7번 반복된 데이터 생성
> x
[1] 0 0 0 0 0 0 0
```

④ rev()함수는 어떤수를 역으로 생성하는 경우 사용한다.

```
> rev(1:10)                       #10에서 1까지 간격이 1인 정수데이터 생성
[1] 10 9 8 7 6 5 4 3 2 1

> 10:1
[1] 10 9 8 7 6 5 4 3 2 1
```

2.5 데이터 벡터 실행

각 관측값 $X_1, X_2, \cdots X_n$ 은 R에서는 x[1],x[2]....,x[n]과 같이 사용한다. 즉 배열의 첨자는 [ ]안에 표현하여 인식하게 된다. 자료가 벡터 형태일 때 특정한 값 또는 특정한 조건을 만족하는 값을 선택할 수 있으며, 이러한 경우에는 변수 이름 다음에 대괄호[ ]를 사용한다. 예를 들어, 벡터 x의 첫 번째 값을 선택하고자 할 경우에는 x[1],첫 번째부터 네 번째 사이의 값 모두를 선택하고자 할 경우에는 x[1:4], 벡터 x에서 첫 번째 값만을 제외하고자 할 경우에는 x[-1]과 같이 실행하면 된다. 그리고 x[x>0]은 0보다 큰 x값만을 선택하라는 명령을 의미한다.

어떤 IT회사의 2017년 월별매출액이 다음과 같을 때

```
50, 58, 65, 70, 72, 77, 80, 84, 91, 94, 100, 101(천 만원)
```

대괄호[ ]를 사용해 데이터 벡터를 다루어 보기로 한다. 지수 값에 "-"를 붙여 불필요한 값을 제거한 벡터를 만들 수 있다.

```
> x<-c(50,58,65,70,72,77,80,84,91,94,100,101)
> x[1]                    #벡터 x의 첫 번째 값
[1] 50

> x[9]                    #벡터 x의 9번째 값
[1] 91

> x[1:3]                  #벡터 x의 1~3번째 값
[1 ] 50 58 65

> x[c(6,7,9)]             #벡터 x의 6,7,9번째 값
[1] 77 80 91

> names(x)<-seq(1,12)     #벡터 x의 이름생성 1~12
> x1<-x[-1]               #벡터 x의 1번째 값을 제외한 나머지 벡터
> x1
  2  3  4  5  6  7  8  9 10  11  12
 58 65 70 72 77 80 84 91 94 100 101

> x2<-x[-c(2,5,6)]        #벡터 x의 2,5,6번째 값을 제외한 나머지 벡터
> x2
```

```
  1  3  4  7  8  9 10  11  12
 50 65 70 80 84 91 94 100 101

> x3<-x[x<=77]             #벡터 x의 개별값이 77이하인 벡터
> x3
  1  2  3  4  5  6
 50 58 65 70 72 77

> x4<-x[x>80]              #벡터 x의 개별값이 80초과인 벡터
> x4
  8  9 10  11  12
 84 91 94 100 101

> x5<-x[x!=77]             #벡터 x의 개별값이 77이 아닌 벡터
> x5
  1  2  3  4  5  7  8  9 10  11  12
 50 58 65 70 72 80 84 91 94 100 101
```

2.6 행렬

2.6.1 데이터 행렬만들기

matrix() 함수를 이용하여 행렬을 생성한다. R에서 행렬은 열(column)을 기준으로 생성한다. 다음의 matrix()함수의 사용형식이다.

```
matrix(data= , nrow= , ncol= , byrow=  )
```

여기서 data는 자료이고 nrow는 행의 수, ncol은 열의 수 그리고 byrow는 행의 기준을 지정하고자 하는 경우 사용하는 인수이고 생략하면 열을 기준이 자동으로 지정된다.

예를 들어 1부터 16까지의 수를 가지고 4행 4열 행렬을 만드는 경우 byrow 인수를 사용하는 경우와 사용하지 않는 경우 각각의 예를 보여주고 있다.

```
> x<-1:16
> matrix(x,nrow=4,byrow=TRUE)         #행의 수가 4이고 행우선인 행렬생성
     [,1] [,2] [,3] [,4]
[1,]    1    2    3    4
[2,]    5    6    7    8
[3,]    9   10   11   12
[4,]   13   14   15   16

> matrix(x,nrow=4)                    #행의 수가 4이고 열우선인 행렬생성
     [,1] [,2] [,3] [,4]
[1,]    1    5    9   13
[2,]    2    6   10   14
[3,]    3    7   11   15
[4,]    4    8   12   16
```

여러 개의 벡터가 있는 경우 벡터들을 가지고 하나의 행렬로 만들 수 있다. 다음에는 두 회사의 분기별(1~3분기) 매출액이다.

```
A회사 : 100, 150, 120
B회사 :  90,  80,  66
```

```
> A<-c(100,150,120)                                  #A회사 데이터
> B<-c(90,80,66)                                     #B회사 데이터
> total<-matrix(c(A,B),nrow=2,byrow=TRUE)            #c(A,B)로 결합된 벡터로 행렬생성
> dimnames(total)[[1]]<-c("A회사","B회사")           #행별이름
> dimnames(total)[[2]]<-c("1분기","2분기","3분기") #열별이름
> total
      1분기 2분기 3분기
A회사   100   150   120
B회사    90    80    66
```

rbind()함수와 cbind()함수를 이용하여 행렬을 만들 수 있다. 여기서 rbind()함수는 벡터들을 행(row)별로 묶어(bind) 행렬을 만들기 위한 함수이고, cbind()함수는 벡터들을 열(column)별로 묶어(bind) 행렬을 만들기 위한 함수이다. 다음은 rbind()함수와 cbind()함수를 이용하여 행렬을 만드는 예를 보여주고 있다.

```
> a<-c(5,6,7)
> b<-c(1,2,3)
> c<-c(4,5,6)
> rbind(a,b,c)                  #행 별로 결합
  [,1] [,2] [,3]
a    5    6    7
b    1    2    3
c    4    5    6

> cbind(a,b,c)                  #열 별로 결합
     a    b    c
[1,] 5    1    4
[2,] 6    2    5
[3,] 7    3    6
```

또한, rbind()함수와 cbind()함수를 이용하여 기존의 행렬에 각각 행과 열을 추가할 수 있다. 앞에서 나온 예제 A회사 B회사의 분기별 매출액 데이터에서 4분기 매출액을 추가할 때 다음과 같이 추가할 수 있다.

```
> total<-cbind(total,c(110,88))              #열벡터(110,88)추가
> dimnames(total)[[2]][4]<-c("4분기")         #열에 추가적으로 이름 생성(열의 4번째)
> total
      1분기 2분기 3분기 4분기
A회사   100   150   120   110
B회사    90    80    66    88
```

추가적으로 C회사에 대한 매출액이 추가되었을 때 rbind()함수를 이용하여 행을 추가시키고자 할 때 다음과 같이 추가할 수 있다.

```
> total<-rbind(total,c(110,90,88,100))        #행벡터(110,90,88,100) 추가
> dimnames(total)[[1]][3]<-c("C회사")         #행에 추가적으로 이름 생성(행의 3번째)
> total
      1분기 2분기 3분기 4분기
A회사   100   150   120   110
B회사    90    80    66    88
C회사   110    90    88   100
```

2.6.2 전치행렬(Transpose matrix)

전치행렬이란 행렬에서 행과 열을 바꾼 행렬을 의미한다. t()함수는 전치행렬을 구하는 함수이다. 여기서 함수 t는 transpose의 약자이다.

위의 회사별 데이터를 t()함수를 사용하여 회사를 열로 분기를 행으로 바꿀 수 있다.

```
> t_total<-t(total)                          #전치행렬
> t_total
     A회사 B회사 C회사
1분기   100    90   110
2분기   150    80    90
3분기   120    66    88
4분기   110    88   100
```

2.6.3 행렬의 곱

벡터가 아닌 숫자에 대한 곱셈은 연산자 '*'를 사용하나 벡터 혹은 행렬의 곱셈은 '%*%' 연산자를 사용한다. 만약 벡터 혹은 행렬에 '*'을 사용하면 원소끼리 곱셈을 수행한다. 다음은 x와 y의 곱셈을 보여준다.

```
> x<-matrix(1:4,nrow=2,byrow=TRUE)           #행렬생성 행의수:2 행우선
> y<-matrix(1:4,nrow=2,byrow=TRUE)           #행렬생성 행의수:2 행우선
> x*y                                        #행렬의 원소간의곱
     [,1] [,2]
[1,]    1    4
[2,]    9   16

> x%*%t(y)                                   #행렬곱
     [,1] [,2]
[1,]    5   11
[2,]   11   25
```

2.6.4 문자 다루기

R에서 다루는 자료는 기본적으로 숫자형 자료이다. 만약, 문자형 자료를 다루고자 하는 경우는 " " 또는 ' ' 부호를 사용한다. 문자형 자료로 이루어진 벡터의 사용 예를 보여주고 있다.

```
> names1<-c("안양","대학교")         #문자형(charater) 벡터 생성 (1)
> names2<-c("빅데이터","학과")       #문자형(charater) 벡터 생성 (2)
> name<-c(names1,names2)            #문자형(charater) 벡터 병합 (1,2)
> name
[1] "안양"    "대학교"    "빅데이터"    "학과"

> data<-c("Top","Mid","Bottom")     #문자형(charater) 벡터 생성
> data
[1] "Top"    "Mid"    "Bottom"

> rep(data,c(4,1,2))                #문자별 (4,1,2)번 반복
[1] "Top"    "Top"    "Top"    "Top"    "Mid"    "Bottom"    "Bottom"
```

2.6.5 기본연산

R에서 벡터와 행렬연산은 쉽게 할 수 있다. 벡터 x, y에 대해 여러 가지 연산을 해 보자.

```
> x<-seq(10,50,by=10)              #10부터 50까지 간격이 10인 정수형데이터 생성
> y<-seq(1,5,by=1)                 #1부터 5까지 간격이 1인 정수형데이터 생성
> x+y                              #벡터의합(원소들간)
[1] 11 22 33 44 55

> t(x)%*%y                         #행렬곱(행벡터x열벡터)
     [,1]
[1,] 550

> x%*%t(y)                         #행렬곱(열벡터x행벡터)
     [,1] [,2] [,3] [,4] [,5]
[1,]   10   20   30   40   50
[2,]   20   40   60   80  100
[3,]   30   60   90  120  150
[4,]   40   80  120  160  200
[5,]   50  100  150  200  250
```

```
> x*y                              #벡터곱(원소들간)
[1]  10  40  90  160  250

> x*x                              #벡터곱(원소들간)
[1] 100  400  900  1600  2500
```

■ x,y를 합쳐 두 개의 열벡터를 이은 벡터로 만들기

```
> vec<-c(x,y)                      #벡터병합(x,y)
> vec
  [1] 10 20 30 40 50  1  2  3  4  5
```

■ x,y를 합쳐 두 개의 열벡터를 가진 행렬로 만들기

```
> mat2<-cbind(x,y)                 #열별로 벡터 결합
> mat2
      x y
[1,] 10 1
[2,] 20 2
[3,] 30 3
[4,] 40 4
[5,] 50 5
```

■ x,y를 합쳐 두 개의 행벡터를 가진 행렬로 만들기

```
> mat3<-rbind(x,y)                 #행별로 벡터 결합
> mat3
  [,1] [,2] [,3] [,4] [,5]
x   10   20   30   40   50
y    1    2    3    4    5
```

■ 행렬 각 성분을 제곱하기

```
> mat3*mat3                        #행렬곱(원소들간)
  [,1]  [,2]  [,3]  [,4]  [,5]
x  100   400   900  1600  2500
y    1     4     9    16    25
```

■ 전치행렬 구하기

```
> t(mat3)                          #전치행렬
      x y
[1,] 10 1
[2,] 20 2
[3,] 30 3
[4,] 40 4
[5,] 50 5
```

■ 행렬의 곱

```
> mat4<-mat2%*%t(mat2)            #행렬곱
> mat4
     [,1] [,2] [,3] [,4] [,5]
[1,]  101  202  303  404  505
[2,]  202  404  606  808 1010
[3,]  303  606  909 1212 1515
[4,]  404  808 1212 1616 2020
[5,]  505 1010 1515 2020 2525
```

■ 행렬의 차원 구하기

```
> dim(mat4)                       #행의수 열의수
[1] 5 5
```

2.6.6 역행렬

역행렬을 구하기 위해서는 library(MASS)를 부르고 ginv() 함수를 이용한다. 다음의 행렬의 역행렬을 구하고자 한다.

```
> library(MASS)
> mat<-matrix(c(1,2,3,3,2,1,0,-1,3), nrow=3)        #행의수가 3인 열우선 행렬
> inv<-ginv(mat)                                     #역행렬
> inv
      [,1]  [,2]  [,3]
[1,] -0.35  0.45  0.15
[2,]  0.45 -0.15 -0.05
[3,]  0.20 -0.40  0.20
```

```
> inv<-solve(mat)                          #역행렬
> inv
      [,1]  [,2]  [,3]
[1,] -0.35  0.45  0.15
[2,]  0.45 -0.15 -0.05
[3,]  0.20 -0.40  0.20
```

2.6.7 행렬에 함수 적용

행렬에서 각 행 혹은 열에 대해 주어진 함수를 적용할 수 있다. 이때 사용하는 함수가 바로 apply() 함수이다. 다음은 apply() 함수의 사용형식이다.

```
apply(x , const= , function name= )
```

여기서 x는 행렬이고 const는 행렬의 행 또는 열을 나타내는 상수, 예를 들어 , 1이면 행 , 2이면 열 , 그리고 c(1,2)이면 행과 열을 나타내고 function_name은 적용할 함수를 지정한다. 다음은 apply() 함수의 예를 보여주고 있다. 행렬의 각 열과 행에 대해 sum()함수와 mean()함수를 적용하여 합과 평균을 구하는 프로그램이다.

```
> data<-seq(1,16,by=1)                  #1부터 16까지 간격이 1인 정수형데이터 생성
> mat<-matrix(data,nrow=4,byrow=TRUE)   #행의수가 4인 행우선 행렬
> mat
     [,1] [,2] [,3] [,4]
[1,]    1    2    3    4
[2,]    5    6    7    8
[3,]    9   10   11   12
[4,]   13   14   15   16

> apply(mat,1,FUN=sum)                  #행기준으로 sum(총합)함수 적용
[1] 10 26 42 58

> apply(mat,2,FUN=sum)                  #열기준으로 sum(총합)함수 적용
[1] 28 32 36 40

> apply(mat,1,FUN=mean)                 #행기준으로 mean(평균)함수 적용
[1] 2.5   6.5   10.5   14.5

> apply(mat,2,FUN=mean)                 #열기준으로 mean(평균)함수 적용
```

```
[1] 7 8 9 10

> apply(mat,1,FUN=max)                  #행기준으로 max(최대값)함수 적용
[1] 4 8 12 16

> apply(mat,2,FUN=max)                  #열기준으로 max(최대값)함수 적용
[1] 13 14 15 16
```

2.7 제어문과 사용자 정의함수

2.7.1 if 문

다음은 if문의 사용형식이다.

```
if(조건) 실행코드
```

조건을 만족하면 실행코드를 수행한다. 일량분포에서 난수를 발생시켜 0.5보다 크면 TRUE를 반환한다.

```
> x<-runif(1,min=0,max=1)              #균일분포 난수생성(0~1)
> if(x>0.5) y<-TRUE                    #x가 0.5보다 작으면 어떤 실행도 하지 않음
> x
[1] 0.8052869

> y
[1] TRUE
```

2.7.2 if else 문

다음은 if else문의 사용형식이다.

```
if(조건) 실행코드(1) else 실행코드(2)
```

조건을 만족하면 실행코드(1)을 수행하고 조건을 만족하지 못하면 else 실행코드(2)를 실행한다.

일량분포에서 난수를 발생시켜 0.5보다 크면 TRUE 작으면 FALSE를 반환한다.

```
> x<-runif(1,min=0,max=1)            #균일분포 난수생성(0~1)
> if(x>0.5) y<-TRUE else y<-FAlSE    #x가 0.5보다 작아도 FAlSE 반환 수행코드가 실행된다.
> x
[1] 0.3186202

> y
[1] FALSE
```

다른 예제로 0.5보다 크면 +값을 작으면 -값을 적용하기로 한다.

```
> x<-runif(1,min=0,max=1)            #균일분포 난수생성(0~1)
> if(x>0.5) y=x else y=-x
> x
[1] 0.4052044

> y
[1] -0.4052044
```

반복문 다음은 어떤 문장을 반복하고자 하는 경우 for문의 사용형식이다.

2.7.3 for(변수 in 초기값:최종값) 실행코드

변수가 초기값부터 최종값이 될 때까지 문장을 반복 수행한다. for문을 사용하여 1에서 부터 10까지의 합을 구해보자.

```
> total<-0                  #최종값 생성
> for(i in 1:10){           #변수 : i 범위 : 1~10
+ total<-total + i          #i를 더한 최종값 재정의
+ }
> total                     #결과 출력
[1] 55
```

추가로 1에서 10까지의 곱을 구해보자.

```
> total<-1                  #최종값 생성
> for(i in 1:10) {          #변수 : i 범위 : 1~10
+   total<-total*i          #i를 곱한 최종값 재정의
+ }
> total                     #결과 출력
[1] 3628800

> factorial(10)             #기본함수factorial()와 비교 (10!)
[1] 3628800
```

기본적으로 덧셈을 시작할 때는 0으로 시작하지만 곱셈으로 시작하는 경우에는 0인 경우 어떤 수를 곱해도 0이 되므로 1을 사용한다. 팩토리얼함수 factorial() 를 사용하여 비교한 결과 두 값이 같으므로 for문이 제대로 작동했다는 것을 확인할 수 있다.

다른 예제로 수행코드에 [i]를 사용하여 벡터의 i번째 값에 대한 직접조작을 반복 시행한다.

```
> x<-rep(0,7)               #0이 7번 반복된 벡터 x생성
> for(i in 1:length(x)){    #length(x)길이함수 : 7
+   x[i]<-i                 #x벡터의 i번째 값에 i를 할당
+ }
> x                         #결과 출력
[1] 1 2 3 4 5 6 7
```

추가적으로 굳이 rep을 사용하지 않아도 for문으로 새로운 벡터의 요소가 생성이 가능하다. 하지만 일정한 틀을 잡아놓고 반복문을 사용하는 것이 더 효율적이고 복잡한 코드를 작성할 때 용이하다.

다음예제로 for()문의 변수의 범위에 벡터사용도 가능하다.

```
> total<-0                  #최종값 생성
> x<-c(6,7,8,9)             #범위벡터 생성
> for(i in x){              #i 변수의 범위 x 지정 c(6,7,8,9)
+ total<-total+i            #덧셈 과정
+ }
> total                     #결과 출력
[1] 30
```

추가적인 예제로 if와 결합하여 사용할 수 있다. x벡터에 대해 0이면 남 1이면 여를 구별해보자.

```
> x<-c(0,1,1,0,0,1,0)              #숫자형(numeric) 벡터 생성
> y<-rep(0,7)                      #결과값 저장들 생성
> for(i in 1:length(x)){           #변수 : i 범위 : 1~7(벡터 x의 길이함수)
+   if(x[i]==0) { y[i]="남"} else {y[i]="여"}      #==는 값이 일치여부를 비교하는
+ }                                                  논리연산자
> y                                                #결과 출력
[1] "남" "여" "여" "남" "남" "여" "남"
```

예제 2.1

for()을 이용하여 1, 2, 3, 4 값을 출력하라.

풀이

```
> for(i in 1:4) print(i)              #i값출력
[1] 1
[1] 2
[1] 3
[1] 4
```

예제 2.2

100에서 200까지의 합을 구하라.

풀이

```
> total<-0                          #최종값 생성
> for(i in 100:200){                #변수 : i 범위 : 100~200
+ total<-total+i                    #덧셈 과정
+ }
> total                             #결과 출력
[1] 15150
```

예제 2.3

5,6,7,8을 제곱하라.

풀이

```
> x<-c(5,6,7,8)
> x^2                          #벡터 제곱
[1] 25 36 49 64
```

예제 2.4

문자 변수 월,화,수,목,금,토,일을 for문으로 프린트하라.

풀이

```
> x<-c("Mon","Tues","Wedn","Thur","Fri","Sat","Sun")
> for(i in x) print(i)
[1] "Mon"
[1] "Tues"
[1] "Wedn"
[1] "Thur"
[1] "Fri"
[1] "Sat"
[1] "Sun"
```

2.7.4 사용자 정의 함수

R에서는 사용자가 직접 함수를 정의하여 사용할 수 있다. 다음은 함수를 정의하는 형식이다.

```
함수이름<- function(인수){실행코드}
```

예를 들어 한 변의 길이가 x인 정사각형의 둘레를 구하는 문제에서 함수를 정의하여 구해보자.

```
> square<-function(x) {          #함수정의
+ x*4                            #함수실행코드
+ }
> square(5)                      #함수실행
[1] 20
```

함수사용 시 return()을 사용하여 계산된 값을 되돌려 줄 수 있다. 다음은 return()을 사용하는 경우 함수의 사용 형식이다.

```
함수이름 <- function(인수) { 실행코드
return(반환값)
}
```

```
> square2<-function(x) {         #함수정의
+   answer<-x*4                  #함수실행코드
+   return(answer)               #return(x*4)도 가능
+   }
> square2(5)                     #함수실행
[1] 20
```

사용자 함수의 예로서 중앙값을 출력하는 함수를 만들어 보도록 하자. 먼저 중앙값을 출력하는 함수명을 my_median로 할 경우, my_median<-function(x)와 같이 입력한 후 중괄호 {로서 처리 과정이 시작됨을 알린다.. 그런 후에 if 조건문을 사용하여 입력되는 벡터의 길이가 홀수이면 (n+1)/2번째 값을 출력하고, 그렇지 않으면 n/2와 n/2+1 번째 값의 평균값을 출력하도록 프로그램을 작성한다. 마지막으로 return 함수를 입력한 후 중괄호}로서 사용자 함수의 작성이 끝났다는 것을 알리면 된다. 예를 들어, 벡터 x<-c(1,2,3,4,5)의 절대값을 구하고자 할 경우 "my_median(x)"과 같이 함수명을 쓰고 괄호 안에 값을 입력하면 된다.

```
> my_median<-function(x) {    #함수정의
+   n<-length(x)              #length(x) : 벡터 x의 길이(데이터의 수)를 구하는 함수
+   if(n%%2==1) y=x[(n+1)/2]     #a%%b : a를 b로 나눈 나머지를 구하는 나머지 연산자
+   else y=(x[n/2]+x[n/2+1])/2   #짝수 : x벡터의 n/2번째 (n+1)/2번째 값의 평균
+                                #홀수 : x벡터의 (n+1)/2번째 값
+   return(y)                    #결과반환
```

```
+   }
> x1<-c(1,2,3,4,5)              #길이가 홀수인 벡터
> x2<-c(1,2,3,4,5,6)            #길이가 짝수인 벡터
> my_median(x1)
[1] 3
> my_median(x2)                 #데이터의 수가 짝수인 경우
[1] 3.5
```

2.8 결측치

데이터에 결측값(Missing value)이 포함된 경우가 있으며 이러한 경우 R에서는 NA 값으로 표시된다. is.na()를 이용하여 결측값 포함여부를 #확인할 수 있다. na.rm=TRUE옵션을 사용하면 결측값은 제외하고 계산된다. na.omit()함수를 사용하면 결측값을 제외한 벡터를 만들 수 있다.

#데이터 벡터 x가 결측값을 포함하면 결측값을 NA로 입력한다.

```
> x<-c(1,2,3,NA,5,6,7,NA,9,10)    #결측값 2개 포함
> x
  [1] 1 2 3 NA 5 6 7 NA 9 10
```

데이터 벡터 x에 대해 결측값의 여부를 논리연산자로 알아보고자 할 경우

```
> is.na(x)                        #x의 결측값 여부(logical형 벡터 출력)
  [1] FALSE FALSE FALSE TRUE FALSE FALSE FALSE TRUE FALSE FALSE
```

결측값의 개수를 알아보고자 할 경우

```
> sum(is.na(x))                   #여기서 TRUE=1 FALSE=0으로 인식된다.
[1] 2
```

벡터 x에서 x>8인 경우만을 선택하여 벡터를 만들고자 할 경우

```
> x[x>8]                      #모든 NA값 포함
[1] NA NA  9 10
```

이 때 순서 상관없이 모든 NA값이 포함된다.

벡터 x에 결측값이 포함되어 있으면 sum( )을 포함한 계산함수의 결과는 결측값으로 출력된다.

```
> sum(x)                      #총합함수 NA포함할 경우
[1] NA
> var(x)                      #분산함수 NA포함할 경우
[1] NA
```

벡터 x에 결측값을 포함한 경우, na.rm=TRUE 인수를 사용하여 결측값을 제외한 데이터로 함수값을 구할 수 있다.

```
> sum(x,na.rm=TRUE)           #총합함수 NA제거할 경우
[1] 43
> var(x,na.rm=TRUE)           #총합함수 NA제거할 경우
[1] 10. 55357
```

처음부터 벡터에 NA값을 제거하고자 하는 경우 na.omit()함수를 사용하면 된다.

```
> x2<-na.omit(x)              #NA제거함수
> x2[x>8]
[1] 9 10
```

rank()함수는 데이터 벡터 x의 성분에 순위를 부여하고, 결측값은 마지막 순서로 주어진다.

```
> x
 [1]  1  2  3  NA  5  6  7  NA   9  10
> r<-rank(x)                        #순위부여함수
> r                                 #결과 출력
 [1]  1  2  3  9  4  5  6  10  7  8
```

결측값에 우선적으로 순위를 부여하고자 할 경우 na.last=FALSE 인수를 사용한다.

```
> r<-rank(x,na.last=FALSE)          #결측값 우선순위 부여
> r                                 #결과 출력
 [1]  3  4  5  1  6  7  8  2  9  10
> x<-c(1,NA,3,NA,5)
> mean(x)                           #평균함수 NA포함할 경우
[1] NA
> mean(x,na.rm=TRUE)                #평균함수 NA제거할 경우
[1] 3
> table(x)                          #table
x
1 3 5
1 1 1
> sort(x,na.last=TRUE)              #정렬함수 NA마지막순서 부여
[1]  1  3  5 NA NA
```

2.9 자료읽기 및 저장

2.9.1 scan()함수

자료가 파일에 저장된 자료를 scan함수를 이용하여 읽어 들일 수 있다. 예를 들어 “C:\data.txt”에 다음과 같은 자료가 저장되어 있다 하자.

```
(8 8 8 5 2 5 4 4 1 2 3 6 7 7 7 3 9 4 6 2 3 1 2 1)
```

하지만 데이터를 벡터로 읽어 들이므로 행렬로 저장된 데이터를 읽어 들이기에는 좋은 방법이 아니다.

이때 scan 함수를 이용하여 자료를 읽어 들이기 위해서는 다음과 같이 하면 된다.

```
> x<-scan("c:\\users\\won\\Desktop\\data.txt")          #자료입력
Read 24 items
> x
 [1] 8 8 8 5 2 5 4 4 1 2 3 6 7 7 7 3 9 4 6 2 3 1 2 1
```

"data.txt"에 있는 자료를 matrix()함수를 이용하여 행렬로 표현할 수 있다.

```
> y<-matrix(scan("c:\\data.txt"),ncol=4,byrow=TRUE)     #ncol을 사용한것에 주의!
Read 24 items                                            (열의수가 4개인 행렬)
> y
     [,1] [,2] [,3] [,4]
[1,]    8    8    8    5
[2,]    2    5    4    4
[3,]    1    2    3    6
[4,]    7    7    7    3
[5,]    9    4    6    2
[6,]    3    1    2    1
```

2.9.2 write() 함수

위에서 행렬 형태로 만들어진 자료 y를 디스크 E에 또는 USB에 저장하려면 write() 함수를 사용하여 다음과 같이 하면 된다.

```
> write.table(y,"c:\\users\\won\\Desktop\\data2.txt",row.names=FALSE,col.names=FALSE)
```

그림 2.1 data2

앞에서 작성한 A~C회사의 분기별 자료를 write()함수로 저장하면 다음과 같다.

```
> total
      1분기 2분기 3분기 4분기
A회사   100   150   120   110
B회사    90    80    66    88
C회사   110   90     88   100
>write.table(tota1,"c:\\users\\won\\Desktop\\data3.txt",row.names=TRUE,col.names=TRUE)
```

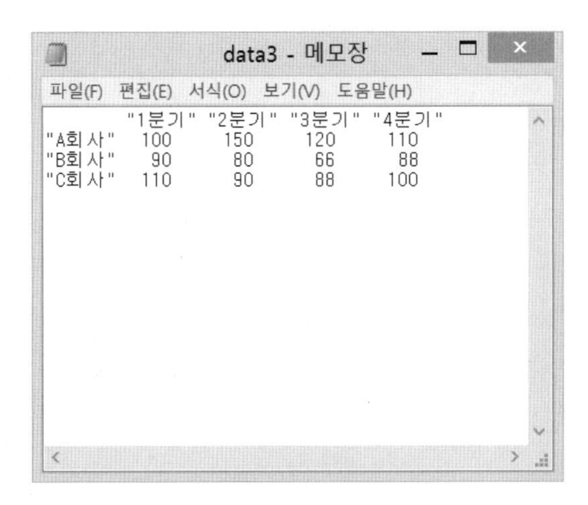

그림 2.2 data3

이때 USB에 저장된 파일 y.txt를 메모장을 이용하여 확인해 보면 행과 열의 순서가 바뀌어 있다는 것을 알 수 있을 것이다. 이를 해결하기 위해서는 저장 시 y대신 y의 전치행렬 t(y)를 이용하여 write.table(t(y),"C:\\Users\\Won\\Desktop\\data2.txt")와 같이 명령하면 된다. 다만 저장 시 디폴트로 행과 열의 이름이 포함되어 같이 저장되므로 row.names와 col.names 인수를 통해 저장 시 행,열 이름 포함 유무를 선택할 수 있다.

2.9.3 data.frame()함수

data.frame()함수는 데이터 프레임(data frame)을 만드는데 사용하는 함수이다. 여기서 자료 프레임이란 행렬과 같은 구조이지만 각 열(column)마다 다른 자료형을 가질 수 있는 자료구조이다.

```
> a<-c(1,2,3,4)                              #숫자형 벡터
> b<-c("Mon","Tues","Wedn","Thur")           #문자형 벡터
> c<-c(10,11,12,13)                          #숫자형 벡터
> data<-data.frame(a,b,c)                    #데이터 프레임 생성
> data
  a    b  c
1 1  Mon 10
2 2 Tues 11
3 3 Wedn 12
4 4 Thur 13
```

여기서 a와 b, c는 데이터 프레임에서 변수의 이름을 각각 나타낸다. 데이터 프레임에서 특정변수의 값을 확인하고 싶을 경우에는 데이터프레임 이름 다음에 $연산자 그 후에 변수이름을 차례로 입력하면 된다. 예를 들어 변수 a의 값을 알고 싶을 경우 data$a라고 입력한 후 enter키를 누르면 된다.

```
> data$a                        #data의 a열
[1] 1 2 3 4

> data$b                        #data의 b열
[1] Mon Tues Wedn Thur
Levels: Mon Thur Tues Wedn

> data$c                        #data의 c열
[1] 10 11 12 13

> data[1, ]                     #행번호,열번호와 같은 개념 (1행의데이터)
  a   b   c
1 1 Mon  10

> data[,2]                      #행번호,열번호와 같은 개념 (2행의데이터)
[1] Mon Tues Wedn Thur
Levels: Mon Thur Tues Wedn

> data[1,2]                     #행번호,열번호와 같은 개념 (1행 2열의 데이터)
[1] Mon
Levels: Mon Thur Tues Wedn
```

여기서 str(object)함수는 데이터 프레임의 자료구조를 출력하는 함수이다. 결과를 보면 원래 b열은 문자형으로 선언하였으나 데이터 프레임으로 생성할 때에는 Factor형식으로 변환이 된다.

```
> str(data)                     #데이터 프레임의 자료구조를 출력
'data.frame':  4 obs.  of   3 variables:
 $ a: num 1 2 3 4
 $ b: Factor w/ 4 levels "Mon","Thur","Tues",...: 1 3 4 2
 $ c: num 10 11 12 13
```

또한 head(x,n=)함수는 데이터 프레임 또는 벡터 등 자료들의 첫 번째 데이터부터 6번째 데이터 까지 출력을 해주는 함수이다. 출력데이터의 수는 n인수로 조절 가능하다.

```
> head(data)                    #데이터 프레임의 1~6행 데이터 출력
  a    b  c
1 1  Mon 10
2 2 Tues 11
3 3 Wedn 12
4 4 Thur 13
```

2.9.4 read.table()함수

read.table()함수는 테이블형식의 외부파일로부터 자료를 읽어 데이터 프레임을 생성한다. 다음은 read.table()함수의 사용형식이다.

- read.table("파일이름" , header=T) : 자료에 header가 있는 경우
- read.table("파일이름" , header=F) : 자료에 header가 없는 경우

여기서 header은 자료의 변수이름을 의미한다. <표 2.3>은 대도시의 남녀 25명을 뽑아서 설문조사를 아래와 같이 하였다. 이 자료는 번호, 성별, 나이, 쇼핑장소, 문화생활에 대한 만족도, 흡연여부, 월지출액 수입을 주사한 자료이며 변수 ID(고유번호), Sex(성별), Age(나이), Shop(쇼핑장소), Life(문화생활), Ciga(흡연여부), Exp(지출), Income(수입)을 가지며 컴퓨터 "C:\Users\Won\Desktop\Rdata _table1.txt"에 저장되어 있다고 가정하자.

어느 대도시에서 남녀 25명을 뽑아서 다음의 설문조사를 하였다.

1. 성별 : (1) 남자 (2) 여자
2. 연령 : 만 ( )세
3. 쇼핑할 때 주로 어디를 이용하십니까?
   (1) 백화점 (2) 할인점 (3) 재래시장 (4) 동네주변 (5) 기타
4. 문화생활에 대한 만족도는 어느 정도 입니까?
   (1) 매우불만족 (2) 불만족 (3) 보통 (4) 만족 (5) 매우만족
5. 귀하는 흡연하고 계십니까?
   (1) 경력없음 (2) 경력 있으나 현재 금연 (3) 현재 흡연 중
6. 귀하의 한달 평균 월 지출액은 얼마입니까? ( )만원
7. 귀하는 자신의 수입이 어느 정도라고 생각하십니까? ( )만원

그 결과 <표 2.3> 자료를 얻었다.

〈표 2.3〉 대도시설문조사 결과

ID	Sex	Age	Shop	Life	Ciga	Exp	Income
101	1	35	1	5	1	150	250
102	1	48	2	3	2	180	300
103	2	52	1	4	1	160	350
104	2	24	3	4	1	60	150
105	1	27	2	2	1	100	180
106	1	52	4	1	2	85	200
107	2	37	5	2	2	95	250
108	2	42	3	3	3	120	200
109	1	38	2	2	3	180	250
110	2	32	1	2	3	97	200
111	1	25	1	3	1	85	150
112	2	41	4	4	2	190	250
113	2	26	3	5	3	100	250
114	1	50	5	2	3	200	300
115	1	30	3	3	1	180	250
116	2	40	1	4	3	230	350
117	2	39	2	4	3	130	250
118	1	32	2	3	1	110	200
119	2	31	3	4	2	140	250
120	2	47	4	5	1	90	200
121	1	57	3	1	1	260	400
122	2	58	2	2	2	170	350
123	2	42	1	3	1	132	300
124	2	53	5	4	1	90	200
125	2	29	4	4	1	70	150

read.table()함수를 이용하여 표 2.3의 자료를 읽고 있다.

```
> data1<-read.table("c:\\users\\won\\Desktop\\Rdata_table1.txt",header=T)
> head(data1)
   ID Sex Age Shop Life Ciga Exp Income
1 101   1  35    1    5    1 150    250
2 102   1  48    2    3    2 180    300
3 103   2  52    1    4    1 160    350
4 104   2  24    3    4    1  60    150
5 105   1  27    2    2    1 100    180
6 106   1  52    4    1    2  85    200

> str (data1)
'data.frame' :      25 obs. of 8 variables:
$ ID         : int  101 102 103 104 105 106 107 108 109 110 ...
$ Sex        : int  1 1 2 2 1 1 2 2 1 2 ...
$ Age        : int  35 48 52 24 27 52 37 42 38 32 ...
$ Shop       : int  1 2 1 3 2 4 5 3 2 1 ...
$ Life       : int  5 3 4 4 2 1 2 3 2 2 ...
$ Ciga       : int  1 2 1 1 1 2 2 3 3 3 ...
$ Exp        : int  150 180 160 60 100 85 95 120 180 97 ...
$ Income     : int  250 300 350 150 180 200 250 200 250 200 ...

> data1
   ID Sex Age Shop Life Ciga Exp Income
1 101   1  35    1    5    1 150    250
2 102   1  48    2    3    2 180    300
3 103   2  52    1    4    1 160    350
4 104   2  24    3    4    1  60    150
5 105   1  27    2    2    1 100    180
6 106   1  52    4    1    2  85    200
7 107   2  37    5    2    2  95    250
8 108   2  42    3    3    3 120    200
9 109   1  38    2    2    3 180    250
10 110  2  32    1    2    3  97    200
11 111  1  25    1    3    1  85    150
12 112  2  41    4    4    2 190    250
13 113  2  26    3    5    3 100    250
14 114  1  50    5    2    3 200    300
15 115  1  30    3    3    1 180    250
16 116  2  40    1    4    3 230    350
17 117  2  39    2    4    3 130    250
18 118  1  32    2    3    1 110    200
19 119  2  31    3    4    2 140    250
20 120  2  47    4    5    1  90    200
21 121  1  57    3    1    1 260    400
22 122  2  58    2    2    2 170    350
```

```
23 123  2  42    1    3    1 132     300
24 124  2  53    5    4    1  90     200
25 125  2  29    4    4    1  70     150
```

여기서 data는 데이터 프레임 이름이고 이 데이터 프레임은 ID(고유번호), Sex(성별), Age(나이), Shop(쇼핑장소), Life(문화생활), Ciga(흡연여부), Exp(지출), Income(수입)과 같은 변수들을 갖고 있다.

데이터 프레임에 있는 특정변수를 사용하고자 하는 경우 "$"연산자를 사용한다. 만약 Sex변수에 대한 자료를 검색하고자 하는 경우

```
> data1$sex #성별변수
  [1] 1 1 2 2 1 1 2 2 1 2 1 2 2 1 1 2 2 1 2 2 1 2 2 2 2
```

또는

```
> data1 [,2] #데이터프레임의 2번째 열벡터(성별)
[1] 1 1 2 2 1 1 2 2 1 2 1 2 2 1 1 2 2 1 2 2 1 2 2 2 2
```

와 같이 사용하면 되고 다음과 같이 데이터 프레임에서 남자만 검색하고자 하는 경우 다음과 같다.

```
> data1[data1$Sex==1,]       #데이터프레임 형태로 출력
    ID Sex Age Shop Life Ciag Exp Income
1  101   1  35    1    5    1 150    250
2  102   1  48    2    3    2 180    300
5  105   1  27    2    2    1 100    180
6  106   1  52    4    1    2  85    200
9  109   1  38    2    2    3 180    250
11 111   1  25    1    3    1  85    150
14 114   1  50    5    2    3 200    300
15 115   1  30    3    3    1 180    250
18 118   1  32    2    3    1 110    200
21 121   1  57    3    1    1 260    400
```

또는 남자인 ID와 나이를 검색하고자 하는 경우 다음과 같다.

```
> data1[data1$Sex==1,c(1,3)]           #데이터 프레임 형태로 출력
    ID Age
1  101  35
2  102  48
5  105  27
6  106  52
9  109  38
11 111  25
14 114  50
15 115  30
18 118  32
21 121  57
```

그리고 데이터프레임에서 변수 수입 중에서 Income<250인 경우만 검색하고자 하는 경우 다음과 같다.

```
> data1[data1$Income<250,]             #데이터프레임 형태로 출력
    ID Sex Age Shop Life Ciga Exp Income
4  104   2  24    3    4    1  60    150
5  105   1  27    2    2    1 100    180
6  106   1  52    4    1    2  85    200
8  108   2  42    3    3    3 120    200
10 110   2  32    1    2    3  97    200
11 111   1  25    1    3    1  85    150
18 118   1  32    2    3    1 110    200
20 120   2  47    4    5    1  90    200
24 124   2  53    5    4    1  90    200
25 125   2  29    4    4    1  70    150
```

또는 수입이 250 미만인 ID만 검색하고자 하는 경우 다음과 같다.

```
> data1[data1$Income<250,1]             #벡터형태로 출력
[1] 104 105 106 108 110 111 118 120 124 125
```

연습문제

1. 다음 식을 계산하여라.

(1) 5+3(4+7)

(2) 1+1/2+1/3+1/4+1/5+1/6+1/7+1/8+1/9+1/10

(3) sqrt((7+3)(4+5)(3+5))

(4) ((2+22)/(5+7))^5

(5) 144+12x27

(6) 7!

(7) $\sum_{i=3}^{12} i^2$

(8) sin(60°)+cos(30°)

(9) log25+ln10

(10) x=3,y=5 일때 sqrt((3x^3+4y^2)/((x+y)(x−y)))

(11) tan(pi/4)

2. seq() 또는 rep()함수를 사용하여 다음의 값이 나오도록 명령문을 작성하고 결과를 확인하시오.

(1) 1,2,3,4,5,6,7,8,9,10

(2) 1,3,5,7,9

(3) 1,1,1,1,1

(4) 1,2,3,1,2,3,1,2,3

(5) "b","b","b","b","b"

(6) 1부터 100사이의 짝수

3. 벡터 a가 (5,5,5,6,6,6,5,6,7,8)의 값을 가지도록 rep과 c함수를 사용하라.

4. 벡터 a가 (2,4,6,8,10,2,4,6,8,10,2,4,6,8,10)이 나올 수 있도록 rep와 seq함수를 사용하라.

5. 1에서부터 100까지의 자료를 생성하고 70이상인 자료로 구성된 벡터 x를 생성하여라.

6. R코드 income〈−c(45,23,55,34,53,66,76,86,88)을 생성하고 다음의 코드가 무엇을 의미하는지 설명하라.

   (1) income[4]

   (2) income[1:3]

   (3) income[−c(1,5,6)]

   (4) income[income〈=50]

7. 다음과 같은 행렬을 R코드로 작성하라.

```
     A제약  B제약  C제약
1월   60     90    100
2월   65     85     98
3월   88    105     88
```

8. 주어진 행렬에 대하여 R명령문을 이용하여 계산하시오.

$$A=\begin{pmatrix}1 & 3\\ 2 & 4\end{pmatrix}\ B=\begin{pmatrix}1\\ 2\end{pmatrix}\ C=\begin{pmatrix}5 & 7\\ 6 & 8\end{pmatrix}$$

(1) A+C

(2) AB

(3) A'

연습문제

9. 행렬 A= $\begin{pmatrix} 2 & -1 & 0 \\ 2 & 1 & 3 \end{pmatrix}$ B= $\begin{pmatrix} 2 & 3 & 1 \\ 1 & 2 & 3 \end{pmatrix}$ C=$\begin{pmatrix} 1 & -1 \\ 2 & 1 \end{pmatrix}$ 일 때 A+B, CB를 계산하기 위한 R코드를 작성하라.

10. 다음과 같은 데이터 프레임을 R코드로 작성하여라. (이름 : Brand)

```
        score    credit
국어      88        B
영어      98        A
수학      75        C
```

11. 다음과 같은 데이터 프레임을 R코드로 작성하여라. (이름 : data)

```
   x  y
1 남 20
2 여 25
3 남 22
```

12. 다음과 같은 자료가 파일이름 data.csv로 R이 실행되고 있는 디렉토리에 저장되어 있는 경우 자료값을 읽어들이기 위한 R코드를 작성하여라.

```
     나이    혈압
1     36     128
2     28     130
3     30     110
```

13. 다음과 같은 자료가 파일이름 data.txt로 R이 실행되고 있는 디렉토리에 저장되어 있을 경우 자료값을 읽어 들이기 위한 R코드를 작성하여라.

```
A   B
22  24
10  44
50  99
```

14. USB에 다음과 같은 자료가 파일이름 data.txt로 저장되어 있고, 이 파일을 디스크 E로부터 읽어 들인다고 하자.

```
Sex   edu   age   income        Sex   edu   age   income
여    대졸   33      99          남    대졸    44     100
남    중졸   53     100          남    대졸    31      90
여    고졸   31      98          여    대졸    24      88
남    중졸   29      88          여    고졸    35      87
여    고졸   48     105          여    중졸    33      80
```

(1) 위의 자료를 읽어 들이고 변수 edu의 값, 5행, 표본의 크기와 변수의 개수를 출력하기 위한 R코드를 작성하라.

(2) data에서 여자들만을 선택하여 female이라는 데이터 프레임으로 만들기 위한 R코드를 작성하라.

(3) data에서 age가 40세 미만인 사람들을 선택하여 people이라는 데이터 프레임으로 만들기 위한 R 코드를 작성하라.

15. 다음은 두 명의 3과목(국어, 영어, 수학)에 대한 시험성적이다.

```
원철수   80,  75,  90
민영희   76,  92,  86
```

(1) 위 자료를 가지고 2행 3열 행렬을 만들고 이름도 부여하라.

(2) 위의 예에서 철수와 영희의 사회 점수가 각각 81,98 일 때, 사회시험 점수를 기존 행렬에 추가하여라.

16. 자료 x와 y가 다음과 같을 때, 두 자료를 세로로 붙여라.

$$x=\begin{pmatrix} 11 & 42 & 55 \\ 2 & 1 & 6 \end{pmatrix} \qquad y=\begin{pmatrix} 1 & 4 & 5 \\ 6 & 7 & 6 \end{pmatrix}$$

CHAPTER

03

그래프

구성

요약

R은 그래프에 대하여 다양한 그래프를 그릴 수 있는 탁월한 능력을 가지고 있으며, R에서 그래프시각화는 아주 매력적이다.

3.1 간단한 그래프

R은 그래프에 대해 다양한 그래프를 그릴 수 있으며 여러 가지 저 수준 그래픽 함수들과 고수준 그래픽 함수가 있다. 고수준 그래픽 함수로 기본적이고 대표적인 plot() 함수를 이용하여 다양한 그림을 그릴 수 있다. 기본적인 명령은

```
plot(x,y)
```

으로 같은 길이를 가진 x와 y에 대해 그래프를 그린다. 첫 번째로 쓴 x는 수평축을, 두 번째로 쓴 y는 수직 축을 이룬다. 또는

```
plot(y~x)
```

예제 3.1

$y = x^2$의 그래프를 그려라.

풀이

```
> x<-seq(-10,10,by=1)             #자료(x값) 생성
> y<-x^2                          #함수 y값 생성
> plot(x,y)                       #그래프생성
```

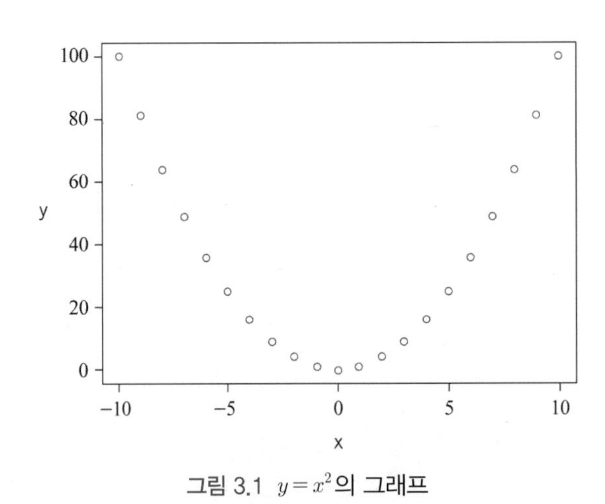

그림 3.1 $y=x^2$의 그래프

예제 3.2

$y = x^2 + 4x + 4$의 그래프를 그려라.

풀이

```
> x<-seq(-10,-10,by=1)          #자료(x값) 생성
> y<-x^2+4*x+4                  #함수 y값 생성
> plot(x,y)                     #그래프생성
```

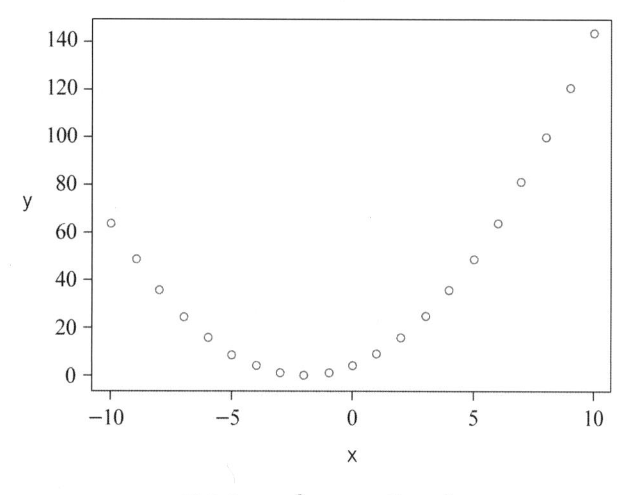

그림 3.2 $y = x^2 + 4x + 4$의 그래프

예제 3.3

$y = \ln(x)$의 그래프를 그려라.

풀이

```
> x<-seq(0,5,by=0.1)            #자료(x값) 생성
> y<-log(x)                     #함수 y값 생성
> plot(x,y)                     #그래프생성
```

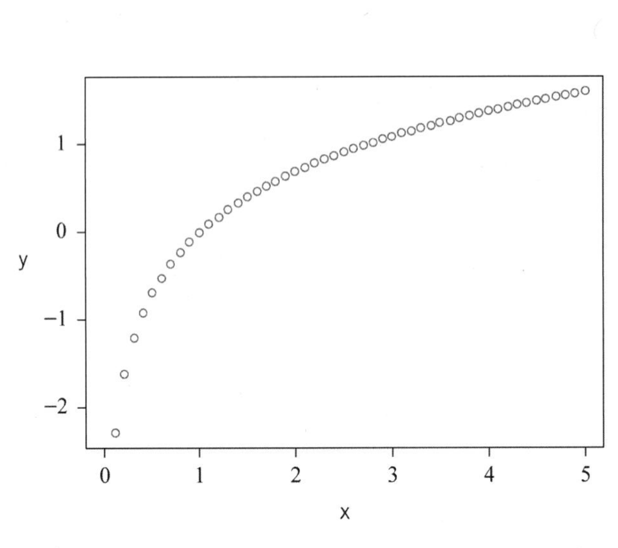

그림 3.3 $y=\ln(x)$의 그래프

예제 3.4

$y=\sqrt{x}$ 의 그래프를 R로 그려라.

풀이

```
> x<-seq(1,1000,by=1)                    #자료 (x값)생성
> y<-sqrt(x)                             #함수 y값 생성
> plot(x,y,type="l",col="blue")          #그래프생성
```

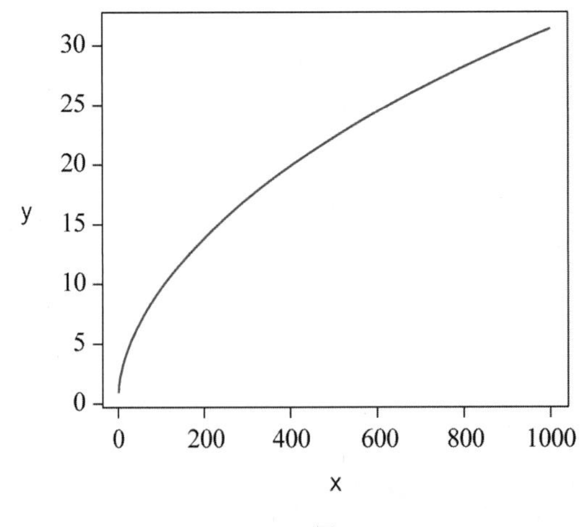

그림 3.4 $y=\sqrt{x}$ 의 그래프

3.2 그래픽함수의 옵션

plot(x,y)함수에 다음의 여러 가지 옵션을 넣어 다양한 형태의 그래프를 그릴 수 있다.

3.2.1 선과 점 지정

- type = 그래프 그릴 때의 형태를 결정한다.
- type="p" 점(point)으로 그래프를 그린다.
- type="*l*" 선(line)으로 그래프를 그린다.
- type="b" 점과 선으로 이어 그래프를 그린다.
- type="o" 선이 점 위에 겹쳐진 형태로 그래프를 그린다.
- type="h" 수직선으로 그래프를 그린다.
- type="s" 계단(step)형으로 그래프를 그린다.
- type="n" "nothing", 그래프에 아무것도 그리지 않는다.
- pch= 점 표시기호를 선택한다. 예를 들어 pch=1 또는 pch="*"
- lwd= 선 두께(line width) 1:디폴트 2: 두배 진하게 등
- lty= 선으로 그릴경우 선의 종류를 선택한다. 1: 실선 2: 파선 3: 점선 4: dotdash 5: longdash 6:twodash

3.2.2 문자 지정

- cex= 문자의 높이(크기) 지정
- ps= 텍스트의 점 크기

3.2.3 색 지정

- col= 색깔을 정한다. "red", "green", "blue" 등을 쓰거나 번호를 준다.

- bg= 그래프의 배경화면 색깔을 정한다. bg="red", bg="blue" 등

3.2.4 다중플롯을 위한 그림 배열

- par(mfrow=c(행의수, 열의수)) #다중 플롯의 그림 배열, 행 우선으로 배치

3.2.5 축 지정

- axes= T: 디폴트 ,축 있게(with axes), F: 축 없게(without axes)
- xlim= x축의 상한과 하한을 지정한다. Ex) xlim=c(-10,10) 또는 xlim=range(x)
- ylim = y축의 상한과 하한을 지정한다. Ex) ylim=c(-10,10) 또는 ylim=range(y)
- xlab= x축의 이름을 지정한다.
- ylab= y축의 이름을 지정한다.

3.2.6 테두리박스 지정

- bty= 그래프 그리는 상자 모양을 선택한다. "o", "l", "7", "c", "u", "]"

3.2.7 그림의 여백 지정

- mar= c(bottom, left, top, right) 하 좌 상 우 순으로 가장자리 지정된 공백을 준다.
- 디폴트는 c(5,4,4,2) + 0.1이다.

3.2.8 축의 라벨형태 지정

- las= 축의 눈금값의 출력되는 방향을 정한다.
- las=0 : 디폴트, 축과 평행한 방향 las=1 : 수평방향

3.2.9 제목 지정

- main= 주요 제목을 그래프 위에 배치한다.
- sub= 소제목을 그래프 아래에 배치한다.

예제 3.5

$y = \ln(x)$의 그래프를 옵션 type=을 사용하여 여러 가지 그래프를 그려보아라.

풀이

```
> par(mfrow=c(2,2))    #2X2행렬 형태의 그래프 배치
> plot(x,y,type="p",main="Log graph",sub="type=p")      #점타입
> plot(x,y,type="l",main="Log graph",sub="type=l")      #선타입
> plot(x,y,type="o",main="Log graph",sub="type=o")      #점-선타입
> plot(x,y,type="s",main="Log graph",sub="type=s")      #계단형타입
```

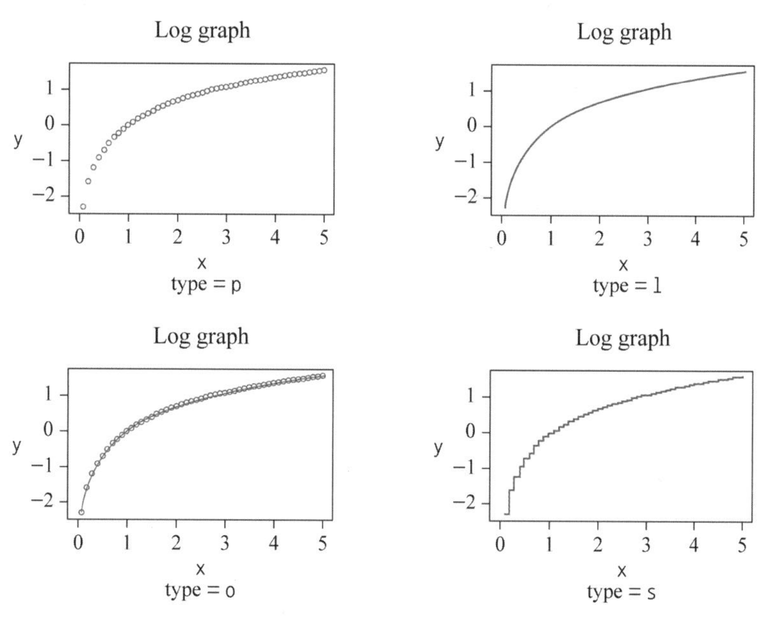

그림 3.5 옵션에 따른 $y = \ln(x)$의 그래프

plot(x,y)으로 그린 (x,y) 산점도에 abline()을 추가하여 회귀직선 x=a, y=b선을 그을 수 있다.

```
> x<-c(0,4,6,7,4,3,5,7)
> y<-c(0,7,8,7,6,3,2,5)
> par(mfrow=c(1,1))            #1X1행렬 형태의 그래프 배치
> plot(x,y)                    #x,y자료로 플롯그래프 출력
> abline(a=2,b=0.5)            #a : y절편 b : 직선의 기울기
> abline(h=4)                  #수평선 추가
> abline(v=5)                  #수직선 추가
```

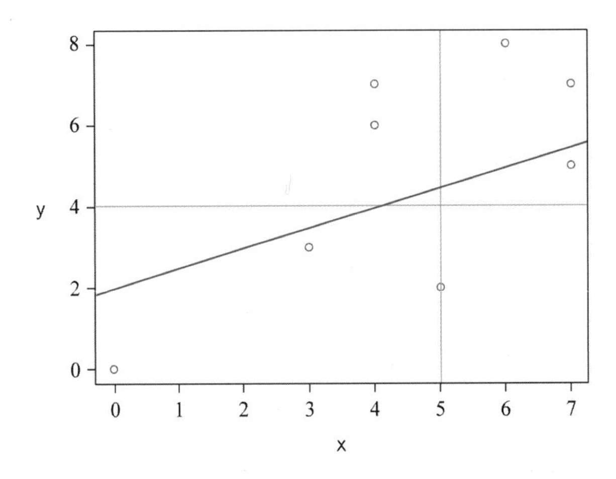

그림 3.6 산점도에 abline()을 추가한 회귀직선과 x=a, y=b선

```
> lm.obj<-lm(y~x)              #단순회귀분석
> plot(x,y)                    #플롯그래프
> abline(lm.obj)               #단순회귀선 추가
```

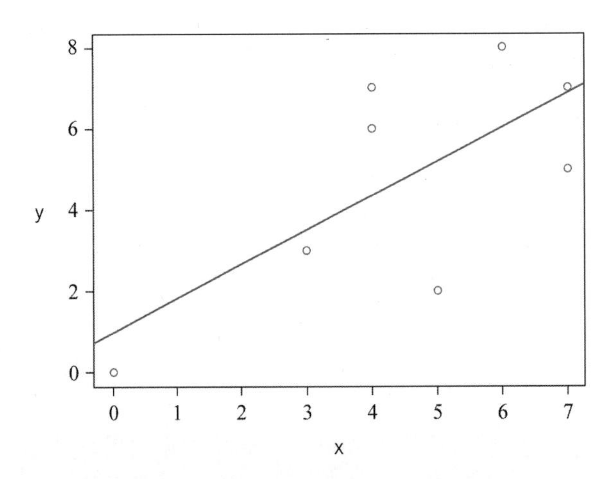

그림 3.7 산점도에 abline()을 추가한 회귀직선

예제 3.6

다음표는 12명의 어머니와 딸의 키를 측정한 자료이다.

x(어머니)	68	67	66	64	69	68	72	65	71	67	69	70
y(딸)	65	63	66	64	67	62	70	66	68	67	69	71

위 자료를 회귀직선을 구하고 회귀선을 그려라.

풀이

```
> x<-c(68,67,66,64,69,68,72,65,71,67,69,70)
> y<-c(65,63,66,64,67,62,70,66,68,67,69,71)
> plot(x,y)              #산점도
> lm.result<-lm(y~x)     #단순회귀분석
> abline(lm.result)      #회귀선 추가
```

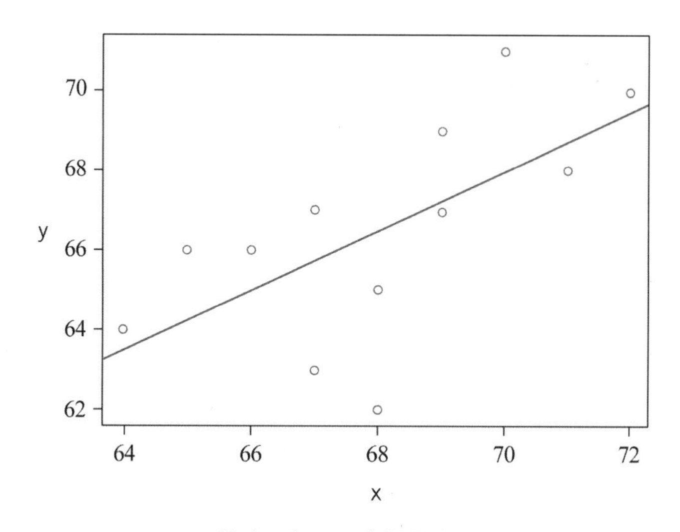

그림 3.8 산점도에 abline()을 추가한 회귀직선

예제 3.7

어떤 지역에서 두 개의 오염물질의 농도 사이에 강한 상관관계가 있다고 알려져 있다고 하자. 즉 오존의 농도 x(ppm)와 제 2탄소의 농도 y(ug/m^2) 사이에 관계는 다음의 자료와 같다. 추정된 회귀선을 그리고 수평선과 수직선을 추가하여라.

x	0.066	0.088	0.120	0.050	0.162	0.186	0.057	0.100
y	4.6	11.6	9.5	6.3	13.8	15.4	2.5	11.8

풀이

```
> ppm<-c(0.066,0.088,0.12,0.050,0.162,0.186,0.057,0.1)         #오존의 농도 데이터
> ugm<-c(4.6,11.6,9.5,6.3,13.8,15.4,2.5,11.8)                  #제2탄소농도 데이터
> plot(ppm,ugm,pch=16)                                         #산점도
> abline(h=8,col="red")                                        #수평선(빨간색)추가
> abline(v=0.12,col="red")                                     #수직선(빨간색)추가
> lm.line<-lm(ugm~ppm)                                         #회귀분석
> abline(lm.line)                                              #회귀직선추가
> plot(x,y,type="s",bty="n",main="cosine graph",sub="type=s")  #계단형타입
```

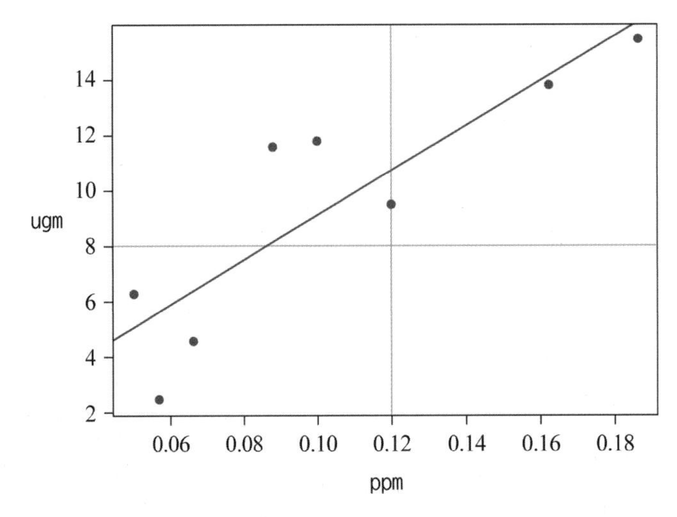

그림 3.9 산점도에 abline()을 추가한 회귀직선과 x=0.12, y=8선

3.3 그래프 좌표축에 수식쓰기

y축에 함수식 sqrt(p*(1-p)), p^2이 출력되도록 ylab=expression()을 이용한다.

예제 3.8

$y = e^x$ 의 그래프를 그려라.

풀이

```
> x<-seq(-1,5,by=0.1)
> plot(x,exp(x),ylab=expression(e^x),type="l")       #수식표현 (1)
```

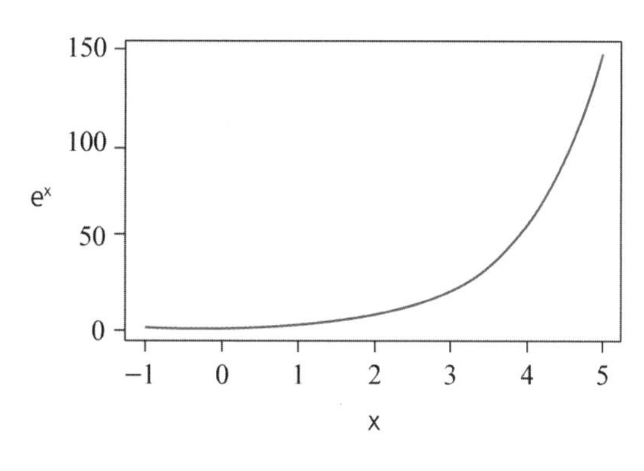

그림 3.10 $y = e^x$ 의 그래프

예제 3.9

$y = \frac{1}{\sqrt{2\pi}} e^{-\frac{x^2}{2}}$ 의 그래프를 그려라.

풀이

```
> x<-seq(-4,4,by=0.1)
> plot(x,exp(-x^2/2)/sqrt(2*pi),ylab=expression(1/sqrt(2*pi)*e^(-x^2/2)),type="l") #수식 표현 (2)
```

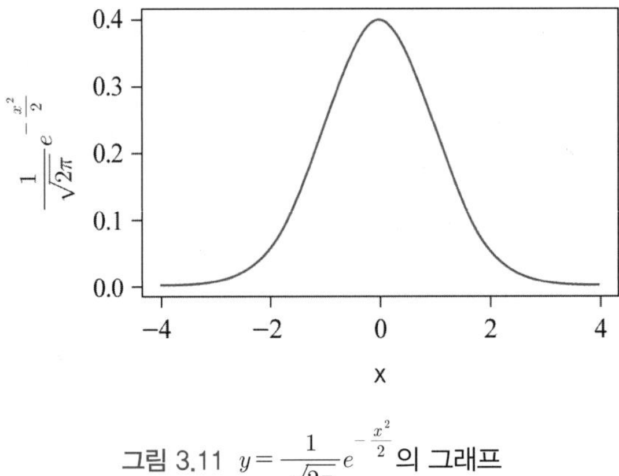

그림 3.11 $y = \frac{1}{\sqrt{2\pi}} e^{-\frac{x^2}{2}}$ 의 그래프

3.4 hist그래프

데이터의 분포를 확인할 수 있는 그래프이다. 막대 그래프의 형태로 출력된다.

```
hist(x,breaks,ncalss,freq,probability,col,....)
```

내장데이터 iris를 사용한다. 이후 iris라는 변수 명으로 데이터를 조작할 수 있다.

```
> data(iris)                    #내장데이터 iris 불러오기
> hist(iris$Sepal.Length)       #꽃받침 길이의 데이터
> hist(iris$Sepal.Width)        #꽃받침 쪽의 데이터
```

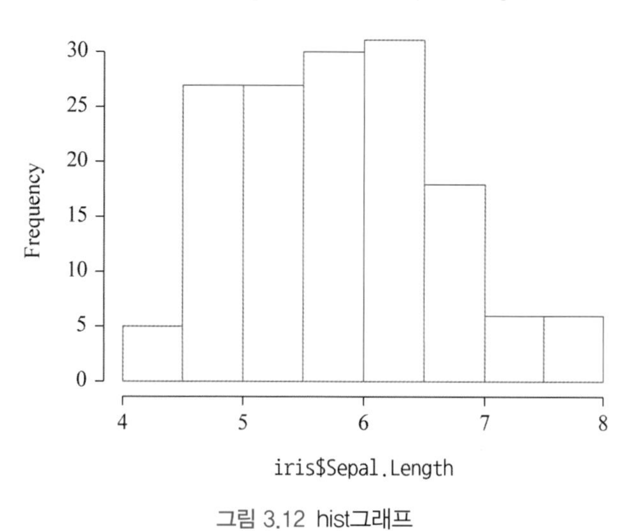

그림 3.12 hist그래프

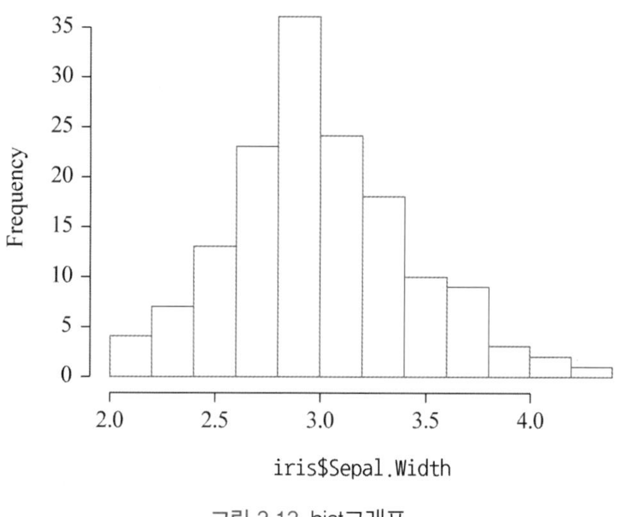

그림 3.13 hist그래프

probability인수로 y축을 빈도가 아닌 밀도로 지정할 수 있다.

```
> hist(iris$Sepal.Length,probability=TRUE)     #밀도지정 hist함수
```

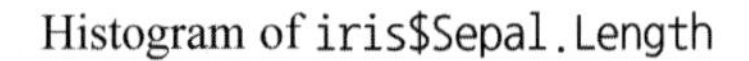

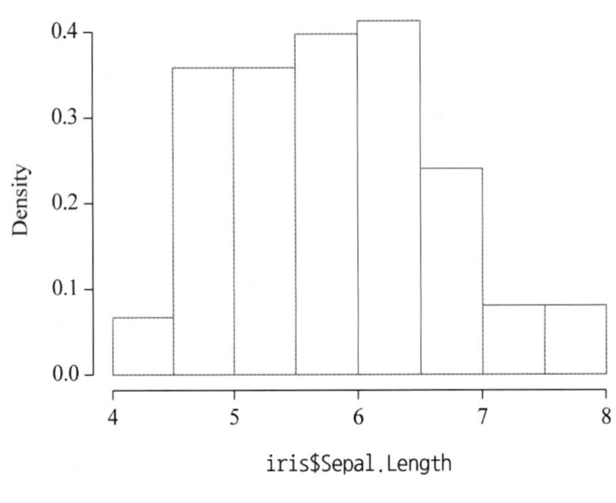

그림 3.14 hist그래프

lines함수로 선을 추가할 수 있다.

```
> hist(iris$Sepal.Length,probability=TRUE)      #밀도지정 hist 함수
> lines(density(iris$Sepal.Length))      #라인추가함수:line() 밀도변환함수:density()
```

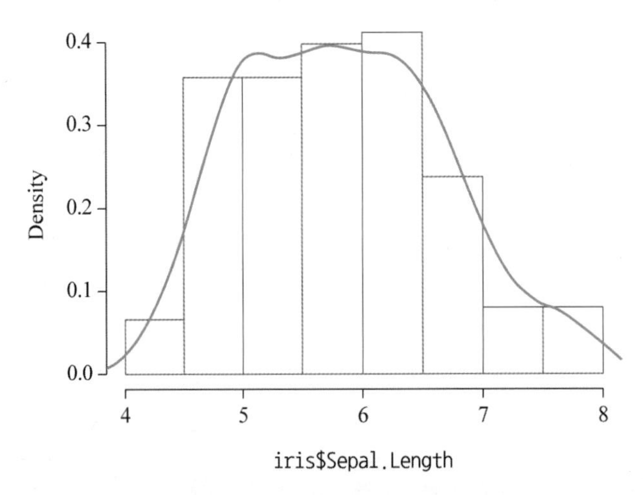

그림 3.15 hist그래프와 확률밀도함수

labels인수로 계급별 빈도의 수를 표시할 수 있다. 또한 col인수로 색도 지정할 수 있다.

```
> hist(iris$Sepal.Width,labels=TRUE,col="yellow")      #빈도 수표시 색변경(노랑)
```

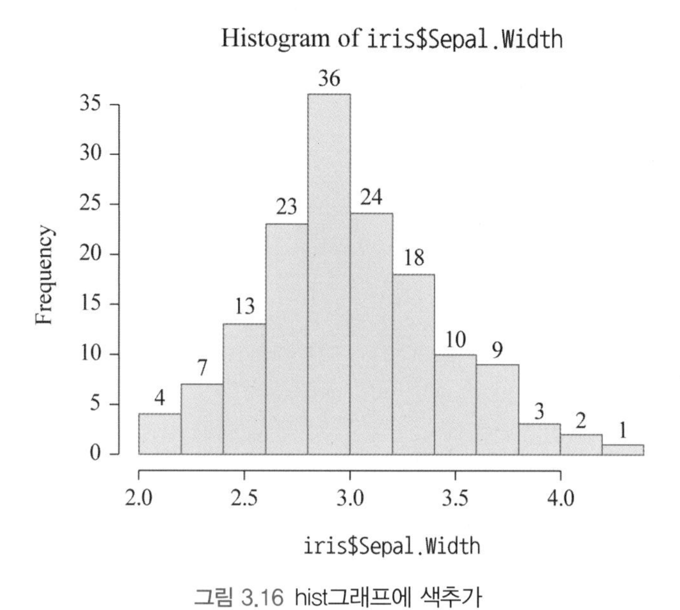

그림 3.16 hist그래프에 색추가

3.5 박스플롯

박스플롯은 자료의 크기순서를 나타내는 5가지 순서통계량(최소값, 제1사분위수, 중앙값, 제3사분위수, 최대값)을 이용하여 자료를 요약 정리하는 그래프적 방법이다.

이를 통해 자료의 분포의 정도를 알 수 있다. 다음은 boxplot의 형식이다.

```
boxplot(x,...,range=1.5,col=NULL,horizontal=FALSE)
```

2장에서 read.table함수로 읽어 들인 데이터의 수입데이터를 박스플롯으로 출력한다.

```
> boxplot(data1$Income,main="Boxplot",sub="Income")      #수입
```

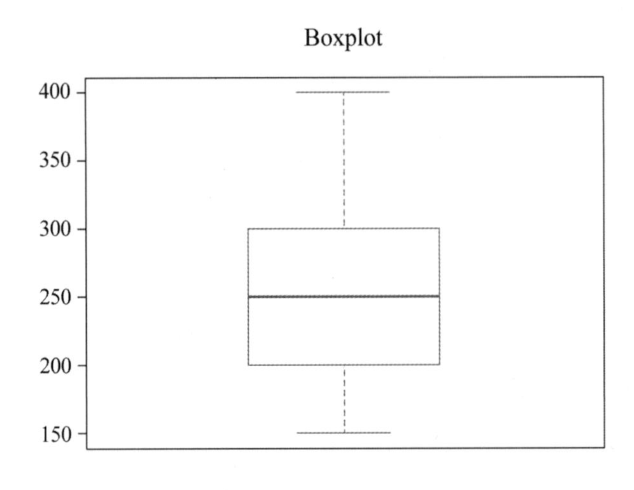

Income

그림 3.17 박스플롯

다음은 지출데이터를 이용하여 박스플롯을 출력한다.

```
> boxplot(data1$Exp,main="Boxplot",sub="Exp")      #지출
```

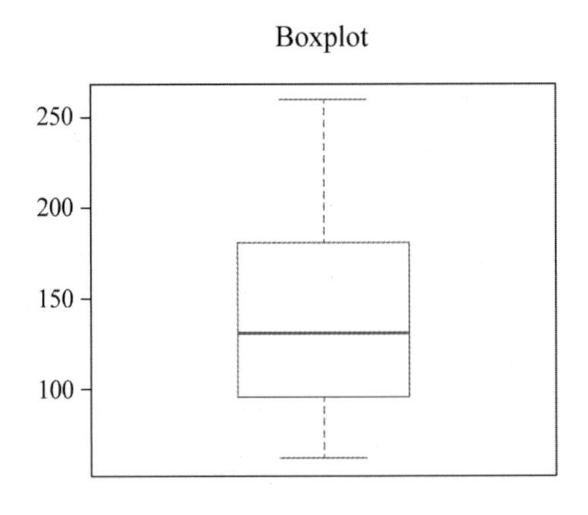

Exp

그림 3.18 박스플롯

틸드(~)를 사용하면 다음과 같이 사용이 가능하다.

```
> boxplot(Income~Sex,data=data1,main="Boxplot",sub="Sex")      #성별간 수입 박스플롯
```

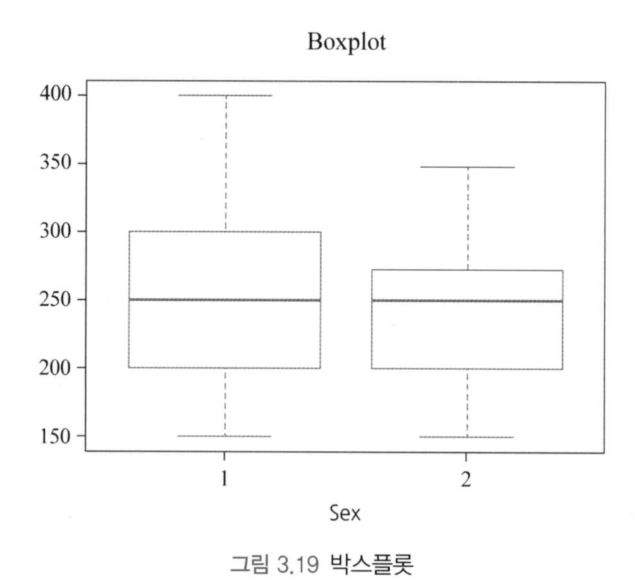

그림 3.19 박스플롯

```
> boxplot(Exp~Ciga,data=data1,main="Boxplot",sub="Ciga")      #흡연별 디출 박스플롯
```

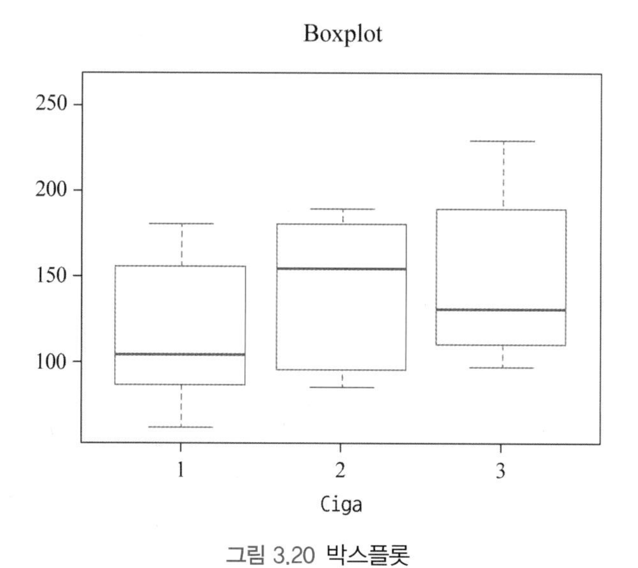

그림 3.20 박스플롯

3.6 모자이크플롯

모자이크플롯은 범주형 자료의 변수관계를 그래프로 표현한 플롯이다.

빈도분포표를 토대로 모자이크플롯을 생성한다. 그러므로 함수 안에는 테이블(table) 형의 자료가 들어가야 한다.

예제 3.10

2장에 <표 2.3>에서 성별과 흡연을 모자이크플롯하여라.

풀이

```
> table1<-table(data1$Ciga,data1$Sex)              #테이블생성함수 : table()
> table1
   1 2
 1 6 6
 2 2 4
 3 2 5
> mosaicplot(table1,xlab="Ciga",ylab="Sex")        #모자이크플롯(흡연과성별)
```

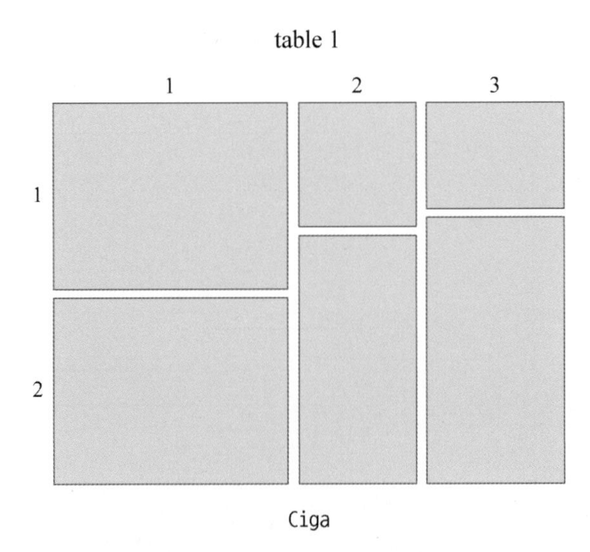

그림 3.21 모자이크플롯

3.7 산점도행렬

산점도는 기본적으로 두 개의 자료를 가지고 x,y축에 할당하지만 세 개 이상의 자료를 가지고 산점도를 작성 할 경우 행렬형식으로 출력이 된다.

산점도 행렬은 plot으로도 가능하지만 lattice패키지의 splom을 가지고도 출력할 수 있다. 다음은 splom과 plot 함수의 인수를 비교한 것이다.

```
splom(x,data,.....)
plot(x,y,...)
```

```
> plot(iris[,1:4])          #기본 plot 산점도 행렬
```

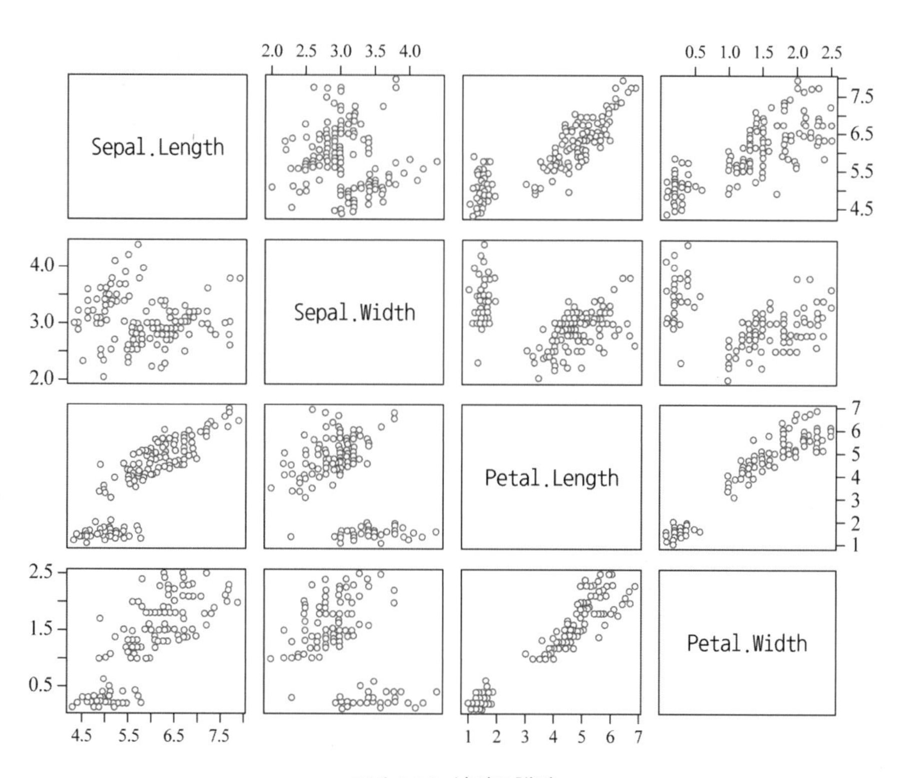

그림 3.22 산점도행렬

```
> library(lattice)          #패키지 실행
> splom(iris[,1:4])         #lattice 산점도 행렬
```

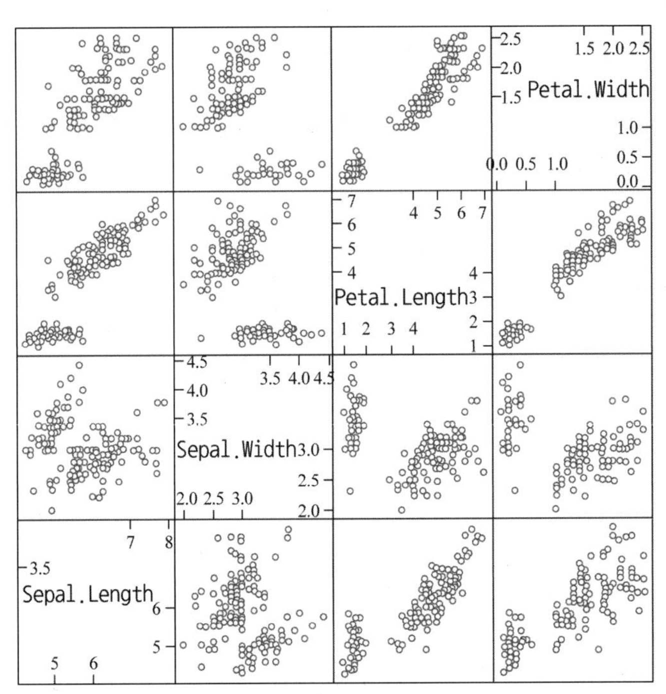

산점도 행렬(scatter plot matrix)

그림 3.23 산점도행렬

3.8 3d산점도

3d산점도에는 여러 가지 함수가 존재하지만 간단하게 lattice패키지의 cloud와 rgl패키지의 plot3d를 소개하고자 한다.

먼저 cloud 함수의 형식이다.

```
cloud(x,data,xlab,ylab,zlab....)
```

여기서 x에는 z~x+y 형태로 적용해야 한다. 여기서 틸드(~)는 다른 그래프 또는 분석에서 자주 사용하니 주의하자.

```
> library(lattice)
> cloud(petal.Lengt~Sepal.Length+Sepal.width,
+       data=iris) #x축 : Sepal.Length y축 : Sepal.width z축 : Petal.Length
```

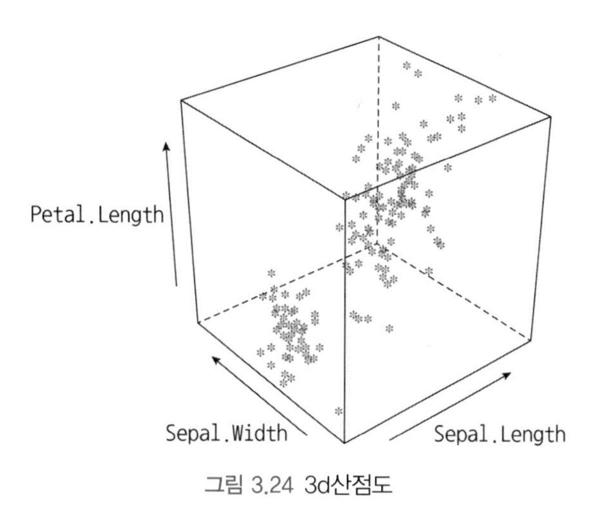

그림 3.24 3d산점도

rgl의 plot3d함수의 형식이다. 함수실행 시 새로운 화면이 나타나면서 3d산점도가 그려진다. 이는 드래그로 회전 및 확대 기능이 가능하므로 좀 더 데이터의 분포를 다각적으로 볼 수 있다.

회전 : 왼쪽클릭 드래그 확대 : 오른쪽클릭 드래그

```
plot3d(x,y,z,xlab,ylab,zlab,type="p",col,size.....)
```

```
> library(rgl)       #패키지실행
> plot3d(iris$Sepal.Length,iris$Sepal.Width,iris$Petal.Length,
+        xlab="S.L",ylab="S.W",z1ab="P.L",Col=rainbow(2))   #그래프실행
```

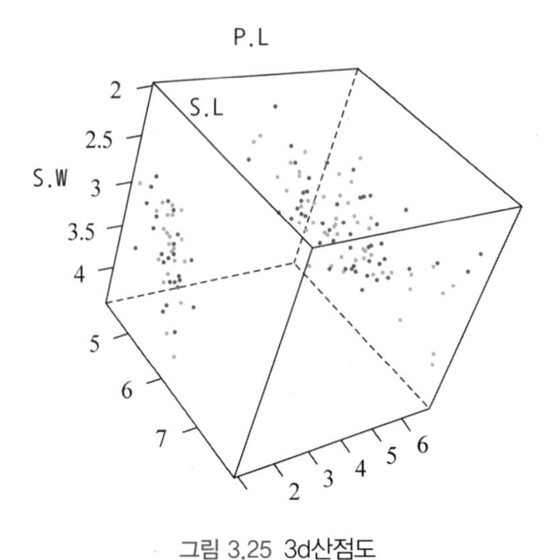

그림 3.25 3d산점도

3.9 3차원 그래프

3차원그래프를 function( )함수, persp( )함수, outer( )함수, contour( )함수를 사용하여 그릴 수 있다. 즉, function( )으로 함수값을 계산할 수 있는 함수를 만들고, outer( )함수를 이용하여 두 벡터의 외적(outer product)을 계산하고, persp( )함수를 이용하여 x-y평면 위에 함수 표면값 그림을 그린다. contour( )함수를 이용하여 등고선 그림(contour plot)을 그린다.

예제 3.11

3차원 공간에서 다음의 함수 그래프를 그려라.

y=(x1+x2)^2

풀이

먼저 y의 값을 도출해 주는 사용자정의 함수를 생성하고, 이를 x1과 x2 벡터의 외적곱을 계산하는 outer( )함수의 FUN인수로 지정한다. 마지막으로 persp( )함수를 사용하여 x1,x2, y축을 가지는 3차원 표면 그래프를 도시한다. contour( )함수는 3차원그래프의 등고선 그래프를 도시한다.

```
> x1<-seq(-2,2,by=0.1)              #x1데이터(-2~2)
> x2<-seq(-5,5,by=0.1)              #x2데이터(-5~5)
> func<-function(x1,x2) {           #함수생성(인수 :x1 ,x2)
+ answer=(x1+x2)^2                  #계산(함수식)
+ return(answer)                    #결과반환
+ }
> y<-outer(x1,x2,FUN=func)          #외적곱(x1,x2,함수)
> persp(x1,x2,y)                    #3d그래프 생성
```

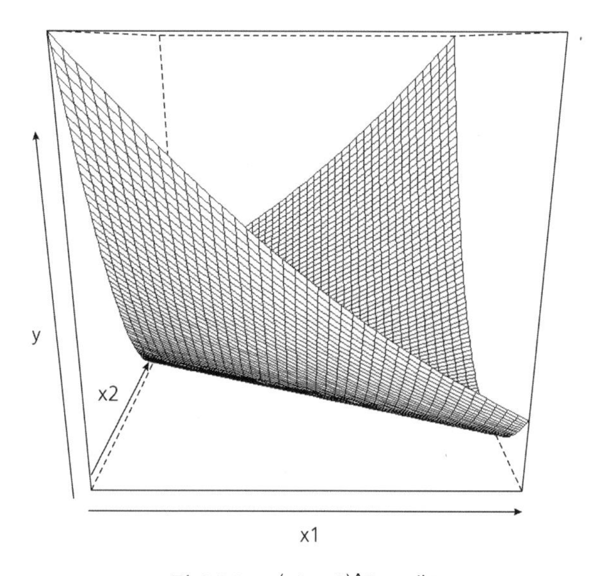

그림 3.26 y=(x1+x2)^2 그래프

```
> contour(x1,x2,y)                  #등고선 그래프
```

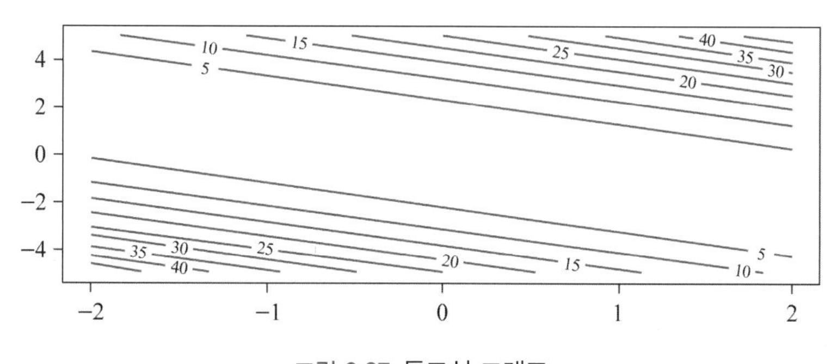

그림 3.27 등고선 그래프

예제 3.12

mu1=2, mu2=3, r=0.8, s1=5, s2=10, s12=7 인 이변량 정규분포의 3차원 그래프를 그려라.

풀이

```
> x1<-seq(-10,10,by=0.5)                             #x1데이터 생성(-10~10)
> x2<-seq(-10,10,by=0.5)                             #x2데이터 생성(-10~10)
> mu1<-0 ; s1<-5 ; r=0.8                             #설정값1 (mu,s,rho지정)
> mu2<-0 ; s2<-10; s12=7                             #설정값2
> func<-function(x1,x2) {                            #함수설정
+   pr01<-1/(2*pi*sqrt(s1*s2)*(1-r^2))               #부분수식1
+   pro2<-((x1-mu1)/sqrt(s1))^2                      #부분수식2
+   pro3<-(2*r*(x1-mu1)*(x2-mu2))/(sqrt(s1*s2))      #부분수식3
+   pro4<-((x2-mu2)/sqrt(s2))^2                      #부분수식4
+   pro5<-(pro2-pro3+pro4)                           #부분수식 2,3,4 결합
+   pro6<-pro1*exp(-pro5/(2*(1-r^2)))                #최종수식
+   return(pro6)                                     #결과값 반환
+ }
> y<-outer(x1,x2,FUN=func)                           #외적(x1,x2,사용자정의함수)
> persp(x1,x2,y)                                     #3차원 그래프그리기
```

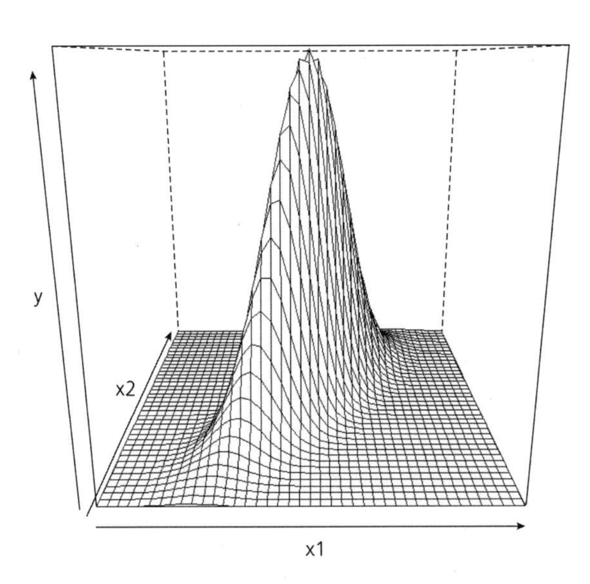

그림 3.28 이변량 정규분포의 3차원 그래프

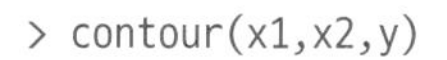

```
> contour(x1,x2,y)                    #등고선그래프
```

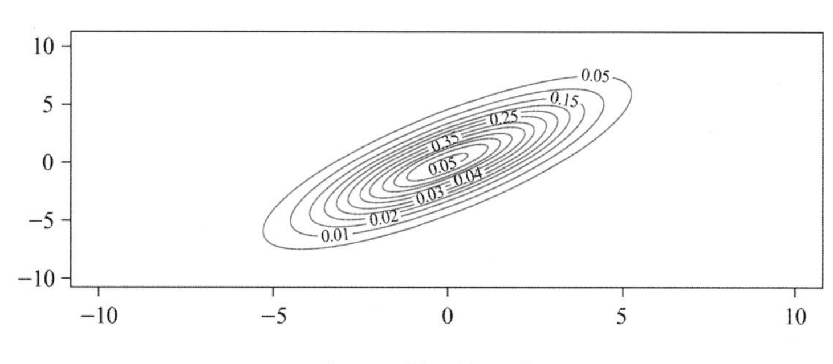

그림 3.29 등고선 그래프

연습문제

1. y=x^3, x=[-3,3] 그래프를 그려라.

2. x=[0,8] 일 때, x^2, x^3, lnx, e^x 그래프들을 한 페이지에 점인 경우와 선인 경우 모두 그려라.

3. x=[-2pi,2pi]일 때, cos(x), sin(x), tan(x)를 한꺼번에 한 평면 위에 작성하라.

4. x=[-2,2]인 경우 ln(|x|) 함수그래프를 R을 이용하여 나타내라.

5. 알파가 2 베타가 2인 감마분포의 확률밀도함수 $y=\frac{1}{4}xe^{-\frac{x}{2}}$를 R프로그램을 이용해서 그래프로 나타내라.

6. x=0,1,2,3,4,5이고 성공률이 0.5인 이항분포를 따르는 이산확률변수 X의 확률질량함수를 plot을 이용해 그래프로 나타내라(각 질량함수는 binom(c(0:5),5,0.5)로 구할 수 있다).

7. 다음 두 명의 10시간 동안 시간당 혈압을 측정하였다.

```
A : 1  2   3  4   5  6  7  8  9  10
   90 99 102 97 102 95 87 90 89 109
B : 1  2  3  4  5  6   7   8  9 10
   88 78 99 88 91 99 108 110 77 90
```

시간을 기준으로 두 사람의 혈압의 분포를 plot을 이용해 나타내시오.

8. R의 내장 데이터셋 mtcars의 변수 mpg와 hp drat데이터를 가지고 rgl의 plot3d를 이용하여 3차원 산점도를 작성하라. 또한 text3d(x=, y=, z=, texts=rownames(mtcars))를 사용하여 각 산점도의 점에 해당되는 차종 이름을 붙여라.

9. $y = x_1^2 + x_1 x_2 + x_2^2$를 outer( )와 persp( ) 함수를 사용하여 3차원 그래프로 작성하시오.

10. μ_1=1, μ_2=2, s_1=1, s_2=4, ρ=0.5인 이변량 정규분포를 outer()와 persp()를 이용해 3차원 그래프로 나타내라.

11. 어느 대학에서 통계학 과목을 수강하는 학생 중 20명을 뽑아서 다음의 설문조사를 하였다.

```
1. 성별 : ① 남자  ② 여자
2. 학년 : ① 1학년 ② 2학년 ③ 3학년 ④ 4학년
3. 졸업 후 진로에 대한 희망 ① 취직 ② 대학원 ③ 군입대 ④ 해외유학
4. 중간고사 시험성적 : (      )점
5. 이 과목을 수강한 후 기대하는 학점 : ① A ② B ③ C ④ D ⑤ F
6. 한달 평균 용돈 : (      )점
```

그 결과 다음의 자료를 얻었다.

번호	성별	학년	진로	시험성적	기대 학점	용돈
1	1	4	1	52	2	35
2	1	1	2	95	1	33
3	2	2	4	95	1	28
4	1	1	3	88.5	1	30
5	2	1	1	80	1	40
6	2	1	1	90	1	50
7	2	3	4	68	3	45
8	1	1	2	88	1	40
9	1	1	2	87	1	38

연습문제

번호	성별	학년	진로	시험성적	기대 학점	용돈
10	1	1	3	76	2	20
11	1	1	2	92.5	1	35
12	1	1	2	44	4	46
13	1	1	1	68	2	36
14	1	1	3	88	1	55
15	1	2	4	91	1	65
16	1	1	1	84.5	1	50
17	1	1	3	68	3	45
18	1	2	2	83	1	52
19	2	1	1	74	2	40
20	1	3	1	68	3	18

(1) 졸업 후 진로에 대한 빈도분석과 막대그래프, 원그래프를 그려라.

(2) 시험성적에 대한 줄기-잎그림과 히스토그램을 작성하여라.

(3) 시험성적과 용돈에 대한 기술통계량을 구하여라.

(4) 시험성적에 대한 히스토그램과 lines함수로 선을 추가하여라.

CHAPTER

04

확률분포와 R의 분포함수

구성

요약

통계학 이론은 확률에 근거하여 설명되어지며, 모든 확률변수들은 특정한 확률분포를 갖는다. 확률 변수들은 키, 전구의 수명 등처럼 연속적인 값을 갖는 연속형 변수(continuous variable)와 교통사고건수와 같이 셀 수 있는 값을 갖는 이산형 변수(discrete variable)로 구분할 수 있는데, 연속형 확률분포는 특정한 실수 구간에서 정의된 확률밀도함수에 의하여 결정되어진다. 이러한 연속형 확률분포로 대표적인 것은 정규분포(normal distribution), 표준정규분포로부터 유도된 t-분포(t-distribution), χ^2-분포(χ^2-distribution), F-분포(F-distribution) 등이 있다.

4.1 R코드와 입력모수

R에는 몇 개의 특정한 분포로부터 난수를 생성할 수 있는 함수가 내장되어 있다. 이 기능을 이용해 이산분포(Discrete distribution)와 연속분포(Continuous distribution)로부터 확률표본(random sample)을 생성할 수 있으며 모의실험(simulation)에 활용할 수 있다.

각각 분포함수 이름 앞에 다음의 글자 p, d, q, r이 앞에 붙여져 해당 함수를 계산할 수 있으며 각 분포마다 모수가 다르므로 해당 분포에 필요한 모수값(parameter value)을 지정해 주어야 한다.

- d : 확률밀도함수(density)값 $d = f(x)$
- p : 누적확률(cummulative probability) $p = P(X \le x)$ (디폴트) : lower.tail=FALSE 인수를 통해 상위확률$P(X > x)$를 구할 수 있다.
- q : 사분위수(quantile)값 $P(X \le q) = p$를 만족하는 q의 값
- r : 난수(random number) 생성

다음표에 각분포의 R코드와 입력모수을 다음과 같이 정리하였다.

〈표 4.1〉 R코드와 입력모수

분포	R의 내장함수	입력모수
정규분포	norm	mean, sd
t-분포	t	df
균일분포	unif	min, max
지수분포	exp	rate
F-분포	f	df1, df2
카이제곱분포	chisq	df
감마분포	gamma	shape, scale
베타분포	beta	shape1,shape2
코쉬분포	cauchy	location, scale

분포	R의 내장함수	입력모수
이항분포	binom	size, prob
포아송분포	pois	lambda
기하분포	geom	prob
초기하분포	hyper	m, n, k

4.2 이산확률분포

4.2.1 이항분포

n회의 반복시행 독립적인 것을 Berоulli 시행렬이라 한다. 이 시행에서 서로 배반 사상 S, F의 하나가 각 시행 결과로서 일어나므로, 표본공간 Ω는 S 또는 F로 되는 n개의 문자의 집합 $\Omega = \{\omega | \omega = \omega_1, \omega_2, \cdots, \omega_n, j = 1, 2, \cdots, n$에 대하여 $\omega_j = S$ 또는 $F\}$이다. 확률변수 X를 n회의 시행에서 S가 일어나는 회수이라면, n회의 시행에서 S가 x회 일어나는 경우의 수는 $\binom{n}{x}$가지이므로, $P(S) = p$, $P(F) = 1 - p$라 할 때

$$P\{X = x\} = \binom{n}{x} p^x (1-p)^{n-x}, \ x = 0, 1, 2, \cdots, n$$

이다. 이것을 2항 분포(Binomial distribution)이라 하고, $B(n, p)$로 나타낸다. R에서 이항분포 이용시 이항분포의 모수(n,p)를 지정해 주어야 한다. 다음의 함수를 이용하여 이항분포의 확률밀도함수, 누적확률, 사분위수, 난수를 얻을 수 있다. 이항분포 함수에서 size는 독립시행 회수, p는 성공 확률이다.

- dbinom(x, size=n,p=pr) /밀도함수
- pbinom(q, size=n,p=pr) /누적확률
- qbinom(p, size=n,p=pr) /분위수
- rbinom(n, size=n,p=pr) /난수생성

예제 4.1

1개의 동전을 4회 던져서 표면이 나오는 회수를 확률변수 X로 나타낼 때, X의 확률분포 및 분포함수를 구하여라.

(1) 0,1,2,3,4 값에 대한 확률값은 각각 얼마인가?

풀이

```
> bin<-dbinom(0:4,size=4,prob=0.5)          #성공확률 0.5의 밀도함수 생성
> bin
[1] 0.0625 0.2500 0.3750 0.2500 0.0625
```

예제 4.1

(2) q=0,1,2,3,4, 일 경우 각 값까지의 누적확률 도출하라.

풀이

```
> q<-0:4
> pbinom(q,size=4,prob=0.5)          #성공확률 0.5의 각 누적확률 생성 (0~4)
[1] 0.0625 0.3125 0.687 5 0.9375 1.0000
```

예제 4.1

(3) 이항분포 b(4,0.5)를 따르는 난수 10개 생성하라.

풀이

```
> rbinom(10,size=4,prob=0.5)          #b(4,0.5)를 따르는 난수 10개 생성
[1] 2 2 4 0 2 3 1 2 2 2
```

예제 4.1

(4) 1이상 3 이하의 확률 도출하라.

풀이

```
> pbinom(3,size=4,prob=0.5)-pbinom(0,size=4,prob=0.5)
[1] 0.875
```

예제 4.2

어느 대형 백화점이 전자장비를 제조업자로부터 납품받으려고 한다. 제조업자는 이 장비의 불량률이 2%라고 밝히고 있다.

(1) 납품된 제품 중 20개를 임의로 선택했을 때, 이 20개 중 적어도 한 대의 불량품이 있을 확률은 얼마인가?

(2) 한 달에 10번의 납품을 받고, 납품시마다 20개의 장비를 검사한다고 하자. 적어도 한 대의 불량품이 포함된 납품이 2번 있을 확률은 얼마인가?

풀이

(1) $P(X \geq 1) = 1 - P(X=0) = 1 - 0.02^0(1-0.02)^{20-0} = 0.3324$

```
> bin<-1-dbinom(0,size=20 ,prob=0.02)
> bin
[1] 0.332392
```

(2) $P(X=2) = \binom{10}{2}(0.3324)^2(1-0.3324)^8 = 0.1963$

```
> bin<-dbinom(2,size=10,prob=bin)
> bin
[1] 0.196194
```

예제 4.3

10건의 교통사고 중 6건이 속도위반에 의해 일어난다고 한다. 8건의 교통사고 중에서 6건이 속도위반일 확률을 구하라.

풀이

$n = 8,\ p = 0.60$

$P(X=6) = \binom{8}{6}(0.6)^6(0.4)^2 = 0.2090$

```
> bin<-dbinom(6,size=8,p=0.6)
> bin
[1] 0.2090189
```

4.2.2 포아송 분포

확률 변수 X의 확률 분포가

$$P(X=x)=\frac{e^{-\lambda}\lambda^{x}}{x!},\ (x=0,1,2\cdots)$$

일 때 X는 포아송 분포를 한다고 한다. 단, λ은 평균이다.

포아송 분포는 이항 분포에서 p가 충분히 작은 경우 시행 회수 n을 한없이 크게 할 때의 극한 분포로서 퍽 드물게 발생하는 사상이고 많은 조사 대상에서 몇 개가 발생할 확률을 구하는 경우에 이항 분포에 의한 계산이 복잡하므로 이런 경우에 포아송 분포를 적용시킨다.

R에서는 포아송분포 사용시 λ를 지정해 주어야한다. 다음의 함수를 이용하여 평균 λ인 포아송분포의 확률밀도함수, 누적확률, 사분위수, 난수를 얻을 수 있다.

- dpois(x, lambda=λ) / 밀도확률
- ppois(q, lambda=λ) / 누적확률
- qpois(p, lambda=λ) / 분위수
- rpois(n, lambda=λ) / 난수생성

예제 4.4

평균 3인 포아송 분포를 따르는 확률변수를 다룬다. 다음을 각각 구하여라.

(1) 확률변수 값이 1,2,3,4,5인 경우 각 값까지의 누적확률 도출하라.

풀이

```
> ppois(1:5,lambda=3)               #각 값 (1~5)에 따른 포아송분포 누적 확률
[1] 0.1991483 0.4231901 0.6472319 0.8152632 0.9160821
```

예제 4.4

(2) 누적확률이 0.8인 확률변수 q값을 도출하라.

풀이

```
> qpois(0.8,lambda=3)               #개별확률(밀도확률)
[1] 4
```

예제 4.4

(3) 평균이 3인 포아송분포를 따르는 난수 5개 생성하라.

풀이

```
> rpois(5,lambda=3)                 #난수생성
[1] 8 1 2 2 5
```

예제 4.4

(4) P(X<=1)인 확률(p)을 도출하라.

풀이

```
> ppois(1,lambda=3)                 # or ppois(1,lambda=3,lower.tail=TRUE) (디폴트)
[1] 0.1991483
```

예제 4.4

(5) P(X>=2)인 확률(p)을 도출하라.

풀이

```
> 1-ppois(1,lambda=3)                    # or ppois(1,lambda=3,lower.tail=FALSE)
[1] 0.8008517
```

예제 4.4

(6) 1이상 3이하의 확률도출하라.

풀이

```
> ppois(3,lambda=3)-ppois(0,lambda=3)    #누적확률-누적확률
[1] 0.5974448
```

예제 4.4

(7) 2를 초과하는 확률 도출(2포함 X)하라.

풀이

```
> 1-ppois(2,lambda=3)                    # or ppois(2,lambda=3,lower.tail=FALSE)
[1] 0.5768099
```

※ 주의

이산확률분포에서는 $P(X=x)$의 값이 0이 아니므로 연속확률분포와 달리 확률계산 시 주의해야한다. 즉 $P(X\leq x)$의 값과 $P(X<x)$의 값은 이산확률분포에서는 다르다. ppois 함수 사용할 때 lower.tail인수는 TRUE인 경우 =를 포함하고 FALSE인 경우 = 를 포함하지 않는다.

- lower.tail=TRUE : $P(X\leq x)$
- lower.tail=FALSE : $P(X>x)$

예제 4.4

(8) 평균이 3인 포아송분포를 따르는 난수 500개를 가지는 벡터를 생성하고 이 벡터를 가지고 막대그래프 도시하라.

풀이

```
> num<-rpois(500,3)                      #난수생성
> hist(num,main="Pois dist")             #난수들의 히스토그램 생성
```

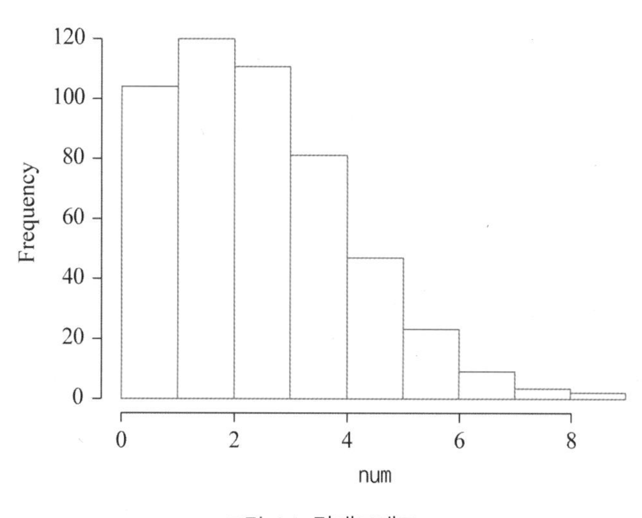

그림 4.1 막대그래프

예제 4.5

어떤 은행에서는 오전 11시부터 12시 사이에 평균 60명의 손님이 방문하고 있다. 따라서 1분간 평균 1명씩 도착한다고 볼 수 있다. 그러므로 $\lambda = 1$이다.

(1) 오전 11시부터 12시 사이의 어느 1분 동안 두 손님이 도착할 확률은 얼마인가?

(2) 어느 1분 동안에 3명 이하의 손님이 도착할 확률을 계산하여라.

풀이

(1) $P(X=2)=\dfrac{e^{-1}(1)^2}{2!}=\dfrac{1}{2e}$

$P(X=2)=\dfrac{1}{2(2.7183)}=0.183$

```
> dpois(2,lambda=1)          #확률밀도
[1] 0.1839397
```

(2) $P(X\leq 3)=P(X=0)+P(X=1)+P(X=2)+P(X=3)$

$=\dfrac{e^{-1}(1)^0}{0!}+\dfrac{e^{-1}(1)^1}{1!}+\dfrac{e^{-1}(1)^2}{2!}+\dfrac{e^{-1}(1)^3}{3!}$

$=0.3679+0.3679+0.1829+0.0613$

$=0.98$이 된다.

```
> ppois(3,lambda=1)          #누적확률
[1] 0.9810118
```

예제 4.6

어느 회사에 오전 9시부터 11시 사이에 1분당 평균 0.4회의 전화가 걸려온다고 하며, 전화가 걸려오는 횟수가 포아송분포의 특성을 갖는다고 하면, 1분에 2회의 전화가 걸려올 확률은 얼마인가?

풀이

$P(X=2)=\dfrac{e^{-0.4}(0.4)^2}{2!}=0.0536$

즉, 약 5%의 확률을 갖는다.

```
> dpois(2,lambda=0.4)        #확률밀도
[1] 0.0536256
```

4.3 연속확률분포

4.3.1 정규분포

확률변수 X가 정규분포(Normal distribution)를 따를 때 확률밀도함수는

$$f(x) = \frac{1}{\sqrt{2\pi}\,\sigma} e^{-\frac{(x-\mu)^2}{2\sigma^2}}$$

이다. 평균 (μ)와 표준편차 (σ)가 정규분포의 모수가 된다. R에서 정규분포 이용시 평균과 표준편차 값을 지정해 주어야 한다.

다음의 함수를 이용하여 정규분포의 확률밀도함수(Probability density), 누적확률(Cumulative probability), 사분위수(Quantile), 난수(Random number)를 얻을 수 있다.

- dnorm(x, mean=(디폴트:0) , sd=(디폴트:1)) / 확률밀도함수
- pnorm(q, mean=(디폴트:0) , sd=(디폴트:1)) / 누적확률
- qnorm(p, mean=(디폴트:0) , sd=(디폴트:1)) / 사분위수
- rnorm(n, mean=(디폴트:0) , sd= (디폴트:1)) / 난수생성

예제 4.7

표준정규분포 즉 Z~N(0,1)일 때 P(Z<=1.5)를 구하고 그래프로 그려라.

풀이

```
> pnorm(1.5,mean=0,sd=1,lower.tail=TRUE)        #누적확률(왼쪽)
[1] 0.9331928

> x1<-seq(-4,4,by=0.01)                         #-4부터 4까지 0.01간격의 벡터생성
> y1<-dnorm(x1,mean=0,sd=1)                     #x1의 각값에 대한 확률밀도값 도출
```

```
> plot(x1,y1,type="l")                          #정규분포 그래프 생성
> x2<-seq(-4,1.5,by=0.01)                       #-4부터 1.5까지 0.01간격의 벡터생성
> y2<-dnorm(x2,mean=0,sd=1)                     #x2의 각값에 대한 확률밀도값 도출
> polygon(c(-4,x2,1.5),c(0,y2,0),col="gray")  #색추가
```

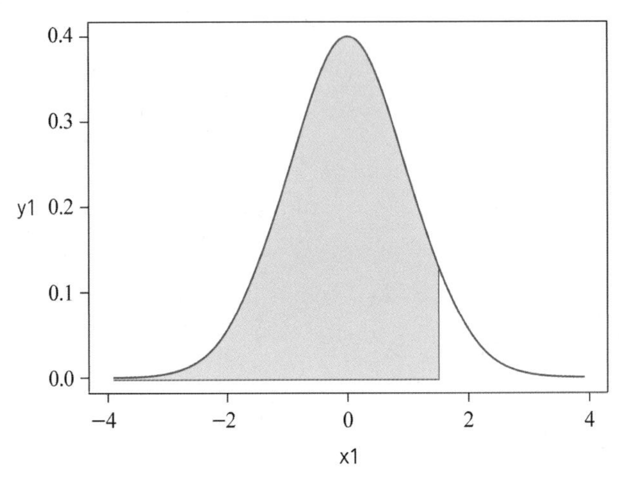

그림 4.2 P(Z<=1.5)의 그래프

예제 4.8

표준정규분포 즉 Z~N(0,1)일 때 P(Z>=-1.5)를 구하고 그래프로 그려라.

풀이

```
> pnorm(-1.5,mean=0,sd=1,lower.tail=FALSE)       #누적확률(오른쪽)
[1] 0.933193
```

```
> x1<-seq(-4,4,by=0.0l)                         #-4부터 4까지 0.01 간격의 벡터생성
> y1<-dnorm(x1,mean=0,sd=1)                     #x1의 각값에 대한 확률밀도값 도출
> plot(x1,y1,type="l")                          #정규분포 그래프 생성
> x2<-seq(-1.5,4,by=0.01)                       #-1.5부터 4까지 0.01 간격의 벡터생성
> y2<-dnorm(x2,mean=0,sd=1)                     #x2의 각값에 대한 확률밀도값 도출
> polygon(c(-1.5,x2,4),c(0,y2,0),col="gray")  #색추가
```

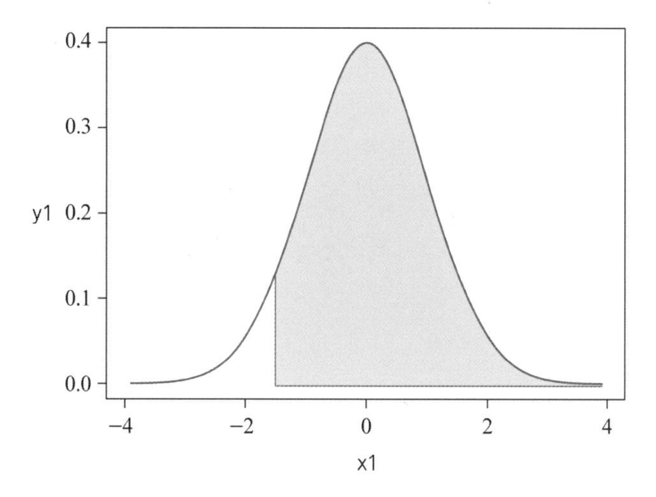

그림 4.3 P(Z>=−1.5)의 그래프

예제 4.9

평균 50 표준편차 4인 정규분포로부터 난수 한 개 생성하여라.

풀이

```
> rnorm(1,mean=50,sd=4)              #난수생성(1개)
[1] 43.3551
```

예제 4.10

평균 100 표준편차 5인 정규분포 존재할 때 다음을 가각 구하여라.

(1) 위의 분포를 따르는 난수 10개 생성하라.

풀이

```
> rnorm(10,mean=100,sd=5)            #난수생성(10개)
[1] 109.92344 100.67221  97.64474 105.48795 102.22707
[6]  93.18647 105.99057 106.99706 102.28612 10.367568
```

예제 4.10

(2) X가 90이하일 확률을 도출하라.

풀이

```
> pnorm(90,mean=100,sd=5)           #누적확률 도출
[1] 0.02275013
```

예제 4.10

(3) 하위 10%에 해당되는 사분위수 값 도출하라.

풀이

```
> qnorm(0.1,mean=100,sd=5)          #사분위수도출
[1] 93.59224
```

예제 4.10

(4) 상위 10%에 해당되는 사분위수 값 도출하라.

풀이

```
> qnorm(0.1,mean=100,sd=5,lower.tail=FALSE)     #or qnorm(0.9,mean=100,sd=5)
[1] 106.4078
```

예제 4.11

X가 표준정규분포를 따를 때 다음을 구하여라.

(1) 하위확률이 0.1이 되는 사분위수 값 도출하라.

풀이

```
> qnorm(0.1,mean=0,sd=1)     # or qnorm(0.1) (디폴트 : 표준정규분포)
[1] -1.281552
```

(2) 상위확률이 0.1이 되는 사분위수 값 도출하라.

풀이

```
> qnorm(0.1,mean=0,sd=1,lower.tail=FALSE)        # or qnorm(0.1,lower.tail=FALSE)
[1] 1.281552
>                                                 (디폴트 : 표준정규분포)
```

(3) $x = 0$인 확률밀도함수값 도출하라.

풀이

```
> dnorm(0,mean=0,sd=1)
[1] 0.3989423
```

(4) 표준정규분포로부터 발생된 난수 150개에 대해 히스토그램과 확률밀도함수 추정선을 그려라.

풀이

```
> x<-rnorm(150,mean=0,sd=1)                         # or rnorm(150)
> hist(x,probability=T,main="standard Normal Dist") #난수에 대한 히스토그램(밀도사용)
> curve(dnorm(x),add=T)                             #확률밀도함수값으로 선추가
```

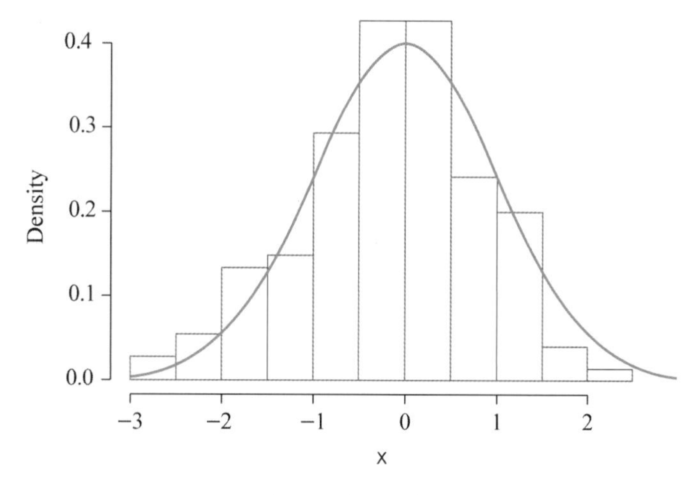

그림 4.4 히스토그램과 확률밀도함수 추정선

예제 4.12

X~N(50,100)인 정규분포일때 다음을 구하여라.

(1) P(60<X<65)를 구하여라.

풀이

```
> pnorm(65,50,10)-pnorm(60,50,10)              #누적확률-누적확률
[1] 0.09184805
```

예제 4.12

(2) P(X>=65)를 구하여라.

풀이

```
> pnorm(65,50,10,lower.tail=FALSE)              #누적확률
[1] 0.0668072
```

4.3.2 균등분포

구간 $[a, b]$에서 정의되는 연속형 균등확률변수 X의 확률밀도함수는 다음과 같다.

$$f(x) = \begin{cases} \dfrac{1}{b-a}, & a \le x \le b \\ 0, & \text{기타} \end{cases}$$

확률밀도함수의 모습을 보면 밑변이 $b-a$이고, 높이는 $1/(b-a)$로 일정한 직사각형이다. 그래서 균등분포를 직사각형 분포(rectangular distribution)라고도 한다. [그림 4.5]은 구간 [2, 4]에서 정의되는 연속형 균등분포를 나타낸다.

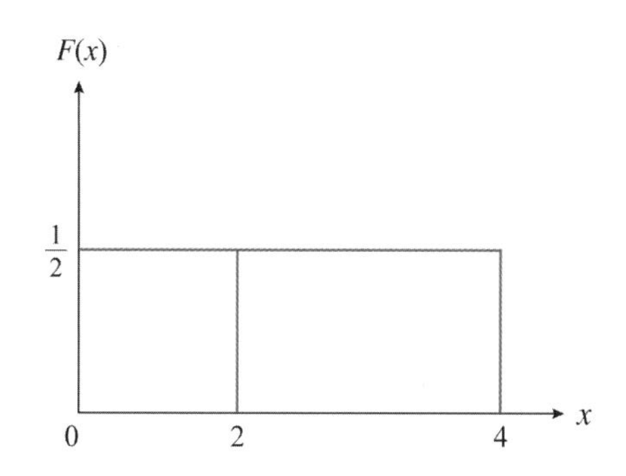

그림 4.5 [2, 4]에서 정의되는 연속형 균등분포

R에서 균일분포 이용시 구간의 최소값과 최대값을 지정해 주어야 한다. 다음의 함수를 이용하여 [a,b]구간에서 균일분포의 확률밀도함수, 누적확률, 사분위수, 난수를 얻을 수 있다.

- dunif(x,min=(디폴트:0),max=(디폴트:1)) / 확률밀도함수값
- punif(q,min=(디폴트:0),max=(디폴트:1)) / 누적확률
- qunif(p,min=(디폴트:0),max=(디폴트:1)) / 사분위수
- runif(n,min=(디폴트:0),max=(디폴트:1)) / 난수생성

예제 4.13

어느 회사의 대형회의실은 4시간을 초과하여 사용할 수 없다. 그런데 회의실에서는 긴 회의와 짧은 회의가 열리며, 회의시간 X는 구간 [0, 4]에서 정의되는 균등분포로 가정할 수 있다.

(1) 확률밀도함수를 구하여라.

(2) 어떤 회의가 최소한 3시간 이상 계속될 확률은 얼마인가?

풀이

(1) 확률밀도함수는 다음과 같이 주어진다.

$$f(x)=\begin{cases}\frac{1}{4}, 0 \le x \le 4 \\ 0, \text{ 기타}\end{cases}$$

```
> dunif(1,0,4)             #1외에 다른 값(0~4)도 같은 값을 가진다.
[1] 0.25
```

(2) $P[X \geq 3] = \int_3^4 \frac{1}{4} dx = \frac{1}{4}$

```
> 1-punif(3,0,4)           # or punif(3,0,4,lower.tail=FALsE)
[1] 0.25
```

예제 4.14

X가 구간(0, 10)에서 균등분포를 하는 확률변수일 때, 다음 확률을 구하여라.

(1) $P\{X < 3\}$

(2) $P\{X > 6\}$

(3) $P\{3 < X < 8\}$

풀이

(1) $P\{X < 3\} = \int_0^3 \frac{1}{10} dx = \frac{3}{10}$

```
> punif(3,0,10)                      #누적확률
[1] 0.3
```

(2) $P\{X > 6\} = \int_6^{10} \frac{1}{10} dx = \frac{4}{10}$

```
> punif(6,0,10,lower.tail=FALSE)  #누적확률(오른쪽)
[1] 0.4
```

(3) $P\{3 < X < 8\} = \int_3^8 \frac{1}{10} dx = \frac{1}{2}$

```
> punif(8,0,10)-punif(3,0,10)      #누적확률-누적확률
[1] 0.5
```

4.3.3 지수분포

지수분포(exponential distribution)는 $x \ge 0$의 상태공간을 가지며, 종종 고장이나 대기시간 혹은 도착간 시간(inter-arrival time)을 모형화하기 위하여 사용된다. 그 확률밀도함수는

$$f(x) = \lambda e^{-\lambda x},\ \ x \ge 0$$

이며, $x < 0$에 대하여 $f(x) = 0$이 된다. 확률밀도함수는 모수 $\lambda > 0$에 의해 결정되며, 누적분포함수는 $x \ge 0$에 대하여

$$F(x) = \int_0^x \lambda e^{-\lambda y} dy = 1 - e^{-\lambda x}$$

이다.

R에서 지수분포 이용시 발생비율을 지정해 주어야 한다. 다음의 함수를 이용하여 지수분포의 확률밀도함수, 누적확률, 사분위수, 난수를 얻을 수 있다.

- dexp(x, rate=(디폴트:1) , log=(디폴트:FALSE)) / 확률밀도함수
- pexp(q, rate=(디폴트:1) , log.p=(디폴트:FALSE)) / 누적확률
- qexp(p, rate=(디폴트:1) , log.p=(디폴트:FALSE)) / 사분위수
- rexp(n, rate=(디폴트:1)) / 난수생성

예제 4.15

어느 가정에서 구입한 A 회사의 냉장고는 평균 10년 동안 고장이 없다고 한다. 이 냉장고가 고장날 확률이 지수분포를 따를 때, 이 냉장고가 20년 이상 고장이 없을 확률을 구하여라. 또 3년 이내에 고장날 확률을 구하여라.

풀이

$$P(X \geq 20) = \int_{20}^{\infty} \frac{1}{10} e^{-\frac{1}{10}x} dx = e^{-2}$$

$$P(X \leq 3) = \int_{0}^{3} \frac{1}{10} e^{-\frac{1}{10}x} dx = 1 - e^{-0.3}$$

```
> 1-pexp(20,1/10)          #누적확률 or pexp(20,1/10,lower.tail=FALSE)
[1] 0.1353353

> pexp(3,1/10)             #누적확률
[1] 0.2591818
```

예제 4.16

확률변수 X를 인터넷에 연결된 컴퓨터 단말기의 반응시간이라 하면 X는 평균반응시간이 3초인 지수분포를 한다고 한다. 반응시간이 9초보다 작을 확률을 구하여라. 또 반응시간이 6초와 9초 사이일 확률을 구하여라.

풀이

$$P(X \leq 9) = 1 - e^{-\frac{1}{3} \cdot 9} = 1 - e^{-3}$$

```
> pexp(9,1/3)                 #누적확률
[1] 0.9502129
```

$$P(6 \leq X \leq 9) = P(X \leq 9) - P(X \leq 6) = e^{-2} - e^{-3}$$

```
> pexp(9,1/3)-pexp(6,1/3)   #누적확률-누적확률
[1] 0.08554821
```

4.3.4 t-분포

모집단의 평균에 대한 추정 또는 검정을 할 때, 모분산 σ^2이 알려져 있지 않은 경우에는 $Z = \dfrac{\overline{X} - \mu}{\sigma / \sqrt{n}}$의 분포를 이용할 수 없다. 표본의 크기가 클 때에 σ^2대신 표본분산 S^2을 사용하여도 근사적으로

$$\frac{\overline{X} - \mu}{S / \sqrt{n}} \sim N(0,\ 1)$$

임이 알려져 있으나, 표본의 크기가 작은 경우네 σ를 S로 대체하면 표준화된 확률변수의 분포는 표준정규분포와는 달라지는데 이런 경우가 변환된 t분포이다.

$X_1, X_2, \cdots, X_n$이 정규분포 $N(\mu,\ \sigma^2)$에서 확률표본일 때

$$T = \frac{\overline{X} - \mu}{S / \sqrt{n}}$$

은 자유도 $n-1$인 t-분포(t-distribution)를 따른다.

확률변수 X가 자유도 n인 t분포를 갖는다면, X의 확률밀도 함수는 다음과 같다.

$$f(x) = \frac{\Gamma\left(\frac{n+1}{2}\right)}{\Gamma\left(\frac{n}{2}\right)\sqrt{n\pi}}\left(1 + \frac{x^2}{n}\right)^{-\frac{n+1}{2}}, \quad -\infty < x < \infty$$

평균과 분산은 각각 $E(T) = 0,\ \ Var(T) = \dfrac{n}{n-2},\ \ (n > 2)$이다.

t분포의 모양은 표준정규분포와 마찬가지로 0을 중심으로 좌우 대칭이다. 그러나 표준정규 분포보다는 두터운 꼬리를 갖고 있다. t분포의 곡선도 카이제곱 분포나 F분포와 마찬가지로 자유도 n에 따라 모양이 다르게 나타나며, [그림 4.6]은 자유도 n이

n=2, 4, 8 인 경우에 대하여 t분포의 곡선이 나타나 있으며, 또한 표준정규분포의 곡선이 동시에 비교되어 나타나 있다. 즉, t분포는 자유도 n이 증가함에 따라 표준정규분포에 접근하게 된다.

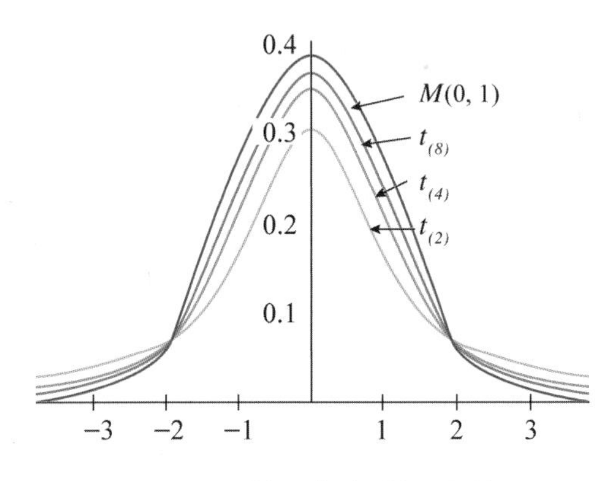

그림 4.6 t분포와 정규분포 곡선

R에서 t분포 이용 시 자유도를 지정해 주어야 한다. 다음의 함수를 이용하여 t분포의 확률밀도함수, 누적확률, 사분위수, 난수를 얻을 수 있다.

- dt(x, df=) / 확률밀도함수
- pt(q, df=) / 누적확률
- qt(p, df=) / 사분위수
- rt(n, df=) / 난수생성

자유도가 n인 t분포를 $t_{(n)}$으로 나타내며, 자유도 n인 t분포에서

$$P[T > t_{\alpha}] = \alpha$$

인 $t_{0.05,\,(7)} = 1.895$값이 다음 그림에 나타나 있다.

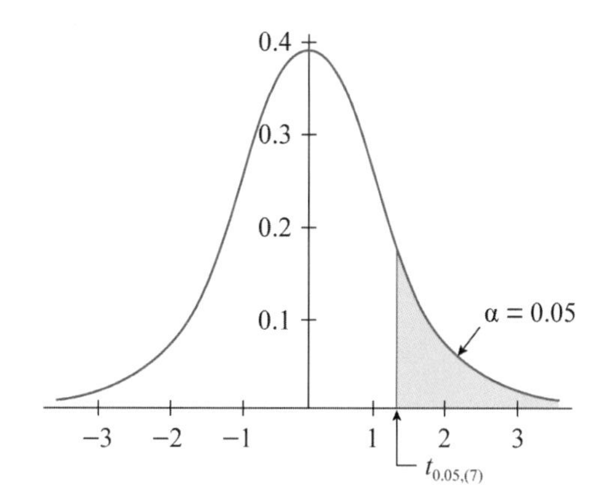

그림 4.7 자유도 $n=7, \alpha=0.05$인 t분포

예제 4.17

다음을 구하여라.

(1) 자유도 10인 t분포를 가진다고 하자. $P(T \le 1.415) = 0.906$일 때, $P(T \le -1.415)$는?

(2) 자유도가 25이고 $\alpha = 0.05$일 때, $P(T \ge t_0) = 0.05$인 t를 구하여라.

풀이

(1) $P(T \le -1.415) = 1 - P(T \le 1.415) = 0.094$

```
> pt(-1.415,df=10)                          #누적확률
[1] 0.09372273
```

(2) t의 자유도 $n=25$, $\alpha=0.05$이므로 부록표에서 $P(T \ge 1.708)$을 만족하므로 $t_0 = 1.708$이다.

```
> qt(0.05,df=25,lower.tail=FALSE)           # or qt(0.95,df=25)
[1] 1.708141
```

예제 4.18

[그림 4.8]은 d.f. =9 인 t분포의 그래프이다. 다음을 구하여라.

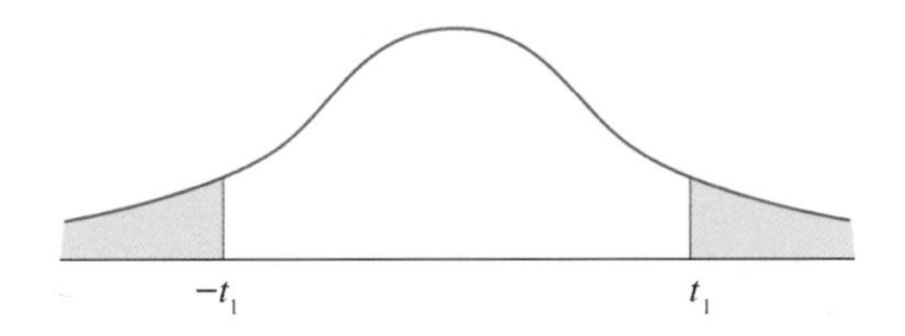

그림 4.8 t분포

(1) 오른쪽 빗금 부분의 면적 $= 0.05$ 되는 t_1의 값

(2) 왼쪽 빗금부분의 면적$= 0.1$ 되는 t_1의 값

(3) 빗금부분의 면적 $= 0.05$ 되는 t_1의 값

풀이

(1) $t_{.95,(9)} = 1.83$

```
> qt(0.05,9,lower.tail=FALSE)          # or qt(0.95,df=9)
[1] 1.833113
```

(2) $t_{.90} = -t_1 = -1.38$, 따라서 $t_1 = 1.38$

```
> qt(0.1,9)        #사운위수
[1] -1.383029
```

(3) $t_{.025,(9)} = 2.26$

```
> -qt(0.025,9)                         #or qt(0.975,9), qt(0.025,9,lower.tail=FALSE)
[1] 2.262157
```

4.3.5 카이제곱분포

정규모집단 $N(\mu, \sigma^2)$으로부터 크기 n인 표본 $(X_1,\ X_2,\ \cdots,\ X_n)$을 추출했을 때

$$\chi^2 = \frac{\sum_{i=1}^{n}(X_i - \overline{X})^2}{\sigma^2} = \frac{(n-1)S^2}{\sigma^2}$$

은 자유도(degree of freedom) $n-1$인 χ^2-분포를 한다.

확률변수 X가 자유도 n인 카이제곱분포를 하면 $X \sim \chi^2_{(n)}$으로 표시한다. χ^2-분포는 통계적 추론 분야에서 모집단의 분산에 대한 추정과 검정, 적합도 검정, 독립성의 검정을 하는데 이용된다. 확률변수 X가 자유도 n인 카이제곱분포 $\chi^2_{(n)}$를 따를 때 X의 확률밀도함수 $f(x)$는 다음과 같이 주어진다.

$$f(x) = \frac{1}{\Gamma(\frac{n}{2})2^{\frac{n}{2}}} x^{\frac{n}{2}-1} e^{-\frac{x}{2}},\ \ 0 \le x < \infty$$

[그림 4.9]는 자유도의 변화에 따른 카이제곱분포를 나타낸 것으로 자유도 n=1, 4, 6인 경우에 있어서 카이제곱분포의 곡선이 그려져 있으며, 자유도 n이 커짐에 따라 곡선이 대칭화 됨을 알 수 있다.

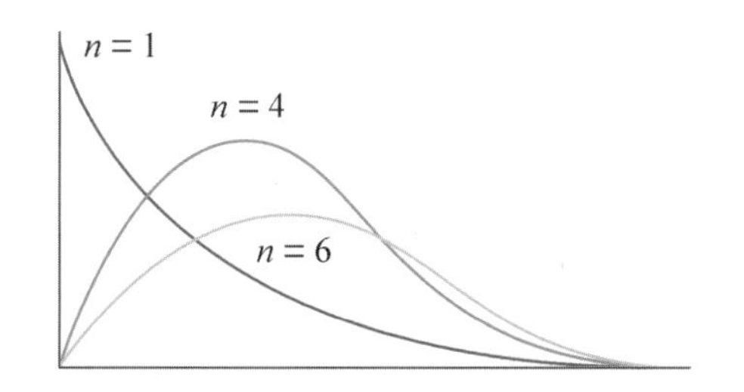

그림 4.9 n= 1, 4, 6일 때의 카이제곱 확률밀도함수

다음과 같이 정의되는 χ^2 분포의 백분위수는 통계적 추론 분야에서 매우 유용하다.

즉, $\chi^2_{\alpha,(n)}$은

$$P[X \geq \chi^2_{\alpha,(n)}] = \alpha$$

를 만족하는 χ^2 분포의 100α 백분위수이다.

예를 들어, 자유도가 5일 때 $\alpha = 0.1$은 $\chi^2_{0.1,(5)} = 9.236$이고 $\alpha = 0.9$는 역시 $\chi^2_{0.9,(5)} = 1.610$을 찾을 수 있다. 이러한 값들은 [그림 4.10]에서와 같이 나타내어진다.

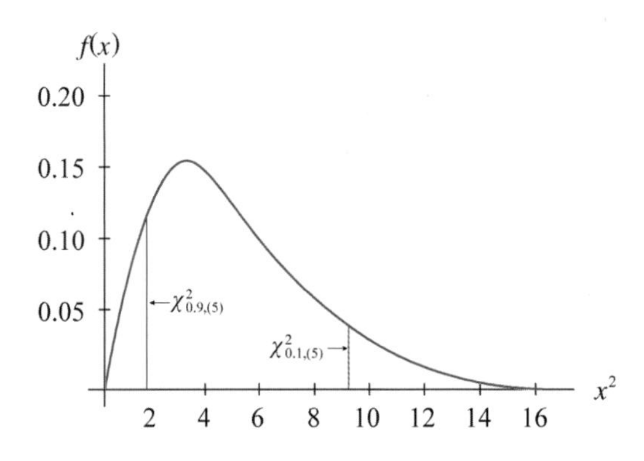

그림 4.10 자유도 n=5일 때 $\chi^2_{0.1,(5)}$, $\chi^2_{0.9,(5)}$계산

R에서 카이제곱분포 이용시 자유도를 지정해 주어야 한다. 다음의 함수를 이용하여 카이제곱분포의 확률 밀도함수, 누적확률, 사분위수, 난수를 얻을 수 있다.

- dchisq(x, df=) / 확률밀도함수
- pchisq(q, df=) / 누적확률
- qchisq(p, df=) / 사분위수
- rchisq(n, df=) / 난수생성

예제 4.19

자유도 5인 χ^2 분포의 그래프는 오른쪽과 같다. 다음에서 ${\chi_1}^2$, ${\chi_2}^2$의 값을 구하여라.

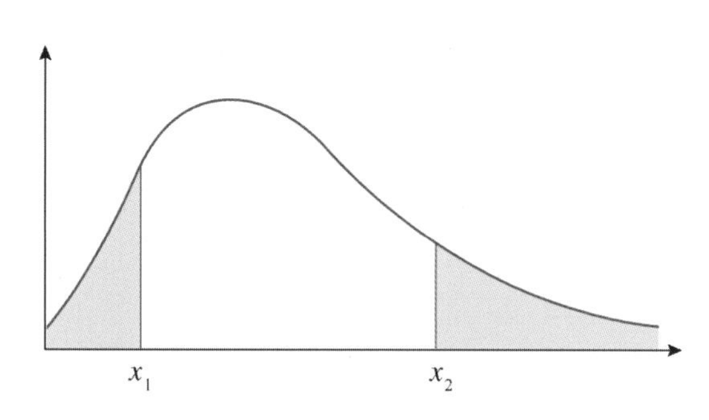

그림 4.11 자유도 5인 χ^2 분포

(1) 오른쪽 빗금면적$=0.05$

(2) 빗금 전체 면적$=0.05$

(3) 왼쪽 빗금 면적$=0.10$

(4) 오른쪽 빗금 면적$=0.01$

풀이

(1) ${\chi_2}^2=\chi^2_{0.05,(5)}=11.07$이다.

```
> qchisq(0.95,df=5)                    # or qchisq(0.05,df=5,lower.tail=FALSE)
[1] 11.0705
```

(2) 그래프가 대칭이 아니므로 ${\chi_1}^2$의 왼쪽과 ${\chi_2}^2$의 오른쪽의 면적이 같게 하자.

${\chi_2}^2=\chi^2_{0.025,(5)}=12.83$

${\chi_1}^2=\chi^2_{\ 0.975,(5)}=0.83$ 이다.

```
> qchisq(0.025,df=5) ; qchisq(0.975,df=5)  #좌우 0.025일 때의 상위, 하위
[1] 0.8312116
[1] 12.8325
```

(3) ${\chi_1}^2=\chi^2_{\ .90,(5)}=1.61$

```
> qchisq(0.1,df=5) #qchisq(0.9,df=5,lower.tail=FALsE)
[1] 1.610308
```

(4) ${\chi_2}^2=\chi^2_{\ .01,(5)}=15.09$

```
> qchisq(0.99,df=5)                    #qchisq(0.01,df=5,lower.tail=FALSE)
[1] 15.08627
```

예제 4.20

다음 자유도에 대한 χ^2 분포에서 오른쪽 분포의 부분이 0.05 되는 χ^2값을 구하여라.

(1) d.f.=15 (2) d.f.=21

(3) d.f.=50

풀이

(1) $\chi^2_{.05,(15)} = 25$

```
> qchisq(0.95,df=15)          # or qchisq(0.05,df=15,lower.tail=FALSE)
[1] 24.99579
```

(2) $\chi^2_{.05,(21)} = 32.7$

```
> qchisq(0.95,df=21)          # or qchisq(0.05,df=21,lower.tail=FALSE)
[1] 32.67057
```

(3) $\chi^2_{.05,(50)} = 67.5$

```
> qchisq(0.95,df=50)          # or qchisq(0.05,df=50,lower.tail=FALSE)
[1] 67.50481
```

4.3.6 F-분포

$X_1, X_2, \cdots, X_{n_1}$이 $N(\mu_1, \sigma_1^2)$에서 뽑은 확률표본이고, $Y_1, Y_2, \cdots, Y_{n_2}$이 $N(\mu_2, \sigma_2^2)$에서 뽑은 확률표본일 때, 표준화한 변수들의 제곱합의 비율의 분포는 다음과 같이 알려져 있다.

$$\frac{\dfrac{\sum_1^{n_1}(X_i-\mu_1)^2}{\sigma_1^2}/n_1}{\dfrac{\sum_1^{n_2}(Y_i-\mu_2)^2}{\sigma_2^2}/n_2} = \frac{\chi^2_{(n_1)}/n_1}{\chi^2_{(n_2)}/n_2} \sim F_{(n_1,n_2)}$$

이는 자유도 n_1, n_2를 갖는 $F-$분포를 따른다고 한다. 즉, 카이제곱분포를 따르는 확률변수를 각 자유도로 나누어 그 비율을 구한 것이 $F-$분포를 따르는 확률변수이다.

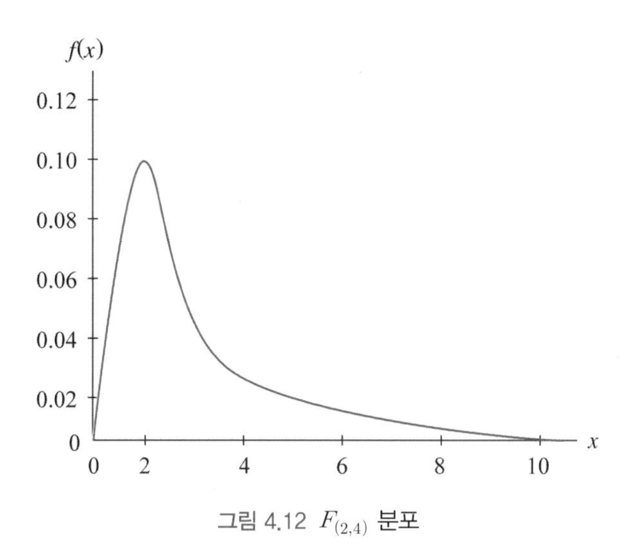

그림 4.12 $F_{(2,4)}$ 분포

위 사실을 이용해 σ_1^2, σ_2^2 의 추정값인 표본분산 S_1^2, S_2^2의 비의 분포를 다음과 같이 유도할 수 있다.

$$\frac{S_1^2/\sigma_1^2}{S_2^2/\sigma_2^2} = \frac{\sum_1^{n_1}(X_i-\mu_1)^2/\sigma_1^2(n_1-1)}{\sum_1^{n_2}(Y_j-\mu_2)^2/\sigma_2^2(n_2-1)}$$

$$= \frac{\chi^2{}_{(n_1-1)}/(n_1-1)}{\chi^2{}_{(n_2-1)}/(n_2-1)} \sim F_{(n_1-1,n_2-1)}$$

각 (표본분산/모분산)이 자유도 n_1-1, n_2-1인 $F-$분포의 형태이므로 이들의 비가 $F_{(n_1-1,n_2-1)}$ 분포를 따른다.

다음과 같이 정의되는 $F-$분포의 백분위수는 다음과 같다. 즉,

$$F \sim F_{(n_1-1, n_2-1)} \text{ 일 때, } P(F \geq f_{\alpha,(n_1-1,n_2-1)}) = \alpha$$

$f_{\alpha,(n_1-1,n_2-1)}$는 $F-$분포의 상위 α 백분위수이다. 예를 들어 $f_{0.1,(10,10)} = 2.323$이다.

R에서 F분포 이용시 분자자유도와 분모자유도를 지정해 주어야 한다. 다음의함수를 이용하여 F분포의 확률밀도함수, 누적확률, 사분위수, 난수를 얻을 수 있다.

- df(x,df1= ,df2=) / 확률밀도함수
- pf(q,df1= ,df2=) / 누적확률
- qf(p,df1= ,df2=) / 사분위수
- rf(n,df1= ,df2=) / 난수생성

예제 4.21

〈표 〉 F－분포표를 이용하여 $F \sim F(8, 6)$일 때, 다음을 구하여라.

(1) $f_{0.01}(8, 6)$ (2) $f_{0.05}(8, 6)$

(3) $f_{0.90}(8, 6)$ (4) $f_{0.99}(8, 6)$

풀이

(1) $P(F > f_{0.01}(8, 6)) = 0.01$이므로 $f_{0.01}(8, 6) = 8.1$

```
> qf(0.99,df1=8,df2=6)            #or qf(0.01,df1=8,df2=6, lower.tail=FALSE)
[1] 8.101651
```

(2) $P(F > f_{0.05}(8, 6)) = 0.01$이므로 $f_{0.05}(8, 6) = 4.15$

```
> qf(0.95,df1=8,df2=6)            #or qf(0.05,df1=8,df2=6,lower.tail=FALSE)
[1] 4.146804
```

(3) $f_{0.90}(8, 6) = 1/f_{0.1}(6, 8) = 1/(2.67) = 0.375$

```
> qf(0.1,df1=8,df2=6)             #or qf(0.9,df1=8,df2=6,lower.tail=FALSE)
[1] 0.3747656
```

(4) $f_{0.99}(8, 6) = 1/f_{0.01}(6, 8) = 1/6.37 = 0.157$

```
> qf(0.01,df1=8,df2=6)          #or qf(0.99,df1=8,df2=6, lower.tail=FALSE)
[1] 0.1569691
```

예제 4.22

자유도 $(10, 5)$의 F분포의 α점을 $f_{\alpha,(10, 5)}$로 나타낸다. $P(F > 3.5)$을 구하여라.

풀이

$P(F > 3.5) = 0.09$이다.

```
> 1-pf(3.5,df1=10,df2=5)          # or pf(3.5,df1=10,df2=5,lower.tail=FALSE)
[1] 0.0896194
```

연습문제

1. 동전 5개를 동시에 던질 때, 표면이 나오는 회수를 X이라 할 때, $P\{X=i\}$, $i=0, 1, \cdots, 5$를 구하여라.

2. A사에서 제작되는 나사는 0.01의 확률로서 불량품이 나오고, 10개씩이 한 상자에 포장된다. 어느 한 상자를 취할 때, 나사의 불량품이 적어도 2개 있을 확률을 구하여라.

3. 화학공학학술지에 의하면 화학공장에서 발생하는 파이프 작업사고의 30%가 작업자 실수로 일어난다고 한다.

   (1) 추후 발생하는 20번의 파이프 작업사고 중 최소한 10번이 작업자 실수에 의해 발생할 확률은 얼마인가?

   (2) 20번의 사고 중 4번 이하가 작업자 실수에 의해 발생할 확률은 얼마인가?

   (3) 어떤 공장의 경우 20번의 사고 중 5번만이 작업자 실수로 발생할 확률은?

4. 새벽 1시와 3시 사이 서울 강남구에서 일어나는 범죄는 1시간당 평균0.2건이다. 범죄발생수의 분포가 포아송분포를 따른다면, 오늘 새벽 1시와 2시 사이에 범죄발생이 전혀 없을 확률은 얼마인가?

5. 어느 건설현장에서는 사고가 종종 발생하는데, 어느 날 사고가 일어날 확률은 0.005이고, 사고들은 서로 독립적이라고 알려져 있다.

   (1) 400일 동안 사고가 한 건 발생할 확률을 구하라.

   (2) 사고일이 많아야 3일일 확률을 구하라.

6. 어떤 교차로에서는 매들 평균 3건의 교통사고가 일어난다. 이 교차로에서 한 달동안 일어난 교통사고에 대해서 다음 확률을 구하여라.

   (1) 정확히 5건이 일어날 확률

   (2) 3건 미만이 일어날 확률

7. 특정한 브랜드의 백열전구의 수명이 1500시간의 평균값과 75시간의 표준 편차로 정규적으로 분포되어 있다.

(1) 백열전구가 1410시간보다 덜 오래 갈 확률은 얼마인가?

(2) 백열전구가 1563과 1648시간 사이의 오래 갈 확률은 얼마인가?

8. 포장 기계는 판지 상자를 평균 16.1온스의 시리얼로 채우기 위해 설치되었다. 상자당 양들이 0.04온스와 같은 표준 편차의 정규 분포를 이룬다고 가정해보자.

(1) 상자의 10%는 몇 온스 이하가 들어있을까?

(2) 몇 온스 이상이 80% 일까?

9. 표준정규분포에서 다음의 확률을 구하라.

(1) Z=1.43의 왼쪽 면적

(2) Z=−0.89의 오른쪽 면적

(3) Z=−2.16과 Z=−0.65사이의 면적

(4) Z=−1.39의 왼쪽 면적

(5) Z=1.96의 오른쪽 면적

(6) Z=−0.48과 Z=1.74 사이의 면적

10. 표준정규분포에서 다음과 같을 때 k값을 구하라.

(1) $P(Z < k) = 0.0427$

(2) $P(Z > k) = 0.2946$

(3) $P(-0.93 < Z < k) = 0.7235$

연습문제

11. 어느 전기회사에서는 평균수명이 800시간이고 표준편차가 40시간인 정규분포의 수명분포를 가지는 전구를 생산하고 있다. 임의로 선정된 전구의 수명이 778시간과 834시간 사이에 있을 확률을 구하라.

12. 300명의 평균 성적이 70점, 표준 편차가 10인 정규 분포에서 60등 이내에 들려면 몇 점 정도 이상 얻어야 되겠는가? 근사값으로 계산한다.

13. X가 $-2 \le x \le 2$에서 균등분포를 할 때, 다음을 구하여라.

    (1) $P\{X < 1\}$

    (2) $P\left\{|X-1| \ge \frac{1}{2}\right\}$

14. 버스정류장에 10분 간격으로 버스가 도착한다. 승객이 버스를 기다리는 시간은 연속형 균등분포를 따른다고 한다.

    (1) 승객이 7분 이상 기다릴 확률은 얼마인가?

    (2) 승객의 대기시간이 2분에서 7분 사이일 확률은 얼마인가?

    (3) 평균과 분산은 얼마인가?

15. 어떤 질병에 감염되어 증세가 나타날 때까지 걸리는 시간은 평균 38일이고, 감염기간은 지수분포를 이룬다고 한다.

    (1) 이 질병에 감염된 환자가 25일 안에 증세를 보일 확률을 구하여라.

    (2) 적어도 30일 동안 이 질병에 대한 증세가 나타나지 않을 확률을 구하여라.

16. $X \sim \mathrm{Exp}(2)$에 대하여 다음을 구하여라.

(1) $P(X \leqq 1)$

(2) $P(1 < X \leqq 3)$

(3) $P(X \geqq 2)$

(4) $F(x)$

(5) 하위 10%인 $x_{0.1}$

(6) 상위 10%인 $x_{0.9}$

17. t-분포표를 이용하여 각 경우의 확률을 구하라.

(1) 자유도가 17일 때, $P(T < -1.740)$의 값을 구하여라.

(2) 자유도가 6일 때, $P(|T| < 3.143)$의 값을 구하여라.

(3) 자유도가 18일 때, $P(-1.330 < T < 1.330)$의 값을 구하여라.

(4) 자유도가 17일 때, $P(T > -2.567)$의 값을 구하여라.

18. U가 d.f.=10인 t분포를 할 때, 다음을 만족하는 c의 값을 구하여라.

(1) $P\{U > c\} = 0.05$

(2) $P\{-c \leq U \leq c\} = 0.98$

(3) $P\{U \leq c\} = 0.20$

(4) $P\{U \geq c\} = 0.90$

연습문제

19. χ^2분포표를 이용하여 다음 각 경우의 값을 찾아라.

(1) 자유도가 8일 때 $\chi^2_{0.05}$

(2) 자유도가 17일 때 $\chi^2_{0.01}$

(3) 자유도가 11일 때 $\chi^2_{0.025}$

(4) 자유도가 23일 때 $\chi^2_{0.95}$

20. 다음 각 경우에 해당하는 확률 값을 찾아라.

(1) 자유도가 19일 때, $P(\chi^2 > 30.14)$

(2) 자유도가 5일 때, $P(\chi^2 > 5)$

(3) 자유도가 10일 때, $P(3.24 < \chi^2 < 15.99)$

(4) 자유도가 18일 때, $P(3.49 < \chi^2 < 17.53)$

21. 다음을 부록의 표에서 구하여라.

(1) $f_{0.25,(3,5)}$

(2) $f_{0.975,(3,5)}$

(2) $f_{0.05,(3,5)}$

(4) $f_{0.95,(3,5)}$

22. 모분산이 같은 정규분포에서 표본의 크기가 (8,12)인 독립인 표본을 추출하였다. 이와 같이 두 집단의 표본분산비가 4.89 이상 나올 확률은 얼마인가?

CHAPTER

05

표본분포와 모의실험

구성

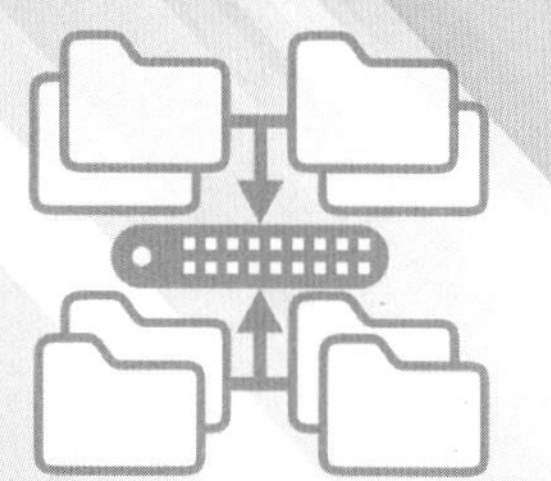

요약

모집단은 자료전체의 집합이고 표본은 모집단을 대표하는 모집단의 일부이다. 우리의 관심은 모집단의 모수에 관한 연구이다. 따라서 우리는 표본을 통해 모수 추론하고자 한다.

5.1 표본평균의 표본분포

평균이 μ, 분산이 σ^2인 정규모집단으로부터 크기 n의 확률표본을 추출했다고 하자. 확률표본 $X_i, i=1,2,...,n$은 모두 모집단과 동일한 정규분포를 따르게 된다.

$$\overline{X} = \frac{1}{n}(X_1 + X_2 + \cdots + X_n)$$

의 분포는 평균과 분산이 각각

$$\mu_{\overline{X}} = E(\overline{X}) = \frac{1}{n}(\mu + \mu + \cdots + \mu) = \mu$$

$$\sigma^2_{\overline{X}} = V(\overline{X}) = \frac{1}{n^2}(\sigma^2 + \sigma^2 + \cdots + \sigma^2) = \frac{\sigma^2}{n}$$

인 정규분포를 따르게 된다. 즉, 표본평균의 평균 E($\overline{\mathrm{X}}$)은 모평균 μ와 같으며 표본평균의 분산 Var($\overline{\mathrm{X}}$)은 표본의 크기가 클수록 작아진다. 결국 n-> ∞ 이면 Var($\overline{\mathrm{X}}$)= σ^2/n->0이 되어 $\overline{\mathrm{X}}$는 모집단의 평균 μ를 중심으로 밀집하게 분포한다. 모집단의 분포가 정규분포 N(μ,σ^2)일 때 $\overline{\mathrm{X}}$의 분포에 대해 살펴보자. 결론부터 말하자면, $\overline{\mathrm{X}}$의 분포는 다음과 같다.

$$\overline{\mathrm{X}} \sim N(\mu,\ \sigma^2/n)$$

위의 내용은 모집단이 정규분포이면 표본평균의 분포도 정규분포이다. 그리고 표본평균의 평균 E($\overline{\mathrm{X}}$)은 모평균 (μ)와 같으며 표본평균의 분산 Var($\overline{\mathrm{X}}$)은 표본의 크기가 클수록 작아진다는 뜻이다.

예제 5.1

모평균이 5, 모표준편차가 0.4인 모집단에서 크기가 100인 임의표본을 복원추출하는 경우, 표본평균 $\overline{X}$의 평균, 분산, 표준편차를 구하여라.

풀이

$\mu = 5,\ \sigma = 0.4,\ n = 100$이므로

$$\mu_{\overline{X}} = 5,\ \sigma^2_{\overline{X}} = \frac{0.4^2}{100} = 0.0016,\ \sigma_{\overline{X}} = 0.04$$

예제 5.2

모평균이 120, 모표준편차가 10인 정규분포를 따르는 모집단에서 크기가 25인 표본을 임의추출하였다. 이때 표본평균이 115 이상 124 이하일 확률을 오른쪽 표준 정규분포표를 이용하여 구하여라.

풀이

모집단의 분포는 정규분포 $N(120, 10^2)$을 따르므로 크기가 25인 표본평균을 $\overline{X}$라고 하면 $\overline{X}$는 정규분포 $N(120, \frac{10^2}{25})$ 곧 $N(120, 2^2)$을 따른다.

따라서 $Z = \frac{\overline{X} - 120}{2}$으로 표준화하면

$$P(115 \le \overline{X} \le 124) = P(-2.5 \le Z \le 2) = P(0 \le Z \le 2.5) + P(0 \le Z \le 2)$$
$$= 0.4938 + 0.4772 = 0.9710$$

```
> pnorm(124,120,2)-pnorm(115,120,2)        #누적확률-누적확률
[1] 0.9710402
```

예제 5.3

어느 회사에서 생산하는 건전지의 수명은 평균이 30시간, 표준편차가 5시간인 정규분포를 따른다고 한다. 이 제품 중에서 100개의 건전지를 임의로 추출하는 경우, 수명의 표본평균 $\overline{X}$ 에 대하여 다음 확률을 표준정규분포표를 이용하여 구하여라.

(1) $P(29 \le \overline{X} \le 31)$ (2) $P(\overline{X} \ge 31.5)$

풀이

(1) $P(29 \le \overline{X} \le 31) = P\left(\frac{29-30}{5/\sqrt{100}} \le Z \le \frac{31-30}{5/\sqrt{100}}\right)$

$= P(-2 \le Z \le 2) = 2P(0 \le Z \le 2)$

$= 0.9544$

```
> pnorm(31,30,5/10)-pnorm(29,30,5/10)        #누적확률
[1] 0.9544997
```

(2) $P(\overline{X} \ge 31.5) = P\left(Z \ge \frac{31.5-30}{5/\sqrt{100}}\right) = P(Z \ge 3)$

$= 0.5 - P(0 \le Z \le 3)$

$= 0.5 - 0.4987$

$= 0.0013$

```
> pnorm(31.5,30,5/10,lower.tail=FALSE)       #상위확률
[1] 0.001349898
```

실습 1

모집단이 정규분포 $N(0, 5^2)$일 때 표본의 크기 n=10,30,100 에 따른 $\overline{X}$ 의 분포를 보여주고 있다. 표본의 크기가 증가할수록 $\overline{X}$ 의 분포에 대한 퍼짐정도는 작아진다. 이를 plot() 함수를 사용하여 그래프를 그린 후, lines()함수를 사용하여 선을 추가해서 실험하고자 한다.

```
> n1<-10 ; n2<-30 ; n3<-100
> x<-seq(-4 ,4 ,by=0.01)  #x값 생성
> plot(x,dnorm(x,mean=0,sd=5/sqrt(n1)),type='l',ylim=c(0,0.8),
+       col='blue',ylab='y')                              #y : x의 정규분포 확률밀도값
> lines(x,dnorm(x,mean=0,sd=5/sqrt(n2)),lty=3)            #n=30
> lines(x,dnorm(x,mean=0,sd=5/sqrt(n3)),lty=2,col='red')  #n=100
```

```
> text(1,0.6,'n=100',col='red',cex=0.8)              #n=100텍스트 추가
> text(1.5,0.3,'n=30',col='black',cex=0.8)           #n=30텍스트 추가
> text(2,0.2,'n=10',col='blue',cex=0.8)              #n=10텍스트 추가
```

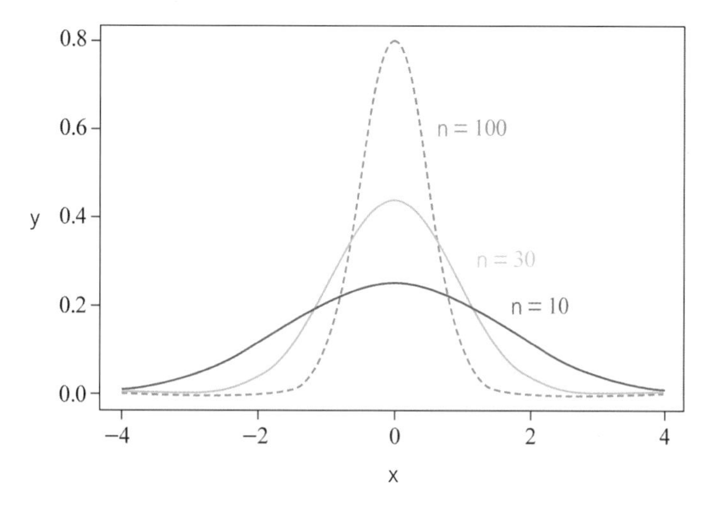

그림 5.1 n=10,30,100 에 따른 $\overline{X}$ 의 분포

실습 2

모평균이 30 표준편차가 3 인 정규 모집단에서 n=100인 표본을 1000번 반복추출 할 때 통계량 $\overline{X}$ 의 분포를 모의실험을 통해 확인하여라.

```
> xbar<-rep(0,1000)              #1000개의 표본평균의 데이터를
> for(i in 1:1000){              #변수: i 범위: 1~1000
+   x= rnorm(100,30,3)           #평균 30 표준편차3인 정규분포 난수생성
+   xbar[i]<-mean(x)             #난수들의 평균 데이터들의 i번째에 저장(1000번반복)
+   }
> hist(xbar,main="n=100,repeat=1000")       #히스토그램(매 for문마다 다른 결과)
```

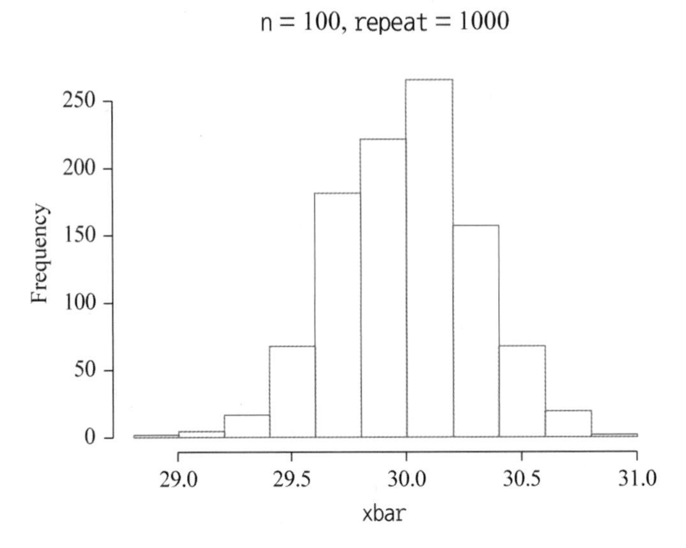

그림 5.2 $N(30,3^2)$에서 $\overline{X}$ 분포의 모의실험

결과는 매 실험마다 달라질 수 있다.

5.2 이항 분포의 정규 근사화

이항 분포 $P(X=x) = {}_nC_x p^x q^{n-x}$에서 p, q의 값이 0.5에 가까운 값이면 충분히 크지 않은 n에 대하여도 이항 분포는 정규 분포에 잘 적합하면 p, q가 약간 작거나 큰 경우에도 n이 충분히 크면 이항 분포는 정규 근사가 가능하다. 그러므로 X가 $B(n, p)$ 분포로서 평균이 np, 분산이 npq일 때 정규 분포 $N(np, npq)$에 근사한다.

$$Z = \frac{X - np}{\sqrt{npq}}$$

의 근사 분포는 $N(0,1)$분포에 따른다. 따라서 $P(X_i = 1) = p$, $P(X_i = 0) = q = 1 - p (i = 1,2,\cdots)$이고, X_1, X_2, $\cdots$, X_n이 독립일 때, $S_n = X_1 + X_2 + \cdots + X_n$은 성공의 확률이 p인 n회의 Bernoulli 시행에서 성공의 회수를 나타내므로, 2항분포 $B(n, p)$

에 따른다. 이 경우

$$\lim_{n\to\infty} P\left(\frac{S_n - np}{\sqrt{npq}} \le \beta\right) = \Phi(\beta)$$

이고, 더욱 정밀히 연속보정을 하면

$$P(a \le S_n \le b) \fallingdotseq \Phi\left(\frac{b-np+0.5}{\sqrt{npq}}\right) - \Phi\left(\frac{a-np-0.5}{\sqrt{npq}}\right)$$

이다.

예제 5.4

제조 공장에서 나오는 차 중 0.15가 결점이 있다고 가정하자. 차 40대를 배달할 때 정확히 5대가 결점이 있을 확률은 얼마인가?

풀이

실제 답은 $\left(\frac{40!}{5!35!}\right)(.15)^5(.85)^{35}$이다. 정규를 이용해 답의 근사치를 구하려면, 먼저 평균값 μ과 표준편차 σ를 다음과 같이 계산해야 한다 :

$\mu = np = 40(.15) = 6$

$\sigma = \sqrt{np(1-p)} = \sqrt{40(.15)(.85)} = 2.258$

$P(4.5 \le X \le 5.5) = P\left(\frac{4.5-6}{2.258} \le Z \le \frac{5.5-6}{2.258}\right) = P(-0.66 \le Z \le -0.22) = .1583$

이다.

```
> dbinom(5,40,0.15)
[1] 0.1691803

> np<-40*0.15
> s<-sqrt(40*0.15*0.85)
> pnorm(5.5,np,s)-pnorm(4.5,np,s)
[1] 0.1591115
```

예제 5.5

동전을 200회 아무 생각 없이 던져서 표면이 나오는 회수가 100과의 편차가 5 이하일 확률 $P(|X-100| \leq 5)$을 구하라.

풀이

X의 분포는 이항분포 $P(X=x) = {}_nC_x p^x q^{n-x}\left(n=200, p=q=\frac{1}{2}\right)$이고, $np=200\times\frac{1}{2}=100$이며, 표준 편차는 $\sqrt{npq}=\sqrt{200\times\frac{1}{2}\times\frac{1}{2}}=\sqrt{50} \fallingdotseq 7.07$ 이다.

$P(|X-100| \leq 5) = P(100-5 \leq X \leq 100+5)$

이 확률을 구하기 위하여 표준화한 변수 $Z=\frac{X-100}{7.07}$ 이므로

$$P(100-5 \leq X \leq 100+5) = P(-0.7017 \leq Z \leq 0.7017)$$
$$= 2P(0 \leq Z \leq 0.7017) = 0.5204$$ 이다.

```
> np<-200*0.5                          #평균
> s<-sqrt(200*1/4)                     #표준편차
> pnorm(105,np,s)-pnorm(95,np,s)       #누적확률-누적확률
[1] 0.5204999
```

예제 5.6

인구의 60%가 정부의 대규모 예산삭감을 지지한다면, 설문조사 된 250명 중 155 이하가 예산삭감을 지지할 확률은 얼마인가?

풀이

실제 답은 이항식 156개를 더한 답이다 :

$${}_{250}C_0(0.6)^0(0.4)^{250} + {}_{250}C_1(0.6)^1(0.4)^{247} + \cdots + {}_{250}C_{155}(0.6)^{155}(0.4)^{95} = 0.7605$$

```
> pbinom(155,250,0.6)          #이항확률
[1] 0.760462
```

근사치는 정규를 이용하여 쉽게 얻어질 수 있다. μ와 σ를 계산한다 :

$$\mu = np = 250(.6) = 150$$
$$\sigma = \sqrt{np(1-p)} = \sqrt{250(.6)(.4)} = 7.746$$
$$P(X \leq 155.5) = P\left(Z \leq \frac{155.5-150}{7.746}\right) = P(Z \leq 0.71) = 0.7611$$

이다.

```
> np<-250*0.6                    #평균
> s<-sqrt(250*0.6*0.4)           #표준편차
> pnorm(155.5,np,s)              #하위확률
[1] 0.7611625
```

실습 3

난수데이터가 이항분포에서 발생했을 경우, 정규분포를 따르도록 근사되기 위해서는 어느 정도 표본크기가 필요한지 모의실험을 통해 살펴보아라.

```
> m<-200                                    #생성할 난수데이터의 수
> p=0.5                                     #이항분포의 성공확률
> n<-NULL                                   #표본의 크기(디폴트:NULL지정)
> n.group<-c(5,10,15,40)                    #표본크기의 집합
> par(mfrow=c(2,2))
> for(i in 1:4){                            #n.group의 데이터수 만큼 반복
+   n<-n.group[i]                           #표본의 크기 지정
+   x<-rbinom(m,n,p)                        #성공확률 p, 표본의 수 n, 난수 m개 생성
+   hist(x,prob=T,main=paste("n=",n))       #생성된 난수로 히스토그램 도시(밀도지정)
+   curve(dnorm(x,mean=n*p,sd=sqrt(n*p*(1-p))),add=TRUE)         #정규확률밀도선 추가
+     }
```

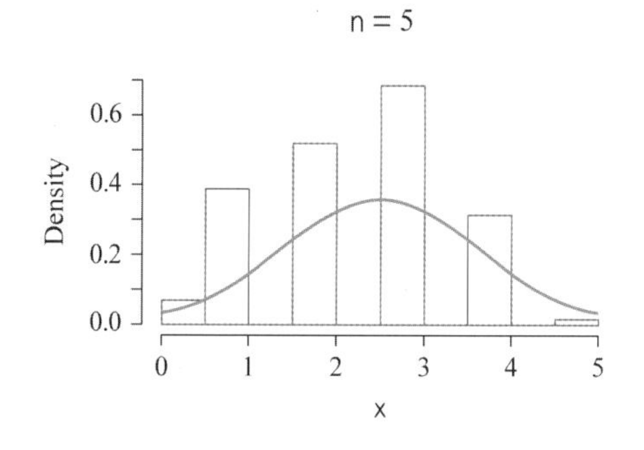

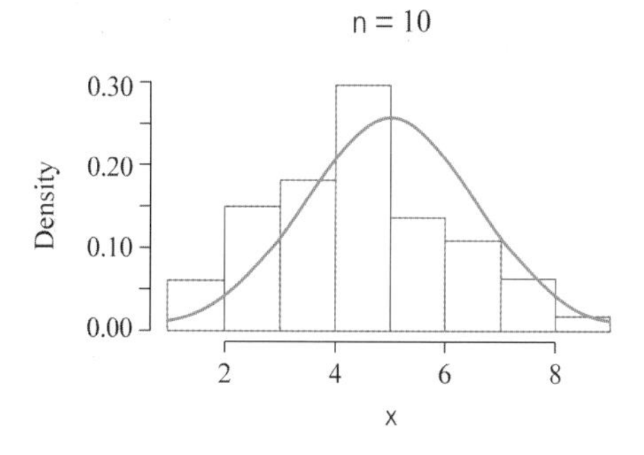

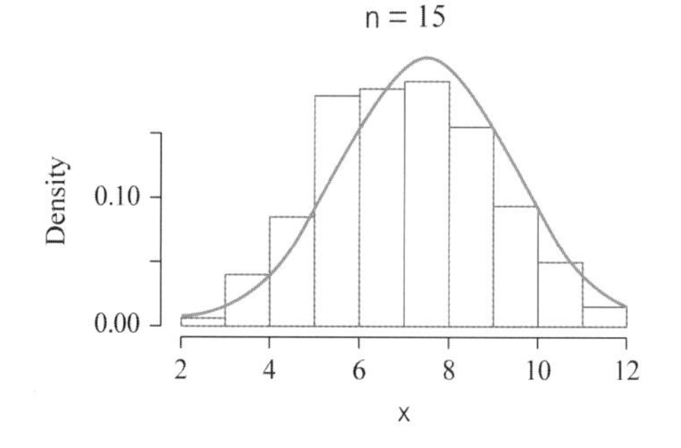

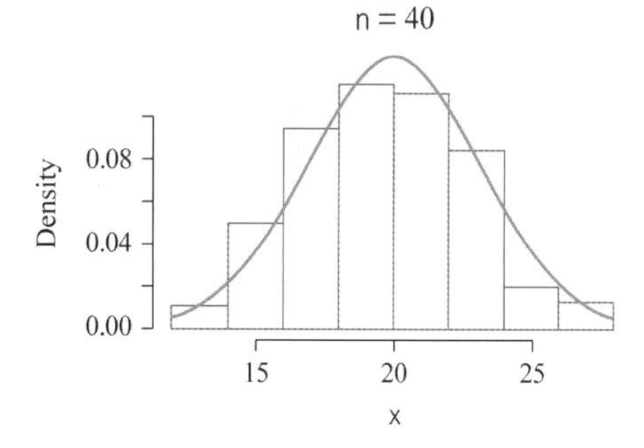

그림 5.3 이항분포의 모의실험

결과는 매 실험마다 달라질 수 있다.

대략적으로 $np \geq 5$, $np(1-p) \geq 5$인 경우 이항분포의 정규분포근사가 유효하다고 알려져 있다.

n=5일 때는 정규분포근사에서 크게 어긋나지만 n=10,15,40인 경우는 정규분포 근사가 가능해보인다. 이와 같이 특정한 분포를 따르는 데이터를 발생시켜 관심 있는 문제에 대해 접근해 볼 수 있다.

5.3 중심극한정리

모집단이 정규분포를 따르지 않고 다른 임의의 분포를 따르는 경우 표본평균의 분포는 어떻게 될까? 한마디로 말하자면, 모집단이 정규분포를 따르지 않는 경우 표본평균도 따르지 않는다. 그러나 표본의 크기가 클수록 표본 평균의 분포는 근사적으로 정규분포를 따른다. 이것이 바로 중심극한정리(central limit theorem)이다.

표본의 크기 n이 클 때 $\overline{X}$의 분포가 평균 μ 분산 σ^2/n인 정규 분포에 가깝다는 사실은 매우 다행스럽고 특기할 만한 일이다. 이결과는 중심극한정리(central limit theorem)라는 유명한 확률 이론의 정리이다. 이의 증명은 정도에 지나치므로 생략한다.

- 중심극한정리(中心極限整理)

  평균이 μ이고, 분산이 σ^2인 임의의 모집단으로부터 뽑은 확률 표본의 평균 $\overline{X}$의 분포는 표본의 크기가 크면 근사적으로 평균 μ, 분산 σ^2/n인 정규 분포 $N(\mu, \sigma^2/n)$에 따른다. 즉 $Z=\dfrac{\overline{X}-\mu}{\frac{\sigma}{\sqrt{n}}}$의 분포는 근사적으로 표준 정규 분포 $N(0,1)$에 따른다.

예제 5.7

변수 X 가 정규분포 $\mathrm{N}(60, 10^2)$을 따르는 모집단에서 크기가 20인 표본을 임의추출할 때, 표본평균 $\overline{\mathrm{X}}$ 가 이루는 분포를 구하여라.

풀이

```
> xbar<-rep(0,1000)            #1000개의 표본평균의 데이터를
> for(i in 1:1000){            #변수: i 범위: 1~1000
+ x= rnorm(20,60,10)           #평균 60 표준편차10인 정규분포 난수생성
+ xbar[i]<-mean(x)             #난수들의 평균 데이터들의 i번째에 저장(1000번 반복)
+ }
> hist(xbar,main="n=100,repeat=1000",prob=T)   #히스토그램(매for문마다 다른 결과)
```

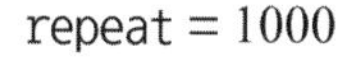

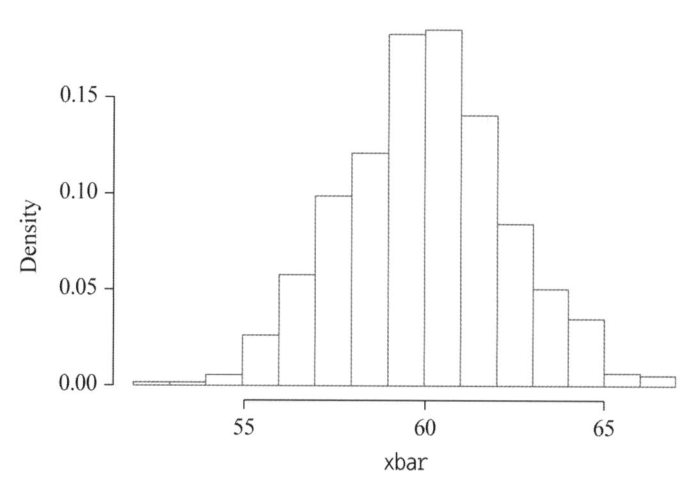

그림 5.4 $N(60, 10^2)$에서 $\overline{\mathrm{X}}$ 분포의 모의실험

일반적으로 변수 X가 $\mathrm{N}(\mu, \sigma^2)$을 따를 때 $\overline{\mathrm{X}}$는 $\mathrm{N}\left(\mu, \frac{\sigma^2}{n}\right)$을 따르므로 $\overline{\mathrm{X}}$는 $\mathrm{N}\left(60, \frac{10^2}{20}\right)$ 곧, $\mathrm{N}(60, 5)$를 따른다.

예제 5.8

어떤 전구의 수명이 평균 500시간, 표준 편차 35시간인 확률변수이다. 이 전구 49개의 확률 표본의 평균이 488시간에서 505시간 사이에 있을 확률은 얼마인가?

풀이

여기에서 $\mu = 500,\ \sigma = 35,\ n = 49$이므로

$$\mu_{\overline{x}} = 500,\quad \sigma_{\overline{x}} = \frac{35}{\sqrt{49}} = 5$$

우리의 관심은 $P(488 < \overline{X} < 505)$을 구하는데 있으므로 이것을 표준화하여 중심 극한 정리에 의해서 다음과 같이 구한다.

$$P(488 < \overline{X} < 505) \approx P\left(\frac{488-500}{5} < Z < \frac{505-500}{5}\right)$$
$$= P(-2.4 < Z < 1) = P(0 < Z < 1) + P(0 < Z < 2.4)$$
$$= 0.3413 + 0.4918 = 0.8331$$

```
> mu<-500 ; sigma<-35 ; n<-49
> pnorm(505,mu,sigma/sqrt(n))-pnorm(488,mu,sigma/sqrt(n))
[1] 0.8331472
```

예제 5.9

어떤 TV 채널에서 30분짜리 프로그램에 있어서 광고에 쓰이는 시간은 평균 6.3분, 표준 편차 0.866분의 확률 변수이다. 36개의 30분짜리 프로그램을 시청한 어떤 사람이 220분 이상 광고를 볼 확률을 근사적으로 구하여라.

풀이

$\mu = 6.3,\ \sigma = 0.866,\ 30$분짜리 프로그램의 수를 나타내는 n은 36이므로 $n = 36$은 충분히 크다고 가정하고, 36개의 30분짜리 프로그램에서 광고에 할당된 평균시간 $\overline{X}$의 분포는 정규 근사법을 적용할 수 있다.

$$\mu_{\overline{x}} = 6.3,\quad \sigma_{\overline{x}} = \frac{0.866}{\sqrt{36}} = 0.1443$$

$$P(\overline{X} \ge 6.11) \approx P\left(Z > \frac{6.11-6.3}{0.1443}\right)$$
$$= P(Z > -1.32)$$
$$= 0.9066$$

```
> mu<-6.3 ; sigma<-0.866 ; n<-36
> pnorm(220/36,mu,sigma/sqrt(n),lower.tail=FALSE)
[1] 0.9046818
```

실습 4

난수데이터가 균일분포[0,1]에서 발생했을 경우 표본의 크기(n)가 5,10,25,80 인 경우 표본평균의 분포를 구해서 정규분포에 근사여부를 실험을 통해 확인하여라.

```
> ex5<-rep(0,100) ; ex10<-rep(0,100)             #표본크기가 5,10인 경우 표본분포 데이터들
> ex25<-rep(0,100) ; ex80<-rep(0,100)            #표본크기가25,80인 경우 표본분포 데미터들
> for(i in 1:100){                               #변수: i 범위 : 1~100
+   data5 <-runif(5) ;data10<-runif(10)          #표본크기가 5,10인 경우 난수생성(디폴트 min=0,max=1)
+   data25<-runif(25);data80<-runif(80)          #표본크기가 25,80인 경우 난수생성(디폴트 min=0,max=1)
+   ex5[i]<-mean(data5) ;ex10[i]<-mean(data10)   #표본크기별 생성난수의 평균 각 데이터들에 할당(i번째)
+   ex25[i]<-mean(data25);ex80[i]<-mean(data80)  #표본크기별 생성난수의 평균 각 데이터들에 할당(i 번째)
+ }
> hist(ex5,prob=TRUE,main="n=5")                 #표본의 수가 5인 경우
> hist(ex10,prob=TRUE,main="n=10")               #표본의 수가 10인 경우
> hist(ex25,prob=TRUE,main="n=25")               #표본의 수가 25인 경우
> hist(ex80,prob=TRUE,main="n=80")               #표본의 수가 80인 경우
```

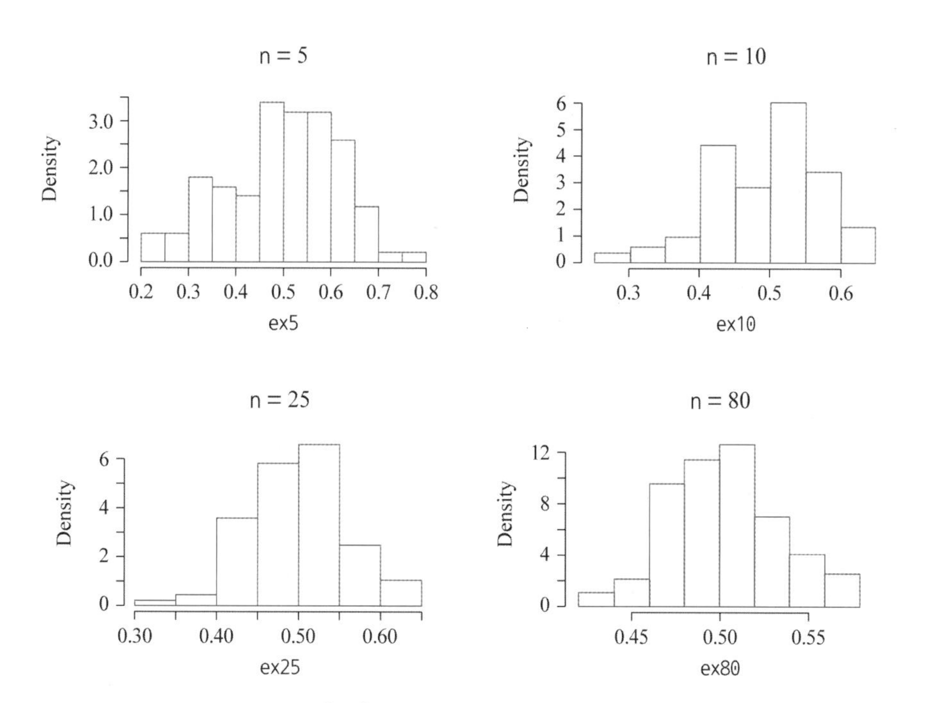

그림 5.5 균일분포[0,1]에서 5,10,25,80 인 경우 표본평균의 분포

결과는 매 실험마다 달라질 수 있다.

for문에 숙달된 독자인 경우 다음과 같은 방법을 추천한다.

```
> n.group<-c(5,10,25,80)              #표본크기 그룹생성
> n<-NULL                            #표본크기변수
> xbar<-rep(0,100)                    #표본평균 데이터를 생성
> for(i in 1:4){                       #변수 : i 범위 : 1~4
+   n<-n.group[i]                     #표본크기할당
+   for(j in 1:100) {                   #변수 : j 범위 : 1~100
+     data<-runif(n)                  #n개의 균일분포 난수 생성
+     xbar[j]<-mean(data)             #데이터를 [j]번째에 평균 할당
+   }
+   hist(xbar,prob=TRUE,main=paste("n=",n))     #히스토그램 생성
+ }
```

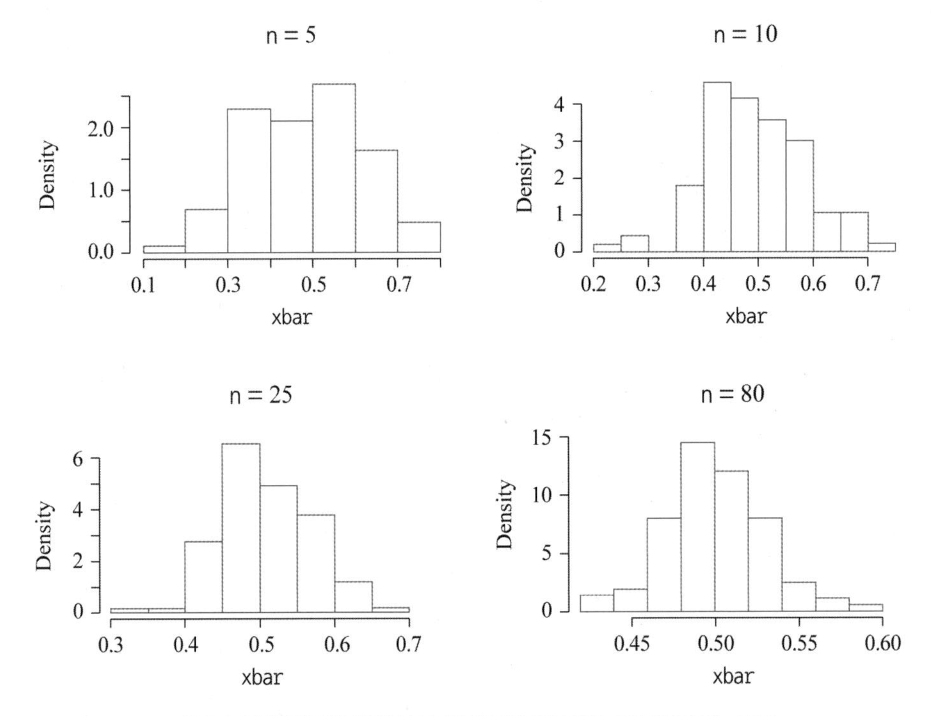

그림 5.6 균일분포[0,1]에서 5,10,25,80 인 경우 표본평균의 분포

결과는 매 실험마다 달라질 수 있다.

실습 5

모수가 1인 포아송분포로부터 평균의 크기 n=5,10,25,80에 대해 각 100번씩 반복추출할 때 평균의 분포를 모의실험으로 확인하여라.

```
> ex5 <-rep(0,100) ; ex10<-rep(0,100)              #표본크기가 5,10인 경우 표본분포 데이터들
> ex25<-rep(0,100) ; ex80<-rep(0 ,100)             #표본크기가 25,80인 경우 표본분포 데이터들
> for(i in 1:100){                                 #변수: i 범위 : 1~100
+   data5 <-rpois(5,1) ;data10<-rpois(10,1)        #표본크기가 5,10인 경우 난수생성 (lambda=1)
+   data25<-rpois(25,1);data80<-rpois(80,1)        #표본크기가 25,80인 경우 난수생성 (lambda=1)
+   ex5[i]<-mean(data5) ;ex10[i]<-mean(data10) #표본크기별 생성난수의 평균 각 데이터들에 할당 (i번째)
+   ex25[i] <-mean(data25);ex80[i] <-mean(da~a80) #표본크기멸 셉성난수의 평균 각 데이터들에 할당 (i번째)
+ }
> hist(ex5, prob=TRUE,main="n=5")                   #표본의 수가 5인 경우
> hist(ex10,prob=TRUE,main="n=10")                  #표본의 수가 10인 경우
> hist(ex25,prob=TRUE,main="n=25")                  #표본의 수가 25인 경우
> hist(ex80,prob=TRUE,main="n=80")                  #표본의 수가 80인 경우
```

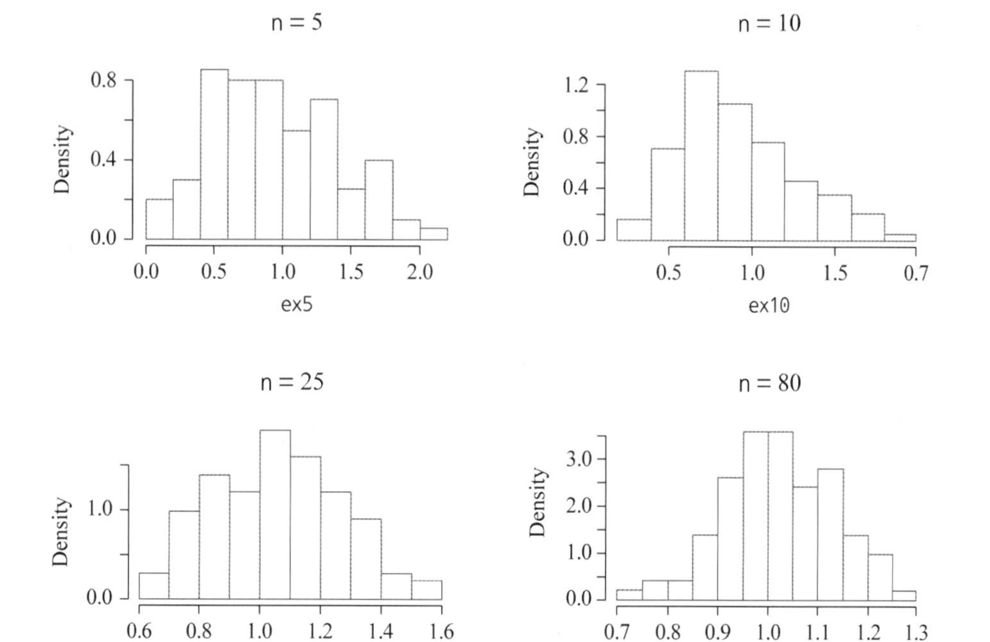

그림 5.7 모수가 1인 포아송분포의 모의실험

결과는 매 실험마다 달라질 수 있다.

for문에 숙달된 독자인 경우 다음과 같은 방법을 추천한다.

```
> n.group<-c(5,10,25,80)                   #표본코기 그룹생성
> n<-NULL                                  #표본크기변수
> xbar<-rep(0,100)                         #표본평균 데이터들 생성
> for(i in 1:4){                           #변수 : i 범위 : 1~4
+   n<-n.group[i]                          #표본크기할당
+   for(j in 1:100){                       #변수 : j 범위 : 1~100
+     data<-rpois(n,1)                     #n개의포아송분포 난수생성 (lambda=1)
+     xbar[j]<-mean(data)                  #데이터들 [j]번째에 평균 할당
+   }
+   hist(xbar,prob=TRUE,main=paste("n=",n))  #히스토그램 생성
+   }
```

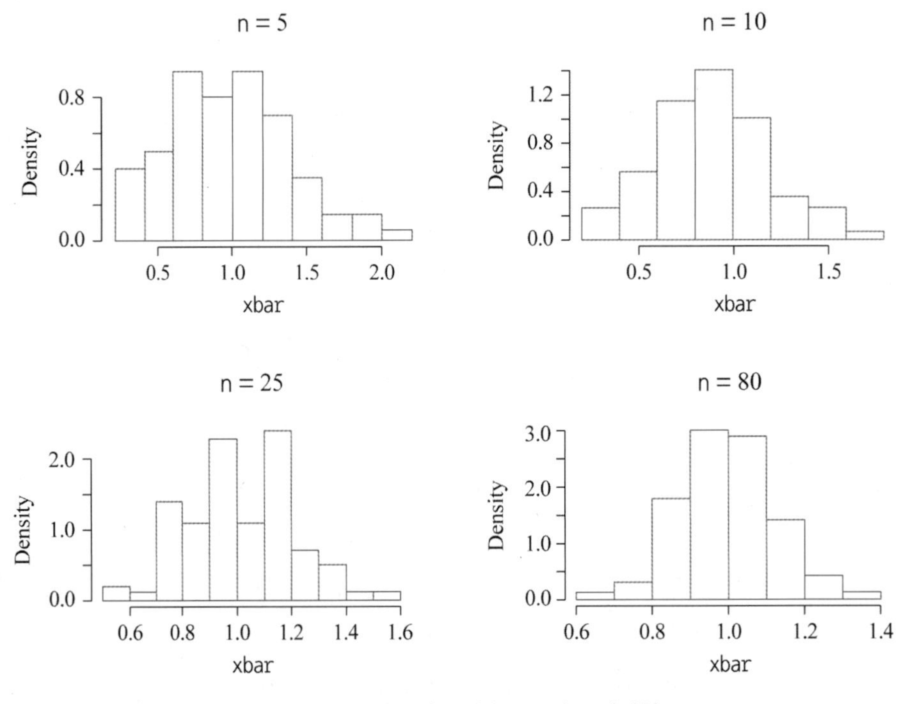

그림 5.8 모수가 1인 포아송분포의 모의실험

결과는 매 실험마다 달라질 수 있다.

연습문제

1. 토마토들이 표준편차가 3 온스이고 평균 무게가 10 온스가 나가고 가게가 각각 12개의 토마토가 들어있는 상자들을 판다고 가정해보자. 구매자들이 그들이 산 각 박스의 토마토들의 평균 무게를 잰다면, 이 평균들의 평균값과 표준편차는 얼마 일까?

2. 모평균이 $\mu = 10$, 모분산 $\sigma^2 = 6$인 모집단에서 크기가 3인 임의 표본을 복원추출하는 경우, 표본평균 $\overline{X}$의 평균과 분산을 구하여라.

3. 플로리다에서 학생들이 휴가를 보낼 때 쓰는 돈의 합계의 분포가 $650의 평균값과 $120 표준편차로 정규 분포 되어 있다고 가정해보자. 10명의 학생의 무작위 표본이 평균 $600와 $700 사이를 쓸 확률은 얼마인가?

4. 당국의 통계에 의하면 학생 1인당 연평균 교육비는 500,000원, 표준 편차는 80,000원이라 한다. 64명의 학생을 임의로 뽑았을 때 평균 교육비가 다음과 같은 확률을 구하여라.

   (1) 482,000원을 초과하는 확률

   (2) 480,000원에서 512,000원 사이에 있을 확률

5. X를 기댓값 $E(X) = \mu$와 분산 $V(X) = \sigma^2$을 가지는 확률 변수라 하고, $\overline{X}$를 크기 n의 확률 분포의 표본 평균이라 할 때 $E(\overline{X})$및 $V(\overline{X})$를 구하여라.

6. 모집단 분포

x	1	2	3	4
$f(x)$	0.25	0.25	0.25	0.25

   로부터 크기 10인 표본을 임의 추출하였을 때,

   (1) $\overline{X}$의 평균과 분산을 구하여라.

   (2) $\overline{X}$가 2.75이상 3.5이하일 근사확률을 구하여라.

연습문제

7. 어떤 공장에서 생산되는 전구들의 수명시간의 분포는 $\mu = 800$(시간)이고 표준편차는 $\sigma = 40$(시간)인 정규분포를 따른다고 알려져 있다. 이 모집단으로부터 정의되는 크기가 $n = 64$(개)인 확률표본의 표본평균수명시간 $\overline{x}$가 810시간 이상이 될 확률, 즉 $P(\overline{X} \geq 810)$의 값을 결정하라.

8. 평균 저항이 40옴이고 표준편차가 2옴을 가지는 전기저항기를 만드는 기계가 있다. 36개를 임의추출 하였을 때, 저항의 합이 1,458옴 이상이 될 확률은?

9. 원통형의 자동차 부품을 생산하는 제조공정에서 부품의 직경이 5mm이다. 모표준편차는 0.1이라고 알려져 있다고 한다. 이제 임의로 추출된 부품 100개의 평균직경이 5.027mm였다.

   $P(|\overline{X} - 5| \geq 0.027)$은 얼마인가?

10. 응급실의 하루 평균 입원환자는 85명이고 표준 편차는 37명이다. 무작위로 30일을 뽑았을 때, 응급실 평균 입원환자수가 75명에서 95명 사이일 확률은?

11. $X \sim B(16, 0.5)$일 때, 연속성을 수정한 근사확률 $P(8 \leq X \leq 10)$과 $P(X \geq 10)$을 구하여라.

12. 올 한 해 동안 모 기업체의 근로자 2,000명이 1년 기간의 생명보험에 가입하였을때, 이 기간에 근로자 개개인의 사망률이 0.001이라 한다. 이때 보험회사가 적어도 4건의 보상을 해야 할 근사확률을 구하여라.

13. 하루에 $\lambda = 500$인 비율로 전자 부품을 생산하며, 생산된 부품 수는 포아송 과정에 따른다고 한다. 이때, 어느 날 하루 동안 생산한 부품 수가 475개 이상 525개 이하인 근사확률을 구하여라.

14. 어느 회사에서 생산하여 엔진에 사용되는 어떤 부품의 불량률이 5%라고 한다. 이 부품이 100개씩 묶음으로 선적된다고 할 때,

(1) 이 로트에 포함되는 불량 부품이 2개를 초과할 확률은 얼마인가?

(2) 이 로트에 포함되는 불량 부품이 10개를 초과할 확률은 얼마인가?

15. 주사위를 720번 던져 1의 눈이 나온 회수를 X라 할 때 $P(115 \le X \le 135)$의 값은 얼마인가?

CHAPTER

06

데이터의 시각화분석

구성

요약

본 장에서는 수집된 자료를 요약·정리하여 관찰자로 하여금 쉽게 자료의 특성을 파악할 수 있도록 하는 기초적인 빅데이터 분석 방법인 자료의 그래프시각화와 자료의 숫자에 의한 요약을 의미하는 데이터의 시각화분석에 대하여 설명한다.

6.1 범주형자료의 시각화분석

범주형 자료를 어떻게 정리하고 시각화하는 방법에 대해 알아보고 자료집합을 표로 정리하고 그래프로 시각화하고자 한다. 범주형 자료는 관측결과가 몇 개의 범주(category) 또는 항목의 형태로 나타나는 자료를 말한다. 예를 들어 성별, 혈액형, 선호도, 지역 등이다.

6.1.1 도수분포시각화

데이터가 하나의 변수에 대해서 도수분포표(frequency table)를 작성할 수 있다.

이 때 각 범주에 해당하는 관측치의 개수를 세어 범주의 도수(빈도)로 놓는다.

도수분포표에는 흔히 상대도수나 누적상대도수가 같이 쓰고, 상대도수는 각 구간의 도수를 자료의 총수로 나눈 값이고, 누적상대도수는 이의 누계이다. 장점으로 각 범주의 도수와 상대적인 비율을 쉽게 비교할 수 있다.

예제 6.1

다음 자료는 어느 신도시의 스마트폰의 종류(A, B, C)표본 조사 결과이다. 문자 A, B, C는 세 가지 범주를 나타낸다.

A B B A C B C C C A
C B C A C C B C C A
A B C C B C B A C A

도수분포표로 시각화하시오.

풀이

〈표 6.1〉 스마트폰의 종류(A, B, C)의 도수분포표

범주	빈도	상대도수	백분율
A	8	8/30 = .267	26.7
B	8	8/30 = .267	26.7
C	14	14/30 = .467	46.7

예제 6.2

35명의 학생이 있는 반에서, 10명이 농구를 그들이 가장 좋아하는 운동으로 꼽았고, 7명이 야구, 6명이 미식축구, 5명이 축구, 5명의 테니스 그리고 2명이 하키를 꼽았다고 가정하자. 이 자료들은 도수분포표로 시각화하여라.

풀이

〈표 6.2〉 운동종목에 대한 도수분포표

범주	도수	상대도수(%)
야구	7	20
농구	10	29
미식축구	6	17
하키	2	6
축구	5	14
테니스	5	14

6.1.2 범주형 자료의 그래프시각화

그래프로 시각화는 자료의 주요 특성을 알 수 있다. 막대그래프와 원그래프가 범주형 자료를 시각화하는데 사용된다.

(1) 막대그래프

막대그래프(bar graph)를 그리려면 [그림 6.1]과 같이 수평축에 범주를 표시한다. 모든 범주는 같은 폭의 구간으로 나타낸다. 수직축에는 도수를 표시한다. 그런 다음에 막대의 높이가 해당범주의 도수를 나타내도록 각 범주에 대하여 막대를 그린다. [그림 6.1]은 <표 6.1>의 도수 분포표에 대한 막대그래프이다.

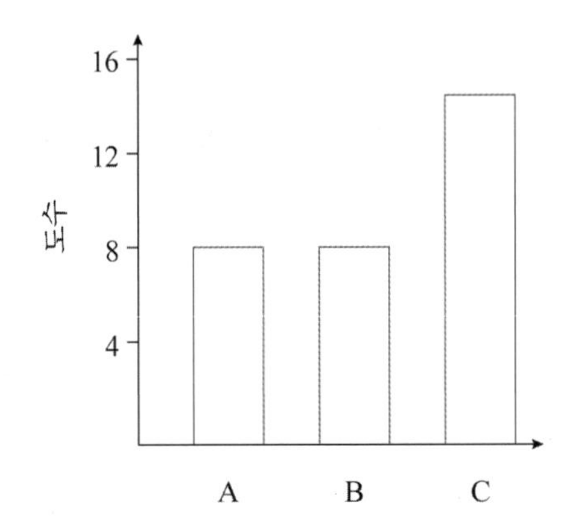

[그림 6.1] 스마트폰 종류에 대한 막대그래프

예제 6.3

어느 화장지 회사에서 생산된 미용용 화장지 50장을 임의로 뽑아 불량품을 조사하여 불량의 종류를 알아보았더니, 구멍 뚫림이 15개, 잘못 접혀짐이 5개, 찢어짐이 22개 그리고 기타의 불량이 8개씩 있었다. 불량의 종류에 대한 막대그래프로 시각화하여라.

풀이

불량이 1개씩 있는 4가지의 불량을 기타의 항목으로 묶은 후 불량의 종류를 도수의 크기 순서로 배열하면 찢어짐, 구멍 뚫림, 기타, 잘못 접혀짐, 크기 불량, 두께 불량이 된다. 크기 순서대로 배열하고 도수분포표를 만들어 4번째 열에 누적상대도수를 배치하면 다음과 같다.

〈표 6.3〉 화장지 불량품에 대한 도수분포표

불량의 종류	도수	상대도수	누적상대도수
찢어짐	22	0.44	0.44
구멍 뚫림	15	0.30	0.74

불량의 종류	도수	상대도수	누적상대도수
기타	8	0.16	0.90
잘못접혀짐	5	0.10	1
합	50	1.00	

〈표 6.3〉의 도수분포표를 이용하여 히스토그램을 만들면 다음과 같이 주어진다. 그림을 보면 찢어짐, 구멍 뚫림이 전체 불량품 중에서 74% 차지하고 있고 그 이외의 불량은 소수를 차지하고 있다는 것을 알 수 있다. 따라서, 불량품을 줄이려면 먼저 앞의 2가지의 불량에 대한 원인을 찾아 해결하여야 할 것이다.

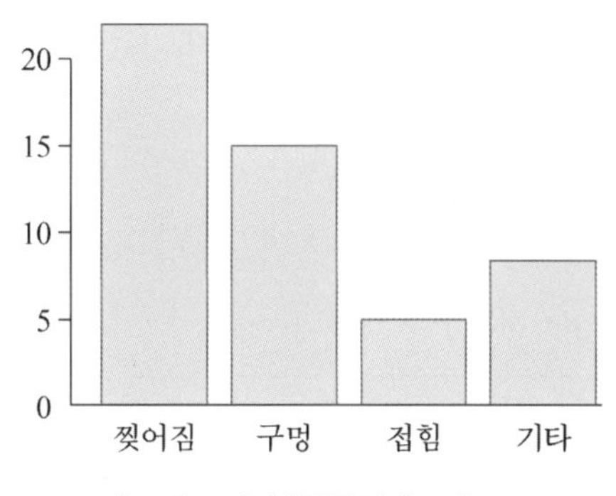

[그림 6.2] 불량품막대그래프

예제 6.4

A 과자를 시식한 후 구매의사를 물었을 때 "예","아니요","예","아니요","예","아니요","아니요","예","예","예" 로 답했다고 하자. 분할표, 막대그래프, 원그래프를 R로 시각화하여라.

풀이

• 분할표 : table()을 사용하여 간단한 표를 만들 수 있다.

```
> data<-c("Y","N","Y","N","Y","N","N","Y","Y","Y")
> table(data)
data
N Y
4 6
```

• 막대그래프 : barplot()을 이용하여 막대그래프를 그릴 수 있다.

```
> barplot(table(data),xlab="Response",ylab="Freq",horiz=F)    #수직
```

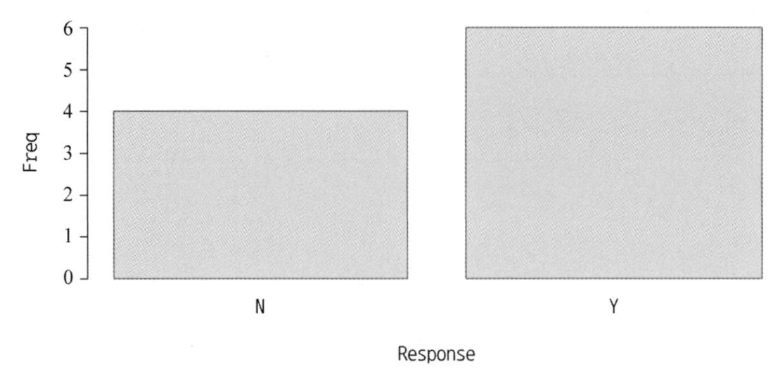

[그림 6.3] 구매의사막대그래프

```
> barplot(table(data),ylab="Response",xlab="Freq",horiz=T)        #수평
```

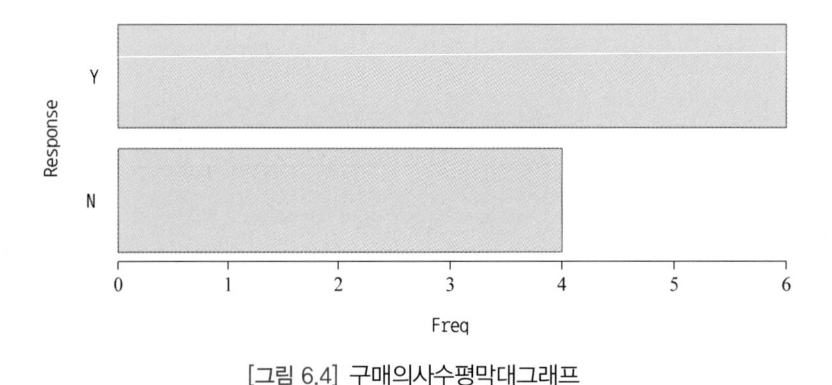

[그림 6.4] 구매의사수평막대그래프

• 파이그림 : 상대적인 빈도 또는 상대적인 비율을 원모양 파이의 분할 부분으로 나타낼 수 있으며 pie()함수를 사용한다.

```
> pie(table(data),main="Piebchart",sub="Response")
```

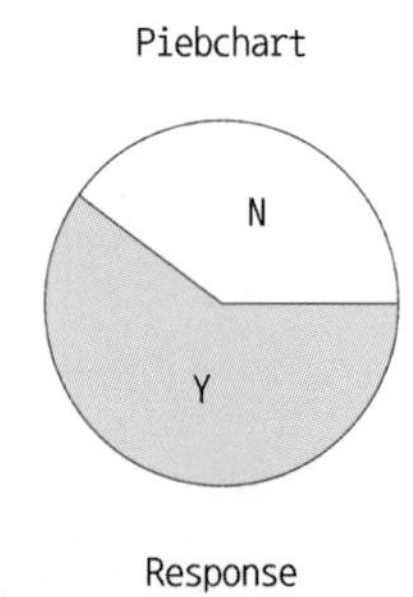

[그림 6.5] 구매의사원그래프

6.1.3 두 범주형 변수시각화

두 변수가 모두 범주형에 속하는 경우, 수집된 자료는 앞 절에서 소개한 도수 분포표를 2차원으로 확장한 형태로 시각화될 수 있다. 한 변수에 대한 범주는 행 왼쪽에, 또 다른 변수에 대한 범주는 열 위쪽에 표시하고, 두 변수의 범주들이 교차하는 칸(cell)마다 각 변수의 범주를 동시에 갖는 관측값들을 세어 그 칸의 도수로 삼으면 된다. 이렇게 도표로 요약된 자료를 보통 분할표(contingency table)라 부른다. 분할표에서는 필요에 따라 여러 가지 값을 각 교차하는 부분에 표시할 수 있는데 도수와 상대도수이다.

예제 6.5

70세를 넘은 남자들의 혈액 콜레스테롤 수치 정도에 따라 심각하거나 또는 심각하지 않은 심장마비로 고생하였는지 조사한 4년 연구가 뉴욕 타임즈에 실렸다. 심장 마비의 심각성은 행의 변수이고, 콜레스테롤 수치는 열의 변수이다. 이 자료들을 분석하는 하나의 방법은 각 열과 각 행의 합계를 계산하는 것이다.

〈표 6.4〉 두 변수 자료의 분할표

	낮은 콜레스테롤	중간 콜레스테롤	높은 콜레스테롤	합계
심각하지 않은 심장 발작	29	17	18	64
심각한 심장 발작	19	20	9	48
합계	48	37	27	112

행과 열에 대한 상대도수를 구하고 이들을 시각화하여 비교 설명하여라.

풀이

이 합계들은 오른쪽과 아래에 테이블의 가장자리에 표기되고 따라서 주변빈도라고 불린다. 이 주변 빈도들은 종종 비율 또는 퍼센트의 형태로 나타낸다. 콜레스테롤 수치의 주변분포는

낮음 : $\frac{48}{112}$ = .429 = 42.9% 중간 : $\frac{37}{112}$ = .330 = 33.0% 높음 : $\frac{27}{112}$ = .241 = 24.1%

이 분포는 다음과 같이 막대그래프로 시각화할 수 있다:

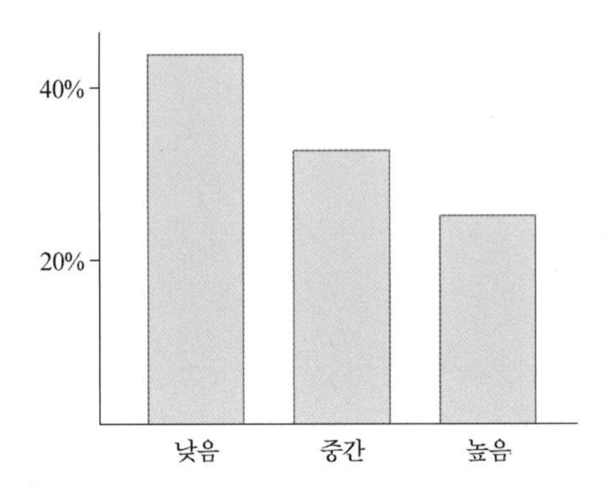

[그림 6.6] 콜레스테롤 수치에 따른 막대그래프

비슷하게, 우리는 심장마비의 강도의 주변 분포를 찾을 수 있다.

심각하지 않음 : $\frac{64}{112} = .571 = 57.1\%$ 심각함 : $\frac{48}{112} = .429 = 42.9\%$

대표적인 막대그래프는

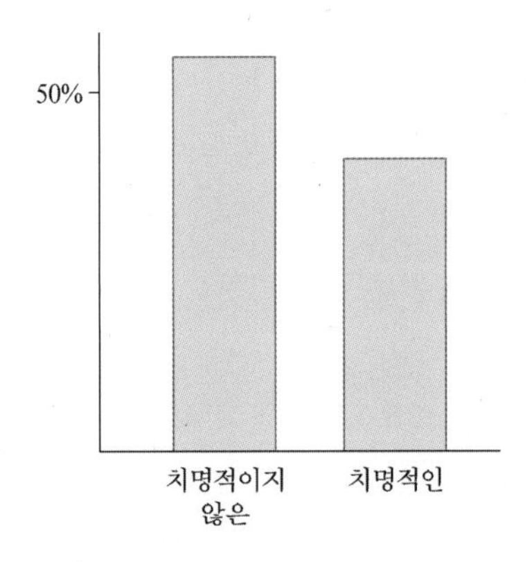

[그림 6.7] 심장 발작 수준에 따른 막대그래프

예제 6.5

예제 6.5 R - 프로그램

풀이

```
> mat1<-matrix(c(29,17,18,19,20,9),ncol=3,byrow=TRUE)       #행렬생성 열의개수 : 3개
> dimnames(mat1)[[1]]<-c("not seri","seri")                 #행이름
> dimnames(mat1)[[2]]<-c("low","mid","high")                #열이름
```

```
> mat1
         low mid high
not seri  29  17   18
seri      19  20    9
> table1<-margin.table(mat1,1)                    #행기준 합
> table2<-prop.table(table1)                      #상대도수
> table2
 not seri      seri
0.5714286 0.4285714
> barplot(table2)
> barplot(table2)
```

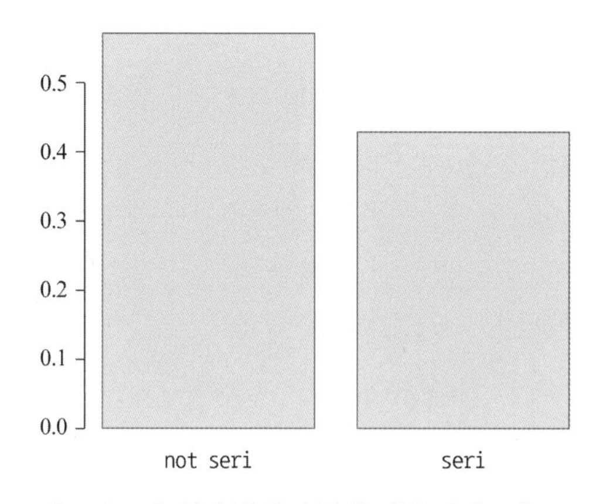

[그림 6.8] 심장 발작 수준에 따른 막대그래프

```
> table1<-margin.table(mat1,2)      #열기준 합
> table2<-prop.table(table1)        #상대도수
> table2
      low       mid      high
0.4285714 0.3303571 0.2410714
> barplot(table2)
```

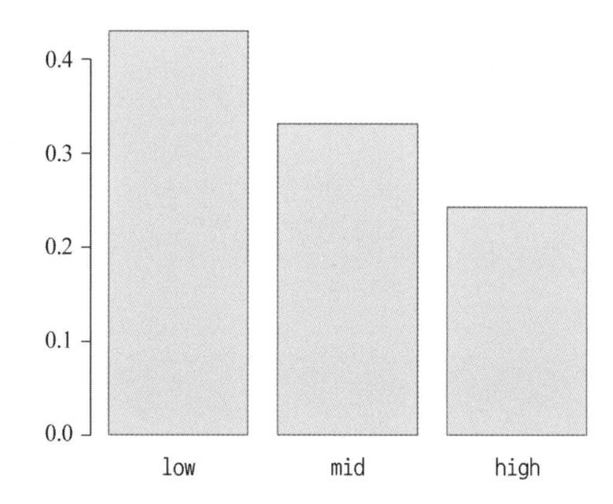

[그림 6.9] 콜레스테롤 수치에 따른 막대그래프

조건부 상대 도수 분할표

위에서 설명하고 계산한 주변 분포는 두 분류적 변수의 관계를 설명하거나 측정하지 않는다. 이를 위해 우리는 주변에 있는 합계만 볼 것이 아니라 분할표에 있는 정보를 알아야한다.

예제 6.6

탈모가 신체 용적지수와 관련이 있을까? 769명을 대상으로 한 연구(미국 의학 연구 잡지, 1993년 2월 24일 페이지 1000)는 다음과 같은 수를 나타낸다. 분석은 먼저 이 전에 했던 것과 같이 열과 행의 합계를 찾는다. 우리는 신체 용적 지수에 따라 머리가 빠지는 패턴을 예측하는 것에 관심을 가지고 있으므로 각각의 행을 우선적으로 본다. 신체용적지수에 대한 상대도수 분포표와 막대그래프를 시각화하여라.

〈표 6.5〉 두 변수 자료의 분할표

		탈모형태			
		이상 없음	이마	정수리	
	〈25	137	22	40	199
신체 용적 지수	25~28	218	34	67	319
	〉28	153	30	68	251
		508	86	175	769

풀이

신체 용적 지수에서 25보다 적은 199명의 남자가 머리 빠지는 패턴이 있는 비율 또는 확률은 다음과 같다.

없음 : $\frac{137}{199} = .688 = 68.8\%$

이마 : $\frac{22}{199} = .111 = 11.1\%$

정수리 : $\frac{40}{199} = .201 = 21.1\%$

이 조건부 상대도수를 각 부분이 이것의 상대도수에 맞는 길이를 가지는 막대그래프와 각 부분을 하나의 막대그래프에 나타내는 막대그래프로 나누어 나타낼 수 있다.

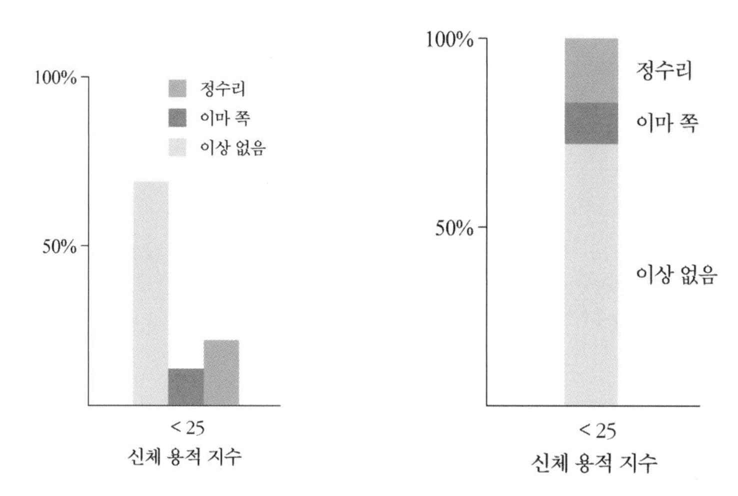

[그림 6.10] 신체용적지수가 25이하인 막대그래프

비슷하게, 신체 용적지수에서 25와 28사이인 남자 319명의 조건부 상대 도수는

없음 : $\frac{218}{319} = .683 = 68.3\%$ 이마 : $\frac{34}{319} = .107 = 10.7\%$ 정수리 : $\frac{67}{319} = .210 = 21.0\%$

신체 용적 지수의 28보다 높은 남자 251명에게서는

없음 : $\frac{153}{251} = .610 = 61.0\%$ 이마 : $\frac{30}{251} = .120 = 12.0\%$ 정수리 : $\frac{68}{251} = .271 = 27.1\%$

다음 두 막대그래프 모두는 좋은 시각적 그림들이다.

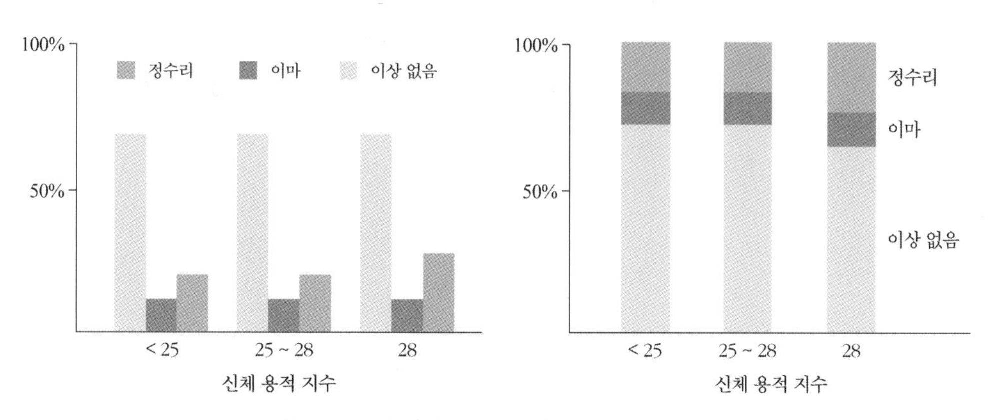

[그림 6.11] 신체용적지수에 따른 막대그래프

예제 6.6

예제 R - 프로그램

풀이

```
> mat1<-matrix(c(137,218,153,22,34,30,40,67,68),nrow=3,byrow=FALSE)
> dimnames(mat1)[[1]]<-c("<25","25~28",">28")
> dimnames(mat1)[[2]]<-c("none","fore","crown")
> mat2<-prop.table(mat1,1)
> mat2
           none      fore     crown
<25   0.6884422 0.1105528 0.2010050
25~28 0.6833856 0.1065831 0.2100313
>28   0.6095618 0.1195219 0.2709163
```

```
>
barplot(t(mat2),legend.text=TRUE,beside=
+ TRUE)
```

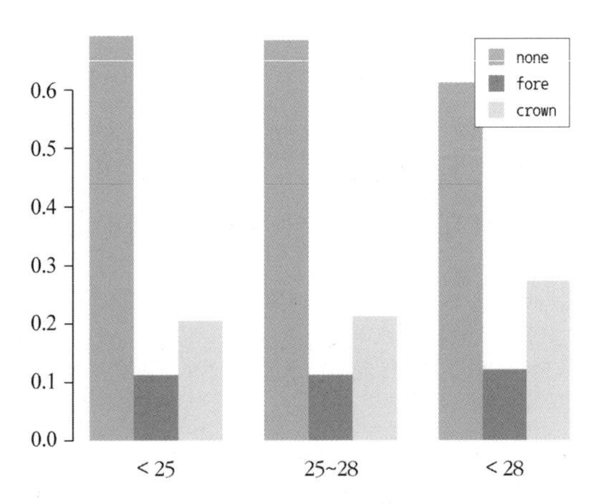

[그림 6.12] 신체용적지수에 따른 막대그래프

```
> barplot(t(mat2),legend.text=TRUE)
```

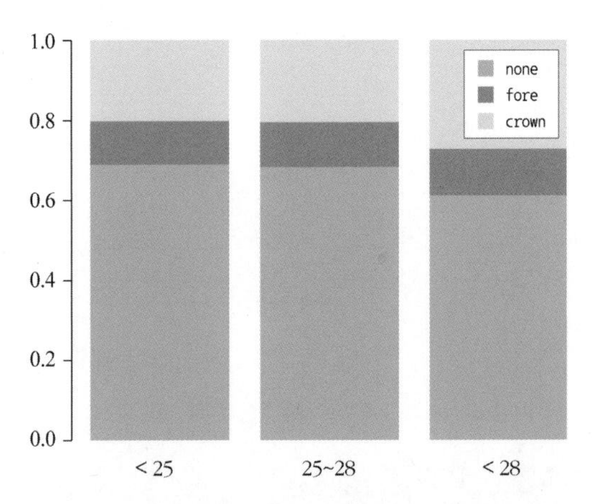

[그림 6.13] 신체용적지수에 따른 막대그래프

6.2 수치자료의 시각화분석

범주형 변수의 분포를 그래프로 시각화하기 위해 막대그래프와 원그래프를 사용하였다. 양적자료의 분포는 어떻게 시각화할까? 양적자료는 여러 그래프를 시각화할 수 있으며 몇 개의 수치값으로도 나타낸다. 양적(수치)자료는 관측된 값이 수치로 측정되는 자료를 말한다. 키, 몸무게, 시험성적, 자동차사고수 등이다. 수치자료는 관측되는 값의 성질에 따라 다시 두 가지로 구분된다. 키, 몸무게와 같이 관측 가능한 값이 연속적이면 그 자료를 연속형 자료(continuous data)라고 하고 어느 공장의 불량품의 수같이 관측 가능한 값이 셀 수 있으면 이산형자료(discrete data)라 한다.

6.2.1 점도표 시각화

양적자료를 시각화하는 단순한 방법 중의 하나가 점도표이다. 점도표는 자료집합에서 이상점을 찾는데 도움이 된다. 이상점이란 다른 자료 값에 비하여 아주 크거나 작은 값을 의미한다.

예제 6.7

다음 자료는 30명의 은행 계좌 보유 고객이 지난 60일 동안 자동입출력기(ATM)를 사용한 시간이다.

```
3 2 3 2 2 5 0 4 1  3
2 3 3 5 9 0 3 2 2 15
1 3 2 7 9 3 0 4 2  2
```

점도표를 시각화하고 적절한 설명을 하시오.

풀이

집락을 이루고 있으며 15는 이상치이다.

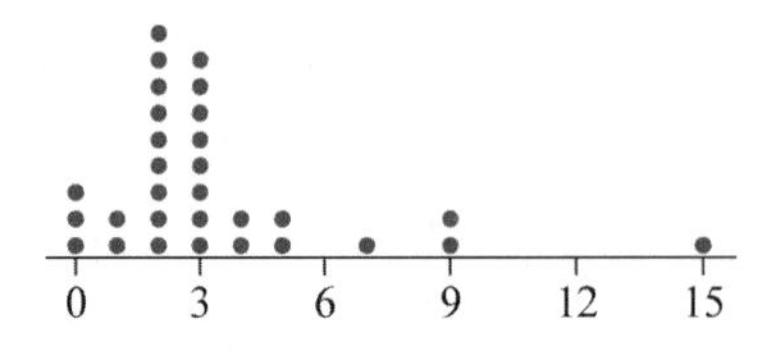

[그림 6.14] ATM 사용기간

예제 6.8

35명의 학생이 있는 반에서, 10명이 농구를 그들이 가장 좋아하는 운동으로 꼽았고, 7명이 야구, 6명이 미식 축구, 5명이 축구, 5명의 테니스 그리고 2명이 하키를 꼽았다고 가정하자. 이 자료들은 점 도표로 나타내어라.

풀이

도표의 점들의 수는 각 결과의 횟수를 나타낸다.

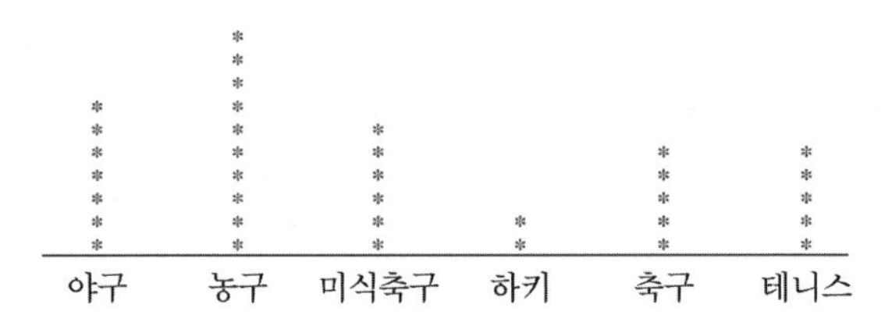

[그림 6.15] 운동 종목에 대한 점도표

예제 6.8

예제 R – 프로그램

풀이

```
> class<-c(rep("baseball",7),rep("basketball",10),rep("Afootball",6),
+          rep("hockey",2),rep("tennis",5),rep("soccer",5))
> table_class<-table(class)
> table_class
class
 Afootball   baseball   basketball   hockey   soccer   tennis
         6          7           10        2        5        5

> dotchart(table_class,main="dotchart",xlab="count")
```

```
warning message:
In dotchart(table_class, main = "dotchart", xlab = "count") :
  'x'는 벡터도 아니고 행렬도 아니므로 as.numeric(x)를 사용합니다.
```

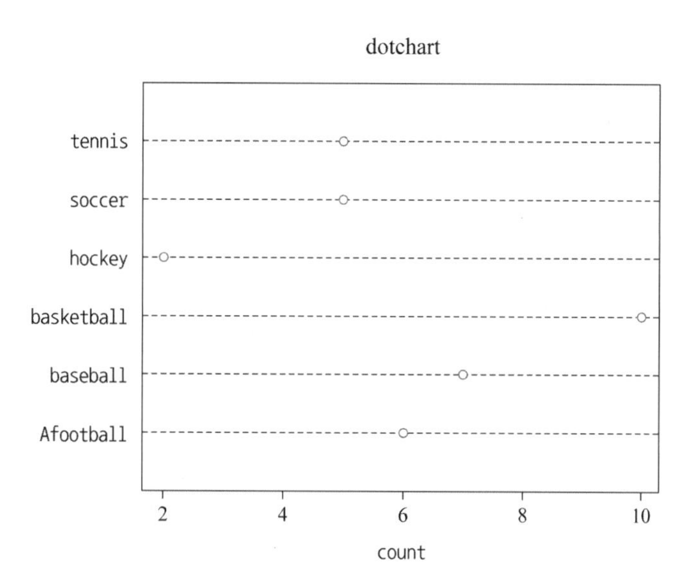

[그림 6.16] 운동 종목에 대한 수평점도표

```
> plot(table(class),type="p",ylab="count",main="dotplot")
```

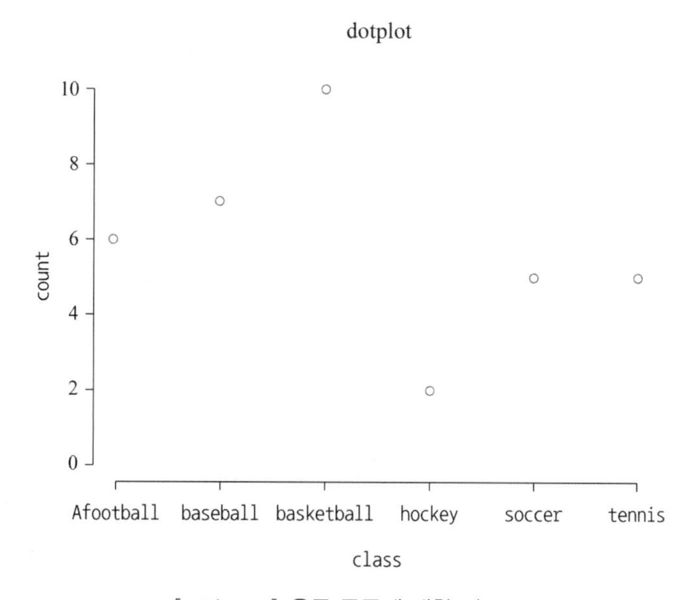

[그림 6.17] 운동 종목에 대한 점도표

6.2.2 줄기-잎그림시각화

양적 자료를 시각화하는 다른 방법은 줄기-잎그림이다. 도수분포에 대한 줄기-잎그림의 장점은 개별 관측값에 대한 정보를 잃지 않는다는 것이다. 줄기-잎 그림은 양적인 자료에만 사용된다.

줄기-잎 작성방법은 다음과 같다.

① 자료를 직관적으로 관찰하여 줄기를 정한다. 변동이 작은 부분을 줄기, 변동이 많은 부분을 잎으로 지정한다.

② 줄기 부분을 작은 수부터 순차적으로 나열하고, 잎 부분을 원자료의 관찰 순서대로 나열한다.

③ 각 잎에 있는 숫자들은 오름차순서로 재 정렬한다.

예제 6.9

다음 자료는 20명의 학생들이 서점에서 교재를 사고 계산하는데 걸린 시간에 관한 자료이다.

15	8	23	21	5	17	31	22	34	6
5	10	14	17	16	25	30	3	31	19

줄기-잎 그림을 그리시오.

풀이

```
0 | 8 5 6 5 3              0 | 3 5 5 6 8
1 | 5 7 0 4 7 6 9          1 | 0 4 5 6 7 7 9
2 | 3 1 2 5                2 | 1 2 3 5
3 | 1 4 0 1                3 | 0 4 1 4
```

[그림 6.18] 교재를 계산하는데 걸린 시간

예제 6.9

R - 프로그램

풀이

```
> time<-c(15,8,23,21,5,17,31,22,34,6,5,10,14,17,16,25,30,3,31,19)
> stem(time)
  The decimal point is 1 digit(s) to the right of the ¦
o ¦ 35568
1 ¦ 0456779
2 ¦ 1235
3 ¦ 0114
```

6.2.3 히스토그램시각화

히스토그램은 도수분포, 상대도수분포 또는 백분율분포를 시각화할 수 있다. 히스토그램을 그리려면 수평축에 계급을 표시하고, 수직축에 도수(상대도수, 백분율)를 표시한다. 다음에 높이가 그 계급의 도수를 나타내도록 막대를 붙여서 그린다. 히스토그램에서 막대는 붙여서 그린다. 히스토그램은 수직축에 따라 도수 히스토그램(frequency histogram), 상대도수 히스토그램(relative frequency histogram)또는 백분율 히스토그램(percentage histogram)이라 부른다.

- 계급(class) : 적당한 간격으로 집단화하여 나타낸 범주들
- 계급간격(class width) : 이웃하는 두 계급의 위쪽 경계에서 아래쪽 경계를 뺀 값
- 계급값(class mark) : 각 계급의 중앙에 위치한 값 $\frac{\text{위쪽경계} + \text{아래쪽경계}}{2}$

도수분포를 이용하여 히스토그램을 만드는 일반적순서는 다음과 같다.

① 표본자료의 최대값과 최소값을 찾아 (범위)= (최대값) - (최소값)을 구한다.

② 자료의 크기가 5~20 정도의 계급의 개수를 정하고, 계급의 폭은

$$(\text{범위}) \div (\text{계급의 개수})$$

를 계산하여 자료값의 최소 단위까지 끊어 올려 정한다.

③ 첫 번째 계급의 시작점은

$$(\text{최소값}) - \frac{1}{2}(\text{자료값의 최소 단위})$$

로 정하며, ②에서 구한 계급의 폭에 따라 그 다음 계급을 정한다.

④ 각 계급의 상대도수 (또는 도수)를 구한다.

⑤ 막대는 서로 붙여서 그린다.

예제 6.10

다음의 자료는 어느 대학 컴퓨터공학과 신입생 51명의 키를 센티미터 단위로 기록한 것이다. 이 자료에 대한 도수분포표와 히스토그램으로 시각화하여라.

181 161 170 160 158 169 162 179 183 178 171 177 163

158 160 160 158 174 160 163 167 165 163 173 178 170

167 177 176 170 152 158 160 160 159 180 169 162 178

173 173 171 171 170 160 167 168 166 164 174 180

풀이

자료에서 최대값과 최소값은 각각 183과 152이므로 자료의 범위는 31로 주어진다. 계급의 개수를 7로 잡았을 때 자료의 범위를 7로 나누면 4.4가 되므로 계급구간의 폭을 5로 하자. 그리고, 최소값과 최대값 사이의 구간이 전체 계급구간의 중아에 위치하려면 계급구간의 시작값이 150이 되어야 하는데 기록된 단위 한 자리수 아래를 잡기 위하여 149.5를 계급구간의 시작값으로 하여 도수분포표를 작성하면 〈표 6.6〉과 같다.

〈표 6.6〉 컴퓨터공학과 신입생의 키에 관한 도수분포표

계급	계급 구간(cm)	도수	상대도수
1	149.5–154.5	1	0.020
2	154.5–159.5	5	0.098
3	159.5–164.5	14	0.257
4	164.5–169.5	8	0.157
5	169.5–174.5	12	0.235
6	174.5–179.5	7	0.137
7	179.5–184.5	4	0.078
합		51	1.000

도수분포표를 보면 도수가 증가하였다가 감소하고 다시 증가하였다가 감소하는 경향이 나타난다. 즉, 신입생들의 키가 159.5cm와 164.5cm 사이, 그리고 169.5cm와 174.5cm의 사이의 두 군데에 몰려있는데 이 두 구간에 속한 학생의 비율은 0.275+0.235=0.51로 전체의 50%가 넘는다.

예제 6.10

R - 프로그램

풀이

```
> height<-c(181,161,170,160,158,169,162,179,183,178,171,177,163,
+          158,160,160,158,174,160,163,167,165,163,173,178,170,
+          167,177,176,170,152,158,160,160,159,180,169,162,178,
+          173,173,171,171,170,160,167,168,166,164,174,180)
> cut<-c(149.5,154.5,159.5,164.5,169.5,174.5,179.5,184.5)
> hist(height,breaks=cut,probability = T)
```

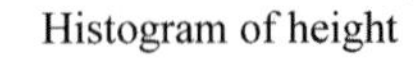

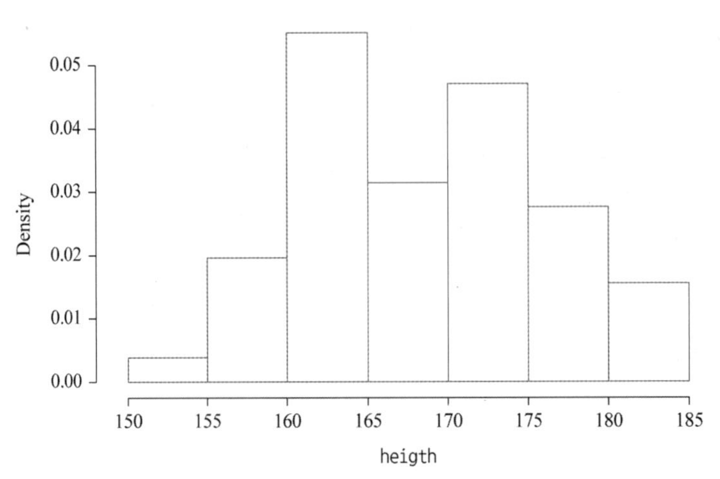

[그림 6.19] 신입생의 키에 관한 히스토그램

예제 6.10

도수분포표 – 프로그램

풀이

```
> cut1<-cut(height,breaks=c(150,155,160,165,170,175,180,185),right=FALSE)
> freq<-table(cut1)
> freq
cut1
[150,155) [155,160) [160,165) [165,170) [170,175) [175,180) [180,185)
        1         5        14         8        12         7         4

> prop<-prop.table(freq)
> prop
cut1
  [150,155) [155,160) [160,165) [165,170) [170,175) [175,180) [180,185)
0.01960784 0.09803922 0.27450980 0.15686275 0.23529412 0.13725490 0.0 7843137

> cbind(freq,prop)
          freq       prop
[150,155)    1 0.01960784
[155,160)    5 0.09803922
[160,165)   14 0.27450980
[165,170)    8 0.15686275
[170,175)   12 0.23529412
[175,180)    7 0.13725490
[180,185)    4 0.07843137
```

예제 6.11

어느 대학의 통계학과 농구팀의 농구경기에서 시합한 팀들의 점수이다. 히스토그램을 R로 그려라.

45,86,34,98,67,78,56,45,85,75,64,75,75,75,58,45,83,74

풀이

```
> x<-c(45,86,34,98,67,78,56,45,85,75,64,75,75,75,58,45,83,74)
> x
 [1] 45 86 34 98 67 78 56 45 85 75 64 75 75 75 58 45 83 74
```

히스토그램(Histogram)은 구간으로 나누어 빈도가 계산되어 정리된 후 데이터의 분포를 나타낸다. hist() 함수를 사용하여 히스토그램을 그린다.

확률밀도함수를 추정한 선을 히스토그램에 같이 그리고 싶으면 lines()를 이용한다. R에 내장된 함수로 확률밀도함수를 추정해 준다.

```
> hist(x)
```

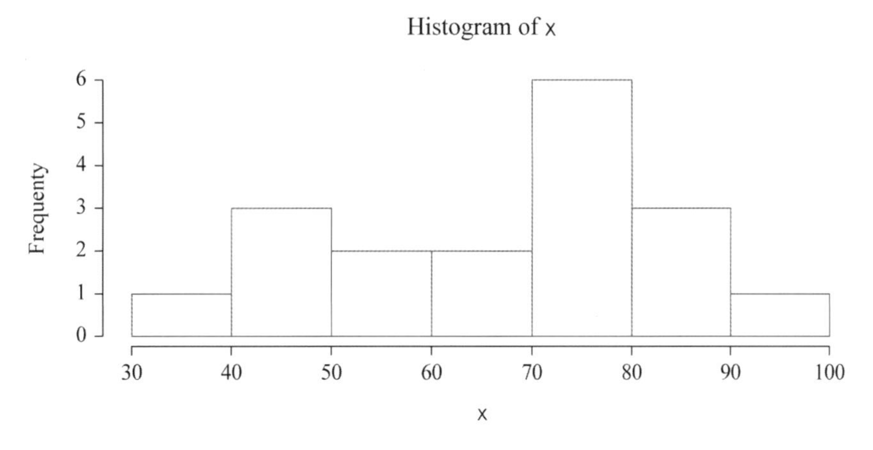

[그림 6.20] 팀들의 점수에 대한 히스토그램

```
> hist(x,prob=T)
> lines(density(x))
```

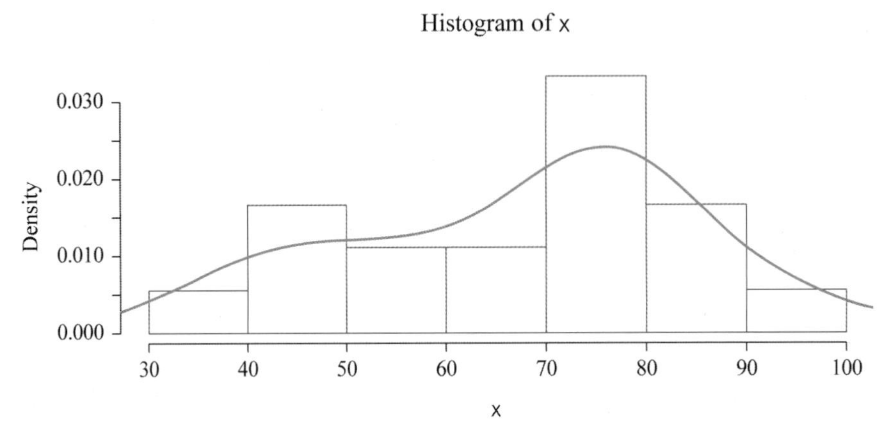

[그림 6.21] 팀들의 점수 히스토그램곡선

6.3 수치자료 요약분석

6.3.1 중심측도 : 평균, 중앙값

중심의 위치를 나타내는데 가장 보편적으로 사용하는 위치척도를 나타낸다.

(1) 평균(sample mean)

$$\text{평균}: \ \overline{x} = \frac{1}{n}\sum_{i=1}^{n} x_i$$

R에서는 mean( ) 함수를 사용한다.

(2) 중앙값(median)

자료 값들의 개수를 n 이라고 하면 중앙값은 다음과 같다.

순서통계량 $x_{(1)} \le x_{(2)} \le x_{(3)} \cdots \le x_{(n)}$이라 하자.

① n이 홀수일 때 : Me = $x_{\left(\frac{n+1}{2}\right)}$

② n이 짝수일 때 : Me = $\dfrac{x_{\left(\frac{n}{2}\right)} + x_{\left(\frac{n}{2}+1\right)}}{2}$(단, $x_{(i)}$는 순서통계량)

즉, 크기순으로 늘어놓았을 때 중앙에 위치한 값으로 R에서는 median( ) 함수를 사용한다.

예제 6.12

13개의 야구장에서 필드의 중심까지의 홈런 거리의 집합을 살펴보자. {387, 400, 400, 410, 410, 410, 414, 415, 420, 420, 421, 457, 461} 평균값은 얼마인가?

풀이

평균값은 $\dfrac{387+400+400+410+\ldots+457+461}{13} = 417.3$feet

예제 6.13

한 달 동안 다섯 명의 의사가 불필요한 수술을 제안한 수의 집합이 {2,2,8,20,33}으로 주어졌다고 가정해보자.

(1) 중앙값과 평균을 구하여라.

(2) 다섯 번째 의사 불필요한 수술을 추가적으로 25번 제안했다면, 중앙값과 평균값은 어떻게 영향을 받을 것인가?

풀이

(1) 중앙값은 8 이고, 평균값은 $\dfrac{2+2+8+20+33}{5} = 13$

(2) 집합은 이제 {2, 2, 8, 20, 58}이다. 중앙값은 여전히 8이다.

평균값은 $\dfrac{2+2+8+20+58}{4} = 18$로 바뀐다.

예제 6.13

R - 프로그램

풀이

```
> x<-c(2,2,8,20,33)
> mean(x)
[1] 13

> median(x)
[1] 8

> y<-c(2,2,8,20,58)
> mean(y)
[1] 18

> median(y)
[1] 8
```

6.3.2 범위

가장 간단하고 쉽게 변이성을 계산하는 척도는 범위(Range)이다. 가장 큰 값과 가장 작은 값의 차이를 빨리 알 수 있고, 범위는 분산에 대한 의미를 준다. 범위(R)의 한 용도로는 아주 적은 항목들을 가진 표본에서 분포로 계산할 때 유용하다.

예제 6.14

〈표 6.7〉은 미국의 서부 4개주의 면적 (단위, 제곱마일)에 관한 것이다.

〈표 6.7〉 서부 4개주의 면적

주	전체 면적
알칸사스	53,182
루이지애나	49,651
오클라호마	69,903
텍사스	267,277

범위를 구하시오.

풀이

자료에서 최대값은 267,277이고, 최소값은 49,651

범위 = 최대값 - 최소값 = 267,277 - 49,651 = 217,626

```
> x<-c(58182,49651,69903,267277)
> range(x)
[1] 49651 267277
```

6.3.3 백분위수와 사분위수

중심위치의 측도와 산포의 측도는 자료의 형태를 이해하는데 대체적으로 유용한 정보를 제공했다. 그러나 자료 안에서 어떤 특정한 값의 상대적인 위치에 관심이 있는 경우, 백분위수(Percentile)와 사분위수(Quantiles)가 필요하다. R에서는 percentile( )함수나 quantile( )함수를 사용한다.

※ 제 100×p 백분위수를 구하는 방법

1. 관측값을 큰순으로 배열한다.
2. 관측값의 개수(n)에 p를 곱한다.
   ⓐ 만약 n×p가 정수이면, n×p번째관측값과 n×p+1번째 관측값의 평균을 제 100×p 백분위수로 한다.
   ⓑ 만약 n×p가 정수가 아니면, n×p에서 정수부분에서 1을 더한 값 m을 구한 후, m번째 큰관측값을 제 n×p 백분위수로 한다.

사분위수(quartiles)는 순서화된 자료를 4등분하는 요약측도이다. 세 개의 측도가 자료를 4등분한다. 이 세 측도를 각각 제 1사분위수(Q_1), 제2사분위수(Q_2)와 제3사분위수(Q_3)라 한다. 사분위수를 구하려면 우선 자료를 오름차순으로 정렬하여야 한다. 사분위는 다음과 같이 정의한다. 사분위수(quartiles)는 순서화된 자료를 4등분하는 세 가지 요약 측도이다. 제2사분위수는 중앙값과 같다. 제 1사분위수를 중앙값보다 작은 관측 값들의 중간 값이고, 제 3사분위수는 중앙값보다 큰 관측 값들의 중간 값이다. 사분위수 범위(IQR)를 찾는 것은 범위에서 극값들의 영향을 받지 않기 위한 하나의 방법이다. 그것은 중간 50%값들의 범위이다. 즉 IQR = $Q_3 - Q_1$으로 계산한다. 이상치를 구하는데 사용되는 수적규칙으로 만약 이상치가 Q_1 - IQR×1.5 보다 작거나 Q_3 + IQR×1.5보다 클 때, 이상치라 부른다.

R에서는 IQR( )함수를 사용한다.

예제 6.15

서울의 한 전철역에서 수원의 한 전철역까지 소요되는 시간을 기록한 자료가 다음과 같다. (단위 : 분)

42 40 38 37 43 39 78 38 45 44 40 38 41 35 31 44

제 50 백분위수인 중앙값과 제 30 백분위수를 구하고, R프로그램으로 10%, 25%, 50%, 75%, 90% 분위수를 구하여라.

풀이

위의 자료를 크기순서로 재배열하면 다음과 같다.

31 35 37 38 38 38 39 40 40 41 42 43 44 44 45 78

관측값의 개수가 16이고 16×0.5=8이므로 제 50 백분위수는 8번째값과 9번째값의 평균이 40이므로 제 50 백분위수인 중앙값은 40이다. 제 30백분위수의 경우는 16×0.3 = 4.8이므로 제 30백분위수의 값은 5번째 값인 38이다.

```
> x<-c(43,40,38,37,43,39,78,38,45,44,40,38,41,35,31,44)
> quantile(x,c(0.1,0.25,0.5,0.75,0.9))#10%, 25%, 50%, 75%, 90% 분위수
  10%   25%   50%   75%   90%
36.00 38.00 40.00 43.25 44.50

> IQR(x) #사분위수 범위
[1] 5.25
```

6.3.4 상자그림시각화

줄기-잎 그림이나 히스토그램 등의 그림은 자료가 모여있는 위치나 자료의 범위 등에 관한 대략적인 정보를 한 눈에 볼 수 있게 하는 장점이 있으나 이상점에 대한 정보를 완전하게 제공하지 못한다는 단점이 있다. 상자그림(box plot)은 표본 사분위수범위를 이용하고 이런 단점은 보완하면서 자료의 흩어진 모양을 쉽게 알 수 있도록 자료를 요약한 그림을 말한다. 상자그림은 주로 사분위수가 중심이 되어 작성된다. 제 1사분위수에서 제 3사분위수까지를 상자로 그리고 좌우에 선을 그어 최소값, 최대값을 나타낸다. 상자 그림을 시각화하는 자세한 과정은 다음과 같다. [그림 6.22]은 이해를 돕기 위하여 구성요소를 시각화한 상자그림이다.

이제 다음 순서에 따라 상자 그림을 그린다.

① 자료를 크기순으로 나열하여 사분위수(Q_1, Q_2, Q_3)를 결정한다.

② Q_1과 Q_3을 네모난 상자로 연결하고, 중앙값(Q_2)의 위치에 수직선을 긋는다.

③ 사분위수범위=Q_3 - Q_1을 계산한다.

④ 상자 양끝에서 1.5 × IQR 크기의 범위를 경계로 하여, 이 범위에 포함되는 최소값과 최대값을 Q_1과 Q_3으로부터 각각 선으로 연결한다. 양 경계를 벗어나는 자료값들을 *로 표시하고, 이 점들을 이상점이라고 한다.

다음 그림을 보면 상자 그림은 상자와 상자에 붙은 선으로 이루어져 있으므로 때로는 상자-수염 그림(box-whisker plot)이라고도 한다.

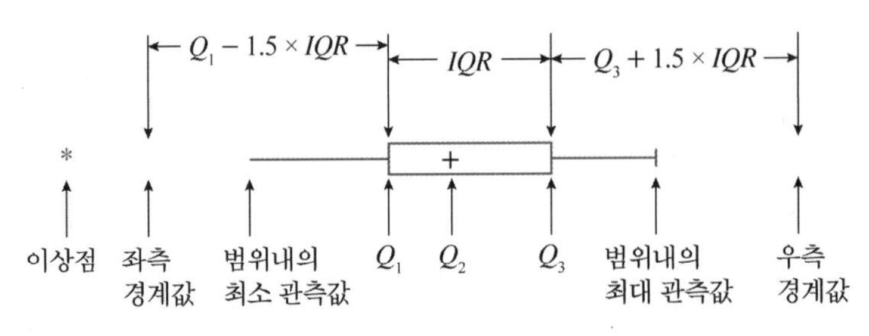

[그림 6.22] 상자그림

예제 6.16

다음 자료는 표본 12 가구의 수입액 (단위, 천 달러)을 나타낸다.

35 29 44 72 34 64 41 50 54 104 39 58

상자 그림으로 시각화하시오.

풀이

상자그림을 그리기 위하여 다음을 수행한다.

자료를 크기순으로 정렬하여 중앙값과 사분위수, 사분위수 범위를 구한다. 자료를 정렬하면

29 34 35 39 41 44 50 54 58 64 72 104

이다. 따라서

$$Q_1 = (35+39)/2 = 37,\ Q_2 = (44+55)/2 = 47,\ Q_3 = (58+64)/2 = 61$$
$$\text{IQR} = Q_3 - Q_1 = 61 - 37 = 24$$

Q_1 아래쪽 1.5 × IQR인 점과 Q_3 위쪽 1.5×IQR인 점을 찾는다. 이 두 점을 아래쪽과 위쪽 안 울타리라 부른다.

$$1.5 \times \text{IQR} = 1.5 \times 24 = 36$$

아래쪽 안 울타리 = Q_1 - 36=37-36=1, 바깥 울타리 = $Q_3 + 36 = 61 + 36 = 97$

두 안 울타리 사이에 있는 자료값 중에서 최대값과 최소값을 찾는다.

최소값 = 29, 최대값 = 72

수평선을 그리고 눈금을 표시한다. 수평선 위에 상자의 왼쪽 면이 제 1사분위수가 되고 오른쪽 면이 제 3사분위수가 되도록 상자를 그린다. 상자 안쪽에 중앙값 위치에 수직선을 그린다. 최대값과 최소값을 상자와 연결한다. 이 두 직선을 수염(whisker)이라 한다. 두 안 울타리 바깥에 놓이는 자료를 별표로 표시하고 이상점이라 부른다. [그림 6.23]이 그 결과이다.

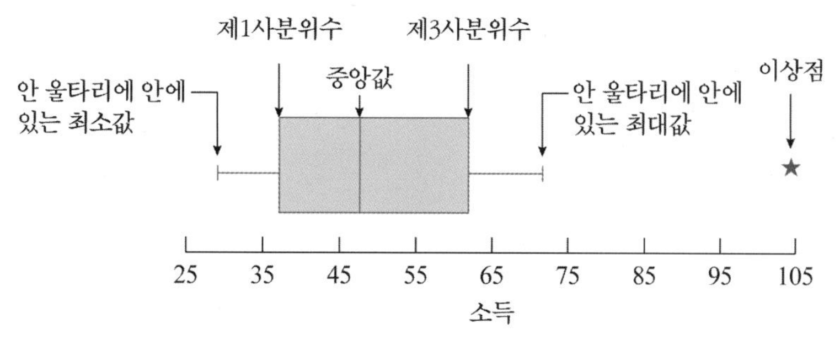

[그림 6.23] 상자그림

예제 6.16

R - 프로그램

풀이

```
> x<-c(35,29,44,72,34,64,41,50,54,104,39,58)
> boxplot(x)
```

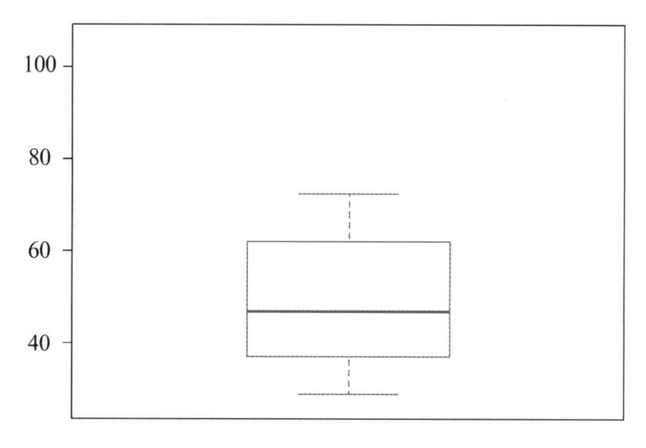

[그림 6.24] 수입액에 대한 상자그림

예제 6.17

어떤 교차로에서 교통소음 정도를 측정한 값이 아래와 같다. 측정자료를 이용하여 상자그림으로 시각화하여라.

```
55.9 63.8 57.2 59.8 65.7 62.7 60.8 51.3 61.8 56.0
66.9 56.8 66.2 64.6 59.5 63.1 60.6 62.0 59.4 67.2
63.6 60.5 66.8 61.8 64.8 55.8 55.7 77.1 62.1 61.0
58.9 60.0 66.9 61.7 60.3 51.5 67.0 60.2 56.2 59.4
67.9 64.9 55.7 61.4 62.6 56.4 56.4 69.4 57.6 63.8
```

풀이

이 자료를 크기 순서로 재배열하여 사분위수를 구한다. $Q_1 = x_{(13)} = 57.6$, $Q_2 = (x_{(25)} + x_{(26)})/2 = 61.2$, $Q_3 = x_{(38)} = 64.6$이 된다. 제1, 제3 사분위수로부터 상자의 아래와 위의 경계치는 각각 $Q_1 - 1.5 \times IQR = 57.6 - 10.5 = 47.1$, $Q_3 + 1.5 \times IQR = 64.6 + 10.5 = 75.1$, 최소값 51.3, 최대값 77.1이 된다. 관측값 77.1은 이 경계를 초과하기 때문에 해당 위치에 *로 표시하고, 이상점이라 판정한다. 이렇게 작성된 상자그림은 [그림 6.25]와 같다.

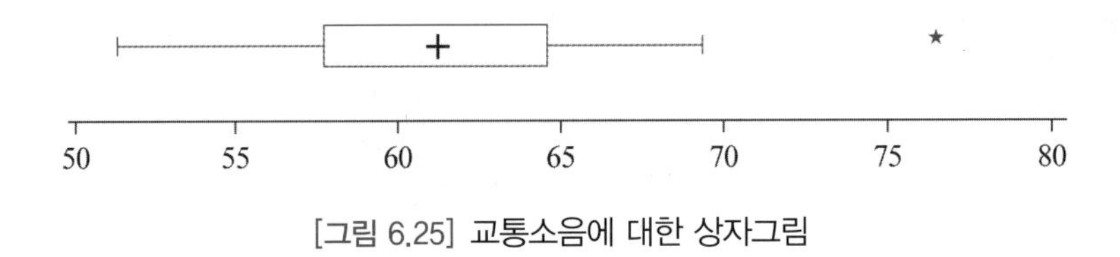

[그림 6.25] 교통소음에 대한 상자그림

예제 6.17

R - 프로그램

풀이

```
> noise<-c(55.9,63.8,57.2,59.8,65.7,62.7,60.8,51.3,61.8,56.0,
+         66.9,56.8,66.2,64.6,59.5,63.1,60.6,62.0,59.4,67.2,
+         63.6,60.5,66.8,61.8,64.8,55.8,55.7,77.1,62.1,61.0,
+         58.9,60.0,66.9,61.7,60.3,51.5,67.0,60.2,56.2,59.4,
+         67.9,64.9,55.7,61.4,62.6,56.4,56.4,69.4,57.6,63.8)
> mean(noise)
[1] 61.374

> var(noise)
[1] 22.84972
```

```
> sd(noise)
[1] 4.780138

> quantile(noise,type=2)
  0%  25%  50%  75% 100%
51.3 57.6 61.2 64.6 77.1

> boxplot(noise,horizontal=TRUE)
```

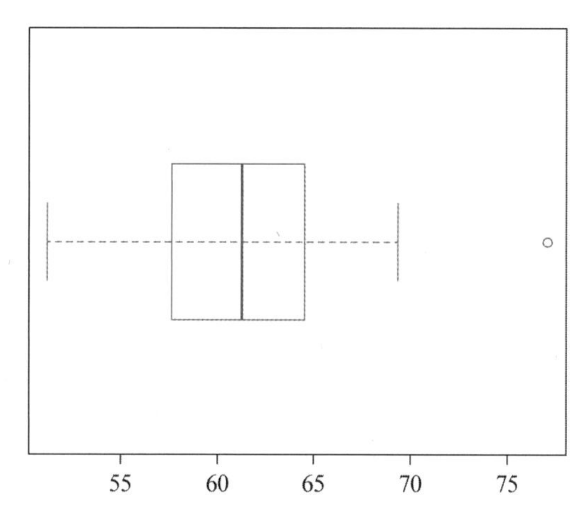

[그림 6.26] 교통소음에 대한 상자그림

6.3.5 분산

자료의 평균값으로부터 자료들의 퍼짐정도를 나타내는 대표적인 측도는 분산이다. 이는 편차의 제곱들의 평균이다.

$$\sigma^2 = \frac{\Sigma(x_i - \mu)^2}{n}$$

s^2로 표기되는 표본의 분산은 다음과 같이 계산된다.

$$s^2 = \frac{\Sigma(x_i - \overline{x})^2}{n-1}$$

R에서는 var( )함수를 사용한다.

예제 6.18

생산직의 직원들 일주일 평균 일하는 시간은 각각 45, 43, 41, 39, 39, 35, 37, 40, 39, 36, 37이었다. 분산은 얼마인가?

풀이

$$\mu = \frac{45+43+41+39+35+37+40+39+36+37}{11} = 39.2\text{시간}$$

$$\sigma^2 = \frac{(45-39.2)^2+(43-39.2)^2+...(37-39.2)^2}{11} = 8.15$$

(1) 표준편차

특정 모집단의 변이성을 대표하는 값을 구하려고 한다. 따라서 분산의 제곱근을 고려해야 한다. 이 값은 표준편차라고 하며, 다음과 같이 표기한다.

$$\sigma = \sqrt{\frac{\Sigma(x_i-\mu)^2}{n}} = \sqrt{\frac{\Sigma x_i^2}{n} - \mu^2}$$

표본의 표준편차는 s로 표기되고 다음과 같이 계산할 수 있다.

$$s = \sqrt{\frac{\Sigma(x_i-\overline{x})^2}{n-1}}$$

분산이 자료의 제곱 단위로 측정되는 반면, 표준편차는 자료와 같은 단위로 측정된다.

R에서는 sd( )함수를 사용한다.

예제 6.19

다음 자료는 어느 백화점에서 지난 8주 동안 체포된 좀도둑수이다.

7 10 8 3 15 12 6 11

(1) 평균을 구하시오.

(2) 편차를 구하여 편차의 합을 구하시오.

(3) 범위, 분산, 표준편차를 구하시오.

풀이

(1) $\mu=(7+10+\cdots+11)/8=9$

(2) $(7-9)+(10-9)+\cdots(11-9)=0$

(3) 범위 =15-3= 12, $\sigma^2=((7-9)^2+(10-9)^2+\cdots+(11-9)^2)/8=12.53$
표준편차 = 3.54

예제 6.19

R - 프로그램

풀이

```
> x<-c(7,10,8,3,15,12,6,11)
> var(x)
[1] 14.28571

> sd(x)
[1] 3.779645
```

연습문제

1. 어떤 통계학 교수가 25명의 학생에게 동전을 4번씩 던지도록 한 후 앞면이 나온 횟수를 조사한 결과는 다음과 같다.

```
4 1 0 0 2 2 2 2 2 1 2 3 1 2 2 3 1 2 1 2 1 4 4 3 3
```

(1) 위의 결과를 가지고 도수분포표를 작성하라.

(2) 상대도수와 누적도수를 구하여라.

(3) 도수분포표의 작성하라.

(4) 막대그림 작성하라.

2. 어느 대학교에서 학생들 30명의 통계학 중간시험 점수가 다음과 같다고 하자.

```
74 70 67 87 61 86 93 94 89 75 59 65 78 66 62
71 50 85 74 73 57 98 81 77 63 87 91 75 68 84
```

위의 중간 통계학 중간시험 점수를 이용하여 다음의 문제를 R프로그램으로 작성하라.

(1) 구간의 수가 6인 도수분포표 작성하라.

(2) 상대도수와 누적상대도수를 구하라.

(3) 도수분포표의 작성하라.

(4) 줄기-잎 그림 작성하라.

(5) 히스토그램으로 시각화하라

3. 노원구에서 직장을 다니고 있는 사람 24명을 랜덤으로 추출하여 나이와 월급여를 조사한 결과, 아래와 같은 자료를 얻었다. 학력과 월급여에 대한 분할표를 작성한 후, 이를 이용하여 히스토그램을 작성하라.(A: 150만원 미만, B: 150~250만원 미만, C: 250만원 이상)

학력	월급여	학력	월급여
중졸	A	고졸	B
고졸	B	중졸	B
대졸	C	고졸	A
고졸	C	대졸	C
대졸	B	대졸	C
고졸	B	중졸	A
중졸	A	대졸	C
대졸	C	고졸	B
고졸	B	고졸	C
대졸	B	중졸	A
고졸	C	고졸	B
중졸	A	중졸	A

4. 직원들의 임금 수준을 알아보기 위하여 전체 직원들 중 90명을 랜덤으로 추출하여 월 평균 임금을 조사한 결과 다음과 같은 자료를 얻었다. 히스토그램을 작성하여라.

```
301 206 102 242 185 423 278 283 258 225 171 548 193 205 252 186 264 256 279 276
128 352 415 242 199 195 367 400 361 251 357 221 236 235 274 176 452 171 157 345
450 201 247 353 179 250 366 190 175 342 124 223 269 249 182 390 173 100 502 170
191 360 254 205 145 344 418 146 300 272 210 227 227 368 100 257 153 374 418 280
229 229 274 203 141 316 255 424 201 234
```

5. 대학생 40명에게 해외여행지 설문조사를 통해 작성된 도수분포표가 다음과 같을 때 원형그림을 그려라.

해외여행지	응답자수	상대도수
하와이	12	0.30
동남아	14	0.35
유럽	8	0.20
기타	6	0.15

6. 한 매장에서 판매되는 쥬스량에 대한 실험 결과, 다음과 같은 자료를 얻었다고 할 때, 상자그림을 작성하라.

```
460 510 440 550 330 460 600 410 550 360 530 530 420 440 500 540 460 410 480
```

연습문제

7. 코카인 복용 후 정신착란으로 인한 사망자와 코카인 과다복용으로 인한 사망자간의 차이점에 대한 연구에서 혈액 속에 농축된 코카인을 측정한 결과, 다음과 같은 결과를 얻었을 때, 상자그림을 작성하여 비교하라.

구분	혈중 코카인 농도
정신착란으로 인한 사망자	0 0 0 0 0.1 0.1 0.1 0.1 0.2 0.2 0.3 0.3 0.3 0.4 0.5 0.7 0.7 1.0 1.5 2.7 2.8 3.5 4.0 8.9 11.7 21.0
과다복용으로 인한 사망자	0 0 0 0 0.1 0.1 0.1 0.1 0.1 0.2 0.2 0.2 0.3 0.3 0.3 0.3 0.4 0.5 0.5 0.6 0.8 0.9 1.0 1.2 1.4 1.5 1.7 2.0 3.2 3.5 4.1 4.3 4.8 5.0 5.6 5.9 6.0 6.4 7.9 8.3 8.7 9.1 9.6 9.9 11.0 11.5 12.2 12.7 14.0 16.6 17.8

8. 성인남성 6명을 상대로 한달 동안 피우는 담배의개수를 조사한 결과 16, 9, 45, 150, 94, 60(개)였다. 평균과 중앙값을 구하여라.

9. A,B,C 세 대학교로 부터 각각 6명의 남학생을 랜덤추출하여 몸무게를 측정한 결과라 다음과 같을 때, 범위, 사분위수 범위, 분산을 각각 구하여라.

A	70 60 90 100 70 80
B	60 80 80 90 90 50
C	80 70 60 100 70 90

10. 위의 A,B,C의 자료를 통합하고 패키지lattice에서 dotplot을 작성하라.

11. 한 어린이 집에서 8명을 랜덤추출하여 나이를 알아 본 결과 다음과 같았다.

```
4 5 6 3 7 5 6 5
```

위의 데이터를 가지고 평균, 분산, 범위, 사분위수 범위를 각각 구하라.

12. 어느 대학에서 통계학 수업을 수강하는 55명의 학생들을 대상으로 혈액형을 조사한 결과는 다음과 같다. 이 자료를 도수분포표로 작성하고 막대그래프와 원그래프를 그려라.

```
B B B B B A AB O O B B B B B O A AB B B B A AB A B O B A A
A B O A O AB A A O A A A A AB A A AB A O AB B A O A B O A
```

13. 다음의 자료는 어느 대학에서 임의로 선정한 남학생 55명의 키를 기록한 것으로 단위는 센티미터(cm)일 때, 이 데이터에 대한 도수분포표와 히스토그램을 작성하라.

```
168 176 169 166 171 176 169 172 168 168 173 168 167 164 160 168 169 173 173 169
169 168 170 177 162 168 179 176 178 175 164 167 166 163 161 173 164 176 163 166
165 175 166 175 172 172 174 177 167 171 165 168 171 168 160
```

14. 어느 생산 공장에서 생산되는 제품의 불량품을 낮추기 위해서 불량의 원이 되는 요소를 제거하기로 했다. 불량의 원인을 조사한 결과 다섯 가지의 요소(A,B,C,D,E)로 나타났다. 품질개선비용을 고려하여 이중에서 가장 영향이 큰 요소 두 가지를 선택하여 중점적으로 개선하고자 한다. 전문가를 포함한 생산 관련자 100명에게 다섯 요소 중 가장 문제가 되는 요소를 적어내게 하여 정리하고 다음의 도수분포표를 작성하였다. 히스토그램을 그려 개선 대상 요소를 선택하라.

요소	도수
A	35
B	9
C	45
D	6
E	5
계	100

연습문제

15. 어느 공장에서 30일 동안 발생하는 불량품 개수의 분포에 대하여 조사를 하였다. 하루에 발견된 불량품의 수는 다음과 같다. 불량품의 수에 대한 도수분포표를 작성하고 막대그래프, 히스토그램을 그려라.

```
1 1 1 3 0 0 1 1 1 0 2 2 0 0 0
1 2 1 2 0 0 1 6 4 3 3 1 2 4 0
```

16. 랜덤으로 추출한 차량 50대를 대상으로 소음을 측정한 값은 다음과 같을 때, 평균, 분산, 범위, 사분위수범위를 구하고 상자그림을 그려라.

```
56 67 61 59 63 61 59 62 56 57 51 62 77 60 69 51 62 77 60 69 60 60 55 67 56 62
63 55 51 56 65 59 64 60 62 59 63 61 61 61 57 66 66 66 55 56 56 60 60 64
```

17. 소비자의 인기신상품투표에서 세 가지의 신상품(A,B,C)에 대한 투표를 실시한 결과 A상품은 2240표 B상품은 1040표 C상품은 820표를 얻었다. 결과를 도수분포표로 나타내고 파이그래프를 그려라.

18. 크기 순으로 정리된 다음의 표본에서 평균과 중앙값, 분산, 표준편차, 사분위수를 구하라 그리고 끝 값인 15가 조사 단이를 잘못하여 150으로 바뀌면 평균 중앙값이 어떻게 되는가?

```
1 3 4 5 5 7 8 8 9 10 15
```

19. 어른의 안전벨트 착용 여부와 어린이의 안전벨트 착용 여부를 조사한 빈도 데이터이다. 아래 표는 두개의 범주형 변수의 이원분할표이다.

어른과 어린이의 안전벨트 착용 여부

어른안전 벨트 착용여부	어린이 안전벨트 착용여부	
	착용	미착용
착용	64	10
미착용	8	15

(1) 위 표와 같이 이원분할표 형태로 데이터를 입력하고자 할 경우matrix(), rbind() 또는 cbind()를 사용하여 만들어라.

(2) 행렬에 이름을 주고자 할 때 rownames()와 colnames()를 사용한다. 행렬의 x의 각 행에 "A.belt", "A.unbelt" 이름을 각 열에는 "C.belt", "C.unbelt"의 이름을 부여하라. 또한 앞에서와 같이 dimnames()[[]]를 써도 된다.

(3) 주변분포를 구하라. 구하고자 할 경우에는 margin.table()을 사용한다. (1은 행별 2는 열별이다.)

(4) 이원분할표에 주변빈도를 포함시켜서 작성하라. 포함시키고자 할 경우에는 addmargins()를 사용한다.

(5) 전체도수에 대한 각 칸의 도수비율을 구하여라. 도수비율을 구하고자 할 때는 prop.table()을 사용한다.

(6) 막대그래프로 행과 열의 빈도비교하라.

20. 다음은 고객들을 대상으로 일정기간 두 가지 마케팅실험 후 얻은 데이터이다. 도수분포표와 상대도수표로 정리된 데이터를 만들어라.

고객번호	마케팅 종류	구매여부
1	A	Y
2	A	Y
3	A	N
4	A	Y
5	A	Y
6	B	N
7	B	N
8	B	N
9	B	N
10	B	Y

연습문제

21. 어느 식품회사는 신상품을 10명의 고객에게 시식하게 한 후 구매의사를 물었을 때의 데이터를 가지고 점도표를 그려라. (예,아니오,예,예,예,아니오,아니오,예,예,예)

22. 다음은 농구경기에서 시합한 팀들의 점수이다.

```
45, 86, 34, 98, 67, 78, 56, 45, 85, 75, 64, 75, 75, 75, 58, 45, 83, 74
```

줄기-잎 그림을 그려라.

23. 다음의 자료 존재 할 때 평균과 중앙값을 R프로그램을 이용하여 구하라.

```
45, 86, 34, 98, 67, 78, 56, 45, 85, 75, 64, 75, 75, 75, 58, 45, 83, 74
```

24. 서울의 한 전철역에서 수원의 한 전철역까지 소요되는 시간을 기록한 자료가 다음과 같다.(단위 : 분)

```
42  40  38  37  43  39  78  38  45  44  40  38  41  35  31  44
```

R프로그램으로 상자그림을 구하여라.

CHAPTER

07

통계적 추정

구성

요약

미지의 모수를 한 값으로 추정하는 점추정량의 경우 한 표본에서 구한 추정치가 모수와 일치한다고 기대하기는 힘들다. 점추정의 정확성을 보완하는 방법이 구간추정(interval estimation)인데, 구간추정이란 확률로 표현된 믿음의 정도 하에서 모수가 특정한 구간에 있을 것이라고 하는 것으로 추정량의 분포를 알아야하고, 구하여진 구간 안에 모수가 있을 확률의 크기가 주어져야 한다. 즉, 특정구간 안에 모수가 있을 확률의 크기는 구간의 크기에 비례하는데, 구간이 클수록 그 구간 안에 모수가 있을 확률이 큰 것은 당연하다. 이 확률의 크기를 신뢰수준(confidence level) 이라고 하는데, 일반적으로 신뢰수준은 90%, 95%, 또는 99%의 확률을 이용하는 경우가 많으며, 각각의 신뢰수준 하에서 구한 구간을 신뢰구간(confidence interval) 이라고 한다.

7.1 모평균의 구간추정

7.1.1 모분산을 알 때 모평균의 구간추정

일반적으로 표본평균의 분포에서 모집단의 분포가 평균 μ, 표준편차 σ인 정규분포 $\mathrm{N}(\mu, \sigma^2)$을 따를 때, 크기가 n인 표본의 표본평균 $\overline{\mathrm{X}}$는 정규분포 $\mathrm{N}\left(\mu, \frac{\sigma^2}{n}\right)$을 따르므로 확률변수

$$Z = \frac{\overline{X} - \mu}{\frac{\sigma}{\sqrt{n}}}$$

은 표준정규분포 $\mathrm{N}(0, 1^2)$을 따른다.

표준정규분포에서 $P(-z_{\alpha/2} \leq Z \leq z_{\alpha/2}) = 1 - \alpha$ 이므로

$$P\left(-z_{\alpha/2} \leq \frac{\overline{\mathrm{X}} - \mu}{\frac{\sigma}{\sqrt{n}}} \leq z_{\alpha/2}\right) = 1 - \alpha$$

괄호 안을 정리하면

$$P\left(\overline{\mathrm{X}} - z_{\alpha/2} \cdot \frac{\sigma}{\sqrt{n}} \leq \mu \leq \overline{\mathrm{X}} + z_{\alpha/2} \cdot \frac{\sigma}{\sqrt{n}}\right) = 1 - \alpha$$

이므로 모평균 μ의 신뢰구간은

$$\overline{\mathrm{X}} - z_{\alpha/2} \cdot \frac{\sigma}{\sqrt{n}} \leq \mu \leq \overline{\mathrm{X}} + z_{\alpha/2} \cdot \frac{\sigma}{\sqrt{n}}$$

이다.

예를 들어 전국 고등학교 2학년 남학생 키의 분포가 표준편차가 4cm 인 정규분포를 따르고 크기가 1600인 표본의 평균이 170cm일 때, 전국 고등학교 2학년 남학생의 키의 평균은 μ은 95%의 신뢰구간은

$$170-1.96\cdot\frac{4}{\sqrt{1600}}\le\mu\le 170+1.96\cdot\frac{\sigma}{\sqrt{1600}}\ \text{곧,}\ 169.8\le\mu\le 170.2$$

이다. 이때 95%를 신뢰도라 하며, 위의 부등식을 구간으로 나타낸 $[169.8,\ 170.2]$를 신뢰구간, $170.2-169.8(=0.4)$을 신뢰구간의 길이(폭)라고 한다.

예제 7.1

전구를 대량 생산하고 있는 공장이 있다. 어느 날 100개의 전구를 임의로 추출하여 수명을 조사한 결과 평균이 500시간, 표본표준편차가 40시간이었다.

(1) 신뢰도 95%로 모집단의 평균수명을 추정하여라.

(2) 신뢰도 99%로 모집단의 평균수명을 추정하여라.

풀이

평균수명을 μ이라고 하면

(1) $500-1.96\cdot\frac{40}{\sqrt{100}}\le\mu\le 500+1.96\cdot\frac{40}{\sqrt{100}}$

$\therefore 492.16\le\mu\le 507.84$

(2) $500-2.58\cdot\frac{40}{\sqrt{100}}\le\mu\le 500+2.58\cdot\frac{40}{\sqrt{100}}$

$\therefore 489.68\le\mu\le 510.32$

예제 7.1

R-프로그램

풀이

```
> #(1)
> #표준편차
> sigma<-40
> n<-100
> #표본평균
> xbar<-500
> #95%유의수준
> alpha_95<-0.05
> #표준오차
> se<-sigma/sqrt(n)
> #95%오차한계
> me_95<-qnorm(1-alpha_95/2)*se
> #95%신뢰구간
> xbar+c(-me_95,me_95)
[1] 492.1601 507.8399
```

```
> # (2)
> #99%유의수준
> alpha_99<-0.01
> #99%오차한계
> me_99<-qnorm(1-alpha_99/2)*se
> # 99%신뢰구간
> xbar+c(-me_99,me_99)
[1] 489.6967 510.3033
```

모집단이 정규분포라는 가정하에서 μ의 신뢰구간을 만들었다. 이 가정이 있어야만 $\overline{\mathrm{X}}$가 정규분포를 하므로 정규분포 가정은 필요하다. n이 크면 보통 $(n \geq 30)$정규분포의 가정은 중요하지 않게 된다. 왜냐하면 중심극한정리에 의해

$$Z = (\overline{X} - \mu) / (\sigma / \sqrt{n})$$

이 근사적으로 정규분포를 하기 때문이다. 이 때도 똑같은 신뢰구간을 얻는데 이것은 근사적 신뢰구간이다. 모표준편차 σ의 값을 알 수 없는 경우에 표본의 크기 n이 클 때 $(n \geq 30)$에는 σ대신 표본표준편차 s를 사용할 수 있다.

예제 7.2

야구공을 만드는 어떤 공장에서 생산되는 야구공 64개를 임의추출하여 무게를 조사해 본 결과 평균이 145g, 표준편차가 4g이었다고 한다. 이 공장에서 생산되는 야구공의 무게의 평균에 대한 99%의 신뢰구간은? (단, Z가 표준정규분포를 따를 때, $P(0 \le Z \le 2.58) = 0.4950$이다.)

풀이

$P(0 \le Z \le 2.58) = 0.4950$에서

$P(-2.58 \le Z \le 2.58) = 2 \times 0.4950 = 0.990$

표본의 크기가 $n = 64$, 표본평균이 $\bar{x} = 145$이고, 표본의 크기가 충분히 크므로 표본표준편차를 모표준편차 대신 이용할 수 있다. $\bar{x} = 145$

즉, $\sigma \fallingdotseq s = 4$이므로 신뢰도 99%로 야구공의 무게의 평균을 추정하면

$$\left[145 - 2.58 \cdot \frac{4}{\sqrt{64}},\ 145 + 2.58 \cdot \frac{4}{\sqrt{64}}\right]$$

$\therefore [143.71,\ 146.29]$

예제 7.3

어떤 양파 농장에서 수확한 양파 중 100개를 임의 추출하여 그 무게를 조사하였더니, 평균이 120g, 표준편차가 20g이었다. 이 농장에서 수확한 양파의 무게 m에 대한 신뢰도 95%의 신뢰구간은? (단, $\mathrm{P}(|\mathrm{Z}| \le 1.96) = 0.95$)

풀이

$n = 100,\ \bar{x} = 120,\ \sigma \fallingdotseq s = 20$이므로 신뢰도 95%로 모평균 μ을 추정하면

$$120 - 1.96 \cdot \frac{20}{\sqrt{100}} \le \mu \le 120 + 1.96 \cdot \frac{20}{\sqrt{100}}$$

$120 - 1.96 \cdot 2 \le \mu \le 120 + 1.96 \cdot 2$

$120 - 3.92 \le \mu \le 120 + 3.92$

$\therefore 116.08 \le \mu \le 123.92$

예제 7.3

예제 7.3의 R-프로그램

풀이

```
> #표본표준편차
> s<-20
> n<-100
> #표본평균
> xbar<-120
> # 95%유의수준
> alpha_95<-0.05
> #표준오차
> se<-s/sqrt(n)
> #95%오차한계
> me_95<-qnorm(1-alpha_95/2)*se
> #95%신뢰구간
> xbar+c(-me_95,me_95)
[1] 116.0801 123.9199
```

7.1.2 모분산을 모를 때 모평균의 구간추정

보통 σ^2은 알려져 있지 않으므로 σ^2를 모를 경우가 더 실제적이다. 우리가 전개하려고 하는 방법은 표본 크기가 작을 때 특히 유용하다. 먼저 모집단이 정규분포라는 가정부터 하겠다. σ^2을 알 때 μ의 신뢰구간 찾을 때는 되살려 보면 $\overline{X}$의 분포는 평균 μ, 분산 σ^2/n인 정규분포라는 것에서 출발하여 표준화하면 $\frac{\overline{X}-\mu}{\sigma/\sqrt{n}}$은 표준정규분포를 따른다. 여기서는 σ^2을 모르므로 σ대신 이의 점 추정치 S를 쓰는 것이, 다시 말하면 통계량

$$T=\frac{\overline{X}-\mu}{S/\sqrt{n}}$$

를 쓰는 것이 좋다. 4장에서 설명한 바와 같이 T는 정규 분포가 아닌 자유도가 $(n-1)$인 Student t분포를 따른다. 그래서

$$P\left(-t_{\alpha/2,\ (n-1)} < \frac{X-\mu}{S/\sqrt{n}} < t_{\alpha/2,\ (n-1)}\right) = 1-\alpha$$

가 된다. σ를 알 때 μ의 신뢰구간을 구하는 단계를 그대로 따르면 우리는 다음을 얻는다.

$$P\left(\overline{X} - t_{\alpha/2,\ (n-1)}\frac{S}{\sqrt{n}} < \mu < \overline{X} + t_{\alpha/2,\ (n-1)}\frac{S}{\sqrt{n}}\right) = 1-\alpha$$

그래서 다음의 결과를 얻는다.

μ의 신뢰구간은 근사적으로

$$\overline{x} - t_{\alpha/2,\ (n-1)}\frac{s}{\sqrt{n}} < \mu < \overline{x} + t_{\alpha/2,\ (n-1)}\frac{s}{\sqrt{n}}$$

이다.

예제 7.4

어떤 담배의 니코틴 함량을 알기 위해 16개의 담배를 뽑았더니 그들의 평균 함량이 18.3mg이고 $s = 1.8$ mg이었다. 이 담배 전체의 니코틴 평균 함량 μ의 90% 신뢰 구간을 구하라. 단, 담배의 니코틴 함량은 정규 분포를 이룬다고 가정한다.

풀이

$n = 16$, $\overline{x} = 18.3$, $s = 1.8$, 그리고 $\alpha = 0.1$이다. 그래서 t 분포의 자유도는 $16 - 1 = 15$이고, $t_{(15),\ \alpha/2} = t_{(15),\ 0.05} = 1.753$ 이다. 그래서, 90% 신뢰 구간은 $18.3 - 1.753\left(\frac{1.8}{\sqrt{16}}\right) < \mu < 18.3 + 1.753\left(\frac{1.8}{\sqrt{16}}\right)$이 되고, 이를 계산하면 $17.51 < \mu < 19.09$가 된다.

예제 7.5

다음 자료는 어느 가정에서 임의로 뽑은 5주 동안의 설탕 소비량(단위 : 파운드)이다. 주당 진짜 평균 소비량 μ에 대한 90% 신뢰 구간을 구하라. 설탕 소비량은 정규 분포라고 가정한다.

3.8, 4.5, 5.2, 4.0, 5.5

풀이

$\bar{x}=4.6$, 그리고 $\sum_{i=1}^{5}(x_i-\bar{x})^2=(-0.8)^2+(-0.1)^2+(0.6)^2+(-0.6)^2+(0.9)^2=2.18$임을 알 수 있다. 그래서, $s^2=2.18/(5-1)=0.545$, 그리고 $s=0.738$이다. t 분포의 자유도는 $5-1=4$이고, $\alpha=0.1$이므로 $t_{(4),\,0.05}=2.132$이다. 그래서, 90% 신뢰 구간은 $4.6-2.132\left(\frac{0.738}{\sqrt{5}}\right)<\mu<4.6+2.132\left(\frac{0.738}{\sqrt{5}}\right)$이고, 이를 계산하면 $3.896<\mu<5.304$ 이다.

예제 7.5

예제 7.5의 R-프로그램

풀이

```
> x<-c(3.8,4.5,5.2,4.0,5.5)
> #표본명균
> xbar<-mean(x)
> #표준편차
> sd<-sd(x)
> #90%유의수준
> alpha_90<-0.10
> #90%신뢰구간
> LCL<-xbar-qt(1-alpha_90/2,length(x)-1)*sd/sqrt(length(x))
> UCL<-xbar+qt(1-alpha_90/2,length(x)-1)*sd/sqrt(length(x))
> C(LCL,UCL)
[1] 3.896168 5.303832
```

7.2 쌍체표본에서 두 모평균차 구간추정

이 부분에서 토론된 분석과 절차는 비교되는 두 표본들이 서로에게 독립적이라는 것이 필요하다. 하지만, 수많은 실험과 시험들이 자료들이 자연히 쌍으로 생기는 두 모집단을 비교하는 것을 포함한다. 이 같은 쌍체비교의 경우엔, 타당한 절차는 쌍 자료에서 얻은 차이들로 이루어진 하나의 변수의 표본 분석을 하는 것이다.

쌍체표본은 서로 독립인 n개의 실험개체에서 쌍으로 얻어진 자료 $(X_1,\ Y_1)$, $(X_2,\ Y_2)$, $\cdots$, $(X_n,\ Y_n)$로 구성된다. 각 쌍에서의 차이 D_i를 다음과 같이 정의한다.

$$D_i = X_i - Y_i, \qquad\qquad i = 1,\ 2,\ \cdots,\ n$$

또한 $D_1,\ D_2,\ \cdots,\ D_n$은 모평균 μ_D이고, 모분산 σ_D^2인 하나의 모집단으로부터 얻어진 추출된 확률표본으로 간주한다. 두 모집단으로부터 뽑은 표본이 대응을 이루고 있을 때 각 쌍에서의 차이 $D_1,\ D_2,\ \cdots,\ D_n$은 평균이 μ_D이고 분산이 σ_D^2인 정규모집단에서 추출된 표본이라고 생각하고 μ_D와 σ_D^2 대신 표본평균 $\bar{d}=\frac{1}{n}\sum d_i$, 표본분산 $s_d^2=\frac{1}{n-1}\sum\left(d_i-\bar{d}\right)^2$을 사용한다. 따라서 통계량

$$T = \frac{\overline{D} - \mu_D}{S_D/\sqrt{n}}$$

를 쓴다. T는 자유도가 (n-1)인 student t분포를 따른다.

μ_D의 $100(1-\alpha)\%$ 신뢰구간은 다음과 같다.

$$\bar{d} - t_{\alpha/2,(n-1)}\frac{s_d}{\sqrt{n}} \le \mu_D \le \bar{d} + t_{\alpha/2,(n-1)}\frac{s_d}{\sqrt{n}}$$

예제 7.6

신경증 환자를 치료하는 새로운 정신안정제의 효과를 알아보기 위하여, 환자마다 일주일은 그 약을, 다른 일주일 동안은 가짜약(placebo)을 투여하는데 그 순서는 랜덤하게 정하였다. 주말마다 환자에게 질문표를 배부하여 그 응답을 토대로 안정점수(0~30점)를 매겼다. 점수가 높을수록 불안감이 심한 경우이다. 안정점수차의 95% 신뢰구간을 구하여라.

〈표 7.1〉 안정점수

환자	1	2	3	4	5	6	7	8	9	10
안정제(x)	19	11	14	17	23	11	15	19	11	8
가짜약(y)	22	18	17	19	22	12	14	11	19	7
차($d=x-y$)	−3	−7	−3	−2	1	−1	1	8	−8	1

풀이

d_i가 정규분포를 따른다고 가정하면 모평균의 차 μ_d의 95% 신뢰구간은

$$\bar{d} \pm t_{0.025,(n-1)} \frac{s_d}{\sqrt{n}}$$

이다. 이 때

$$n = 10,\ \bar{d} = \frac{1}{10}\{(-3)+(-7)+\cdots+1\} = -1.30$$

$$s_d^2 = \frac{1}{9}\{[(-3)^2+(-7)^2+\cdots+1^2] - 10(-1.30)^2\} = 20.68$$

그리고 $\alpha = 5\%$, $t_{0.025,(9)} = 2.262$ 이다.

95% 신뢰구간은

$$-1.30 - 2.262\left(\frac{4.55}{\sqrt{10}}\right) < \mu_d < -1.30 + 2.262\left(\frac{4.55}{\sqrt{10}}\right)$$

이 되고, 이를 계산하면 $-4.55 < \mu_D < 1.95$가 된다.

예제 7.6

예제 7.6의 R-프로그램

풀이

```
> #x=안정제 y=가짜약 d=안정제와 가짜약의 차
> x<-c(19,11,14,17,23,11,15,19,11,8)
> y<-c(22,18,17,19,22,12,14,11,19,7)
> d<-x-y
> n<-length(d)
> #95%유의수준
> alpha_95<-0.05
> #95%신뢰구간
> LCL<-mean(d)-qt(1-alpha_95/2,n-1)*sd(d)/sqrt(n)
> UCL<-mean(d)+qt(1-alpha_95/2,n-1)*sd(d)/sqrt(n)
> c(LCL,UCL)
[1] -4.55293 1.95293
```

예제 7.7

특정한 약은 반응 속도를 늦추는가? 만약 그렇다면, 정부는 이 약을 복용하는 차이를 고려하여 검정하려 한다. 30명의 무작위 표본이 약 복용 전과 후에 검사되었다, 그리고 그들의 반응 시간 (초당)이다. 약 복용전과후의 차이에 대한 95%신뢰구간을 구하여라.

〈표 7.2〉 약 복용전과후의 반응속도

사람	전	후	사람	전	후
1	1.42	1.48	16	1.83	1.75
2	1.87	1.75	17	1.40	1.51
3	1.34	1.31	18	1.75	1.67
4	0.98	1.22	19	1.56	1.72
5	1.51	1.58	20	1.56	1.63
6	1.43	1.57	21	2.03	1.81
7	1.52	1.48	22	1.38	1.48
8	1.61	1.55	23	1.42	1.35
9	1.37	1.54	24	1.69	1.75
10	1.49	1.37	25	1.50	1.39
11	0.95	1.07	26	1.12	1.24
12	1.32	1.35	27	1.38	1.40
13	1.68	1.77	28	1.71	1.65
14	1.44	1.44	29	0.91	1.11
15	1.17	1.27	30	1.59	1.85

풀이

관심이 있는 것은 반응속도의 증가량이다. 30명에 대한 반응속도 증가량은 $\{-0.06, 0.12, 0.03, -0.24, \cdots, -0.26\}$이다.

$\bar{d} = -0.038$, $s_d = 0.118$ 그리고 $\alpha = 5\%$, $t_{0.025,(29)} = 2.045$이다.

95% 신뢰구간은 $-0.038 - 2.045\left(\frac{0.118}{\sqrt{30}}\right) < \mu_D < -0.038 + 2.045\left(\frac{0.118}{\sqrt{30}}\right)$

이 되고, 이를 계산하면

$-0.082 < \mu_D < 0.0062$ 이 된다.

7.3 모분산의 구간추정

모분산 σ^2이 알려지지 않은 정규모집단 $N(\mu, \sigma^2)$으로부터 크기 n인 확률표본 $X_1, X_2, \cdots, X_n$을 추출하였을 때 표본분산

$$S = \frac{1}{n-1}\sum_{i=1}^{n}(X_i - \overline{X})^2$$

은 모분산 σ^2의 불편추정량이고

$$\chi^2 = \frac{(n-1)S^2}{\sigma^2}$$

은 자유도 v(또는 df) $= n-1$인 χ^2분포를 한다. 따라서

$$P(\chi^2_{1-\alpha/2} < \frac{(n-1)S^2}{\sigma^2} < \chi^2_{\alpha/2}) = 1-\alpha$$

다음과 같이 σ^2의 신뢰구간이 구하여진다. σ^2가 알려지지 않은 정규모집단으로부터 크기 n인 확률표본의 분산이 S^2이면 σ^2의 $100(1-\alpha)\%$ 신뢰구간은

$$\frac{(n-1)S^2}{\chi^2_{\frac{\alpha}{2}}} < \sigma^2 < \frac{(n-1)S^2}{\chi^2_{1-\frac{\alpha}{2}}}$$

이다. 그래서, 우리는 다음의 결과를 얻는다. 모집단의 분산 σ^2의 $100(1-\alpha)\%$ 신뢰구간은 다음과 같다.

$$\frac{(n-1)s^2}{\chi^2_{\frac{\alpha}{2}}} < \sigma^2 < \frac{(n-1)s^2}{\chi^2_{1-\frac{\alpha}{2}}}$$

예제 7.8

크기20인 표본의 불편 분산값이 4.0일 때 이 모집단의 분산을 신뢰도 95%로 신뢰 구간을 추정하라.

풀이

$n=20$이므로 $\mathrm{df} = n-1 = 19$

$\mathrm{df} = 19,\ \frac{\alpha}{2} = 0.025$ 및 $1-\frac{\alpha}{2} = 0.975$인 χ^2-분포표에서

$$P(\chi^2 \geq 32.8523) = 0.025, \quad P(\chi^2 \leq 8.90652) = 0.025$$

이므로

$$\frac{(19)(4.0)}{32.8523} \leq \sigma^2 \leq \frac{(19)(4.0)}{8.90652}$$

$$\therefore 2.31 \leq \sigma^2 \leq 8.53$$

따라서 구하는 신뢰구간은 $[2.31,\ 8.53]$

예제 7.9

다음 자료는 6개의 접시에 에나멜을 칠했을 때 들었던 에나멜의 양이다. 다음을 구하여라.

8.1,　8.7,　7.6,　7.8,　8.5,　7.9

(1) σ^2의 점 추정치　　　　(2) σ^2의 95% 신뢰구간

풀이

(1) $\sum_{i=1}^{6}(x_i-\overline{x})^2=0.9$

임은 쉽게 계산할 수 있다. 그래서, σ^2의 점 추정치는 다음과 같다.

$$s^2=\frac{\sum_{i=1}^{6}(x_i-\overline{x})^2}{6-1}=\frac{0.9}{5}=0.18$$

(2) χ^2분포의 자유도는 $6-1=5$이다. 95% 신뢰 구간을 구하려면

$\chi^2_{(5),\,0.025}=12.832$, $\chi^2_{(5),\,0.975}=0.831$의 값이 필요하다. 그래서, σ^2의 95% 신뢰구간은

$$\frac{0.9}{12.832}<\sigma^2<\frac{0.9}{0.831}$$

가 되고, 이를 계산하면 $0.07<\sigma^2<1.08$이 된다.

예제 7.9

예제 7.9의 R-프로그램

풀이

```
> x<-c(8.1,8.7,7.6,7.8,8.5,7.9)
> n<-length(x)
> #표본표준편차
> s<-sd(x)
> #sigma^2의 정추정치
> sigmahatsq=5
> #95%유의수준
> alpha_95<-0.05
> #95%신뢰구간
> ((n-1)*s^2)/c(qchisq(c(1-alpha_95/2,alpha_95/2),df=n-1))
[1] 0.07013441 1.08275677
```

7.4 비율의 구간추정

표본비율의 분포에서 모집단의 모비율이 p일 때, 크기가 n인 표본의 표본비율은 $\hat{p}$은 근사적으로 정규분포 $N\left(p, \frac{pq}{n}\right)$를 따르므로 확률변수

$$Z = \frac{\hat{p} - p}{\sqrt{\frac{pq}{n}}}$$

는 근사적으로 표준정규분포 $N(0, 1^2)$을 따른다.

또, n이 충분히 크면 $\sqrt{\frac{pq}{n}}$의 p와 q에 각각 $\hat{p}$, $\hat{q}$을 대입한

$$Z = \frac{\hat{p} - p}{\sqrt{\frac{\hat{p}\hat{q}}{n}}} \quad (\hat{q} = 1 - \hat{p})$$

도 근사적으로 표준정규분포 $N(0, 1^2)$을 따른다는 것이 알려져 있다. 그런데 표준정규분포에서 $P(-z_{\alpha/2} \leq Z \leq z_{\alpha/2}) = 1 - \alpha$이므로

$$P\left(-z_{\alpha/2} \leq \frac{\hat{p} - p}{\sqrt{\frac{\hat{p}\hat{q}}{n}}} \leq z_{\alpha/2}\right) = 1 - \alpha$$

$$P\left(\hat{p} - z_{\alpha/2}\sqrt{\frac{\hat{p}\hat{q}}{n}} \leq p \leq \hat{p} + z_{\alpha/2}\sqrt{\frac{\hat{p}\hat{q}}{n}}\right) = 1 - \alpha$$

따라서 모비율 p가

$$\hat{p} - z_{\alpha/2}\sqrt{\frac{\hat{p}\hat{q}}{n}} \leq p \leq \hat{p} + z_{\alpha/2}\sqrt{\frac{\hat{p}\hat{q}}{n}}$$

을 만족할 확률은 $1-\alpha$ 곧 $100(1-\alpha)\%$ 이다.

이때 95%를 신뢰도라 하고, 위의 부등식을 구간으로 나타낸

$$\left[\hat{p}-1.96\sqrt{\frac{\hat{p}\hat{q}}{n}},\ \hat{p}+1.96\sqrt{\frac{\hat{p}\hat{q}}{n}}\right]$$

을 신뢰구간이라고 한다. 또, 신뢰구간으로 모비율 p가 속할 범위를 추정하는 것을 모비율에 대한 구간추정이라고 한다. 그리고 신뢰도 95%라는 것은 임의추출한 표본비율을 이용하여 모비율에 대한 신뢰구간을 추정하는 것을 100번 반복할 때, 약 95번 정도가 모비율 p를 포함한다는 뜻이다.

예제 7.10

어떤 도시의 유권자 100만 명 중에서 임의 추출한 400명을 대상으로 여론조사를 하였더니 240명이 후보 갑을 지지하고 나머지는 모두 반대하였다. 이 도시 전체 유권자의 후보 갑에 대한 지지율을 신뢰도 95%의 신뢰구간으로 추정하여라.

풀이

95%의 신뢰도로서 $\left[\hat{p}-1.96\sqrt{\frac{\hat{p}\hat{q}}{n}},\ \hat{p}+1.96\sqrt{\frac{\hat{p}\hat{q}}{n}}\right]$

여기에 $\hat{p}=\frac{240}{400}=0.6,\ \ \hat{q}=1-\hat{p}=0.4,\ \ n=400$을 대입하면

$\left[0.6-1.96\sqrt{\frac{0.6\times 0.4}{400}},\ 0.6+1.96\sqrt{\frac{0.6\times 0.4}{400}}\right]$, 즉 $[0.55,\ 0.65]$

예제 7.11

어떤 공장의 전 제품에서 4000개의 임의추출하여 검사한 결과 불량품이 50개 들어 있었다. 전 제품 중 불량품이 몇 % 정도 있다고 보아야 하는가? 신뢰도 95%로 추정하여라.

풀이

$\hat{p}=\dfrac{50}{4000}=0.0125,\quad \hat{q}=1-\hat{p}=0.9875,\ n=4000$이므로

$\left[0.0125-1.96\sqrt{\dfrac{0.0125\times 0.9875}{4000}}\right]$에서 $[0.009,\ 0.016]$, 즉 $[0.9\%,\ 1.6\%]$

예제 7.11

예제 7.11의 R-프로그램

풀이

```
> n<-4000
> x<-50
> #모비율
> phat<-x/n
> phat
[1] 0.0125

> alpha<-0.05
> #표준오차
> se<-sqrt(phat*(1-phat)/n)
> se
[1] 0.001756684

> #오차한계
> me_95<-qnorm(1-alpha/2)*se
> #신뢰구간
> phat+c(-me_95,me_95)
[1] 0.009056963 0.015943037
```

연습문제

1. 분 당 2.49박동수의 표준편차로 정규분포를 따르는 양에 따라 심장 박동수를 내리는 새로운 약이 있다. 50명의 무작위 표본 평균 분 당 5.32박동수가 떨어진다면, 모든 환자들의 심장 박동수의 평균값이 95% 신뢰 구간 추정을 찾아라. 또 R-프로그램으로 하라.

2. 병입 기계는 0.12온스의 표준편차로 작동한다. 36병들의 무작위 표본에서, 기계가병 안에 평균 16.1온스를 넣는다고 가정해보자. 이 기계가 모든 병들 안에 넣는 온스의 평균값을 추정하자. 평균값의 95% 신뢰구간을 찾아라.

3. 특정한 공장에서, 분산이 5.76개월의 수명을 가진 건전지들이 생산 되고 있다. 64개의 평균 수명 평균값이 12.35개월이라고 가정해보자. 이 공장에서 생산되는 모든 건전지의 수명의 90% 신뢰 구간 추정을 찾아라.

4. 새로운 모델의 차 10대가 마일당 연비 검정을 받았을 때 갤런 당 1.8마일의 표준편차로 갤런 당 27.2 마일이란 결과를 나타냈다. 이 모델로 인해 얻은 연비의 95% 신뢰구간은 무엇인가?

5. 인조 보석들을 만드는 새로운 과정은 첫 번째 시도에 각각 0.43, 0.52, 0.46, 0.49, 0.60, 그리고 0.56 캐럿이 나가는 여섯 개의 보석을 산출했다. 이 과정에서 캐럿 무게 평균값의 90% 신뢰 구간 추정을 찾아라. 또 R-프로그램으로 하라.

6. 두 회사 타이어를 8대 택시의 뒷바퀴에 한 개씩 무작위로 장착하여 같은 실험을 한 결과, 아래와 같이 주행거리가 측정되었다고 한다. μ_D의 99% 신뢰구간을 구하라. 단, 주행거리의 차이는 정규분포를 근사적으로 따른다고 가정한다. (단위 : km)

택시	A 회사 타이어	B 회사 타이어
1	34,400	36,700
2	45,500	46,800
3	36,700	37,700
4	32,000	31,100
5	48,400	47,800
6	32,800	36,400
7	38,100	38,900
8	30,100	31,500

7. 정부에서 두 종류의 신품종 밀에 대한 수확량을 비교하기 위하여 9개 대학의 농학과에 실험을 의뢰하였다. 두 신품종 밀은 각 대학 농업시험장의 동일한 구역에서 각각 시험 재배 되었으며, 다음과 같이 수확량이 얻어졌다.

품종	대학								
	1	2	3	4	5	6	7	8	9
1	38	23	35	41	44	29	37	31	38
2	45	25	31	38	50	33	36	40	43

두 신품종 밀의 수확량의 차이에 대한 95% 신뢰구간을 구하라. 단, 수확량의 차이는 정규분포를 근사적으로 따른다고 가정한다.

연습문제

8. 어떤 알약의 부작용으로 혈압강하의 효과가 있는지 알아보기 위해서 15명의 환자를 대상으로 알약의 복용 전후의 혈압을 재었더니 그 결과가 다음과 같았다.

환자	1	2	3	4	5	6	7	8	9	10	11	12	13	14	15
전(x)	70	80	72	76	76	76	72	78	82	64	74	92	74	68	84
후(y)	68	72	62	70	58	66	68	52	64	72	74	60	74	72	74
$d=(x-y)$	2	8	10	6	18	10	4	26	18	−8	0	32	0	−4	10

평균 혈압강하량에 대한 95% 신뢰구간을 구하라. 또 R-프로그램으로 하라.

9. 다음 표는 두 가지 수면제 A, B를 10명의 환자에게 복용시켰을 때의 연장된 수면시간을 조사한 표이다. A, B 두 수면제의 연장된 수명시간의 차이에 관한 95% 신뢰구간을 구하여라.

환자	1	2	3	4	5	6	7	8	9	10
$A(X)$	1.9	0.8	1.1	0.1	−0.1	4.4	5.5	1.6	4.6	3.4
$B(Y)$	0.7	−1.6	−0.2	1.2	−0.1	3.4	3.7	0.8	0.0	2.0

10. 정확한 전자시계를 만들고자 하는 한 전자시계제조업자가 마지막 품질검사에 합격한 시계중에서 10개의 시계를 추출하여 품질이 얼마나 균일하게 유지되는지를 검사하려고 한다. 이를 위하여 표준시계와 10개의 시계를 맞춘 후에 표준시계와 시간차니(제조시계의 시간-표준시계의 시간)를 기록하였더니 평균과 표준편차가 다음과 같았다.

$$\bar{x}=0.5\text{초},\quad s=0.4\text{초}$$

모집단의 시간차이가 정규분포라는 가정 하에 σ의 90% 신뢰구간을 구하라.

11. 자동차 배터리 제조업자는 그들이 제조한 배터리의 수명이 평균 3년이라고 한다. 이들 배터리를 임의로 5개를 추출한 표본의 수명은 다음과 같다. 95% 구간추정하여라. 또 R-프로그램으로 하라.

```
1.9, 2.4, 3.0, 3.5, 4.2.(단위 : 년)
```

12. 550명의 쇼핑몰을 떠나는 사람들의 무작위 표본의 64%는 $25 이상을 썼다. 쇼핑몰 비자들 중에 $25 이상을 쓴 비율의 99% 신뢰 구간 추정을 구하라.

13. 기계부품들의 간단한 무작위 표본에서, 225개 중 18개 수송 중에 손상이 간 것으로 보여진다. 수송 중 손상된 기계 부품들의 95% 신뢰 구간 추정을 수립하라.

CHAPTER

08

가설검정

구성

요약

가설검정이란 모수에 대한 가설이 적합한지를 추출한 표본으로부터 판단하고자 하는 것이다. 모집단 비율이나 평균값을 추정하는 밀접한 문제는 모집단 비율이나 평균값에 대한 가설을 검정하는 문제이다. 두 모평균의 차이와 두 모비율의 차이로 추정과 가설검정 절차를 확장한다. 모수에 대한 신뢰구간을 구하는 것과 가설검정을 하는 것을 '추론한다(making inference)'라고 한다. 유의성 검정의 논리, 귀무가설 그리고 대립가설, p-값들, 단측 그리고 양측 검정 등을 다루고자 한다.

8.1 모평균값 검정

8.1.1 모분산을 알 때 모평균에 대한 가설검정

모분산을 알 때 모평균에 대한 가설검정을 다루겠다. 모집단에 대한 기본 가정은 모집단이 정규분포를 한다는 것이다. 정규분포의 가정이 없으면 표본의 크기가 커야 한다. 따라서 귀무가설 $H_0 : \mu = \mu_0$하에서 검정통계량은 다음과 같다.

$$Z = \frac{\overline{X} - \mu_0}{\sigma / \sqrt{n}}$$

이다. 서론에서 기술한 3가지 대립가설에 대한 $H_0 : \mu = \mu_0$의 검정에 대한 검정 기준이 <표 8.1>에 요약되어 있다.

〈표 8.1〉 σ^2을 알 때 $H_0 : \mu = \mu_0$의 검정

대립가설	H_0를 기각하게 되는 범위
1. $\mu > \mu_0$	$z > z_\alpha$
2. $\mu < \mu_0$	$z < -z_\alpha$
3. $\mu \neq \mu_0$	$z > z_{\alpha/2}$ 또는 $z < -z_{\alpha/2}$

$$z = \frac{\overline{x} - \mu_0}{\sigma / \sqrt{n}} \ : Z\text{를 계산한 값}$$

예제 8.1

어떤 지능 검사에서 만 15세의 아동의 모집단 평균 지능이 124, 표준편차는 24라 한다. 지금 만 14세의 아동 36명을 임의로 추출하여 지능 검사를 한 결과 평균이 112였다 한다. 이 사실로써 만 14세의 평균 지능이 15세의 평균 지능보다 낮다고 볼 수 있느냐? 유의 수준 0.01로 검정하라. 단, 모집단은 정규 분포를 이룬다.

풀이

(1) 14세의 지능이 15세보다 높다고는 볼 수 없으므로 좌측 검정을 한다.
가설 $H_0 : \mu = 124$ (지능의 차이가 없다), $H_a : \mu < 124$

(2) 평균 $\overline{X}$의 분포는 $N\left(124, \frac{24^2}{36}\right)$이고

$$Z = \frac{\overline{X} - 124}{\frac{24}{6}} = \frac{\overline{X} - 124}{4}$$ 는 $N(0, 1)$에 따른다.

(3) 유의 수준 $\alpha = 0.01$이고, 좌측 검정이므로
$P(Z \le -2.33) = 0.01$
기각역 W는 $W = \{Z | Z \le -2.33\}$

(4) Z의 실현값 $z = \frac{112 - 124}{4} = -3 \in W$ 이므로 가설은 기각된다.

(5) 14세 아동의 IQ는 15세 아동의 IQ보다 낮다고 본다.

예제 8.1

예제 8.1의 R-프로그램

풀이

```
> xbar<-112                          #평균
> n<-36                              #개체수
> z<-(xbar-124)/(24/sqrt(n))         #검정통계량
> pnorm(z)                           #p값
[1] 0.001349898
```

예제 8.2

어떤 방적 공장에서 현재까지의 데이터로부터 종래의 제조 공정에서는 어떤 실의 강도가 평균 48.6 파운드, 표준 편차 6.25 파운드의 정규 분포에 따라 분포한다. 그런데 새 방법을 도입한 후 실의강도는 품질 관리의 결과 정규 분포로 이루고, 표준 편차는 같다는 것을 알았다. 실의 강도의 변화를 조사하기 위해서 크기 50인 표본을 추출하여 강도의 평균을 조사하니 그 값은 50.5 파운드였다. 새 방법은 실의 강도에 대하여 유효했다고 볼 수 있느냐 ? 유의 수준 5%로 검정하라.

풀이

(1) $\mu=48.6$ 이냐, 아니냐가 문제의 내용이므로 양측 검정을 하며, 실의 강도는 정규 분포를 한다고 보고 귀무가설을 세운다.
$H_0:\mu=48.6$, $H_a:\mu\neq 48.6$

(2) 표본 평균 $\overline{X}$는 $N\left(48.6,\ \frac{6.25^2}{50}\right)$에 따르므로 $Z=\frac{\overline{X}-48.6}{6.25/\sqrt{50}}$ 은 $N(0,1)$을 따른다.

(3) 유의 수준 $\alpha=0.05$ 인 양측 검정이므로 기각역 W는 $W=\{Z|Z\geq 1.96\}$

(4) Z의 실현값 $z=\frac{50.5-48.6}{6.25/\sqrt{50}}=2.15\in W$ 이므로 가설은 기각된다.

(5) 따라서 가설 H_0는 기각된다. 즉, 실의 강도에 새 방법이 유효하다고 볼 수 있다.

8.1.2 모분산을 모르고 표본이 작을 때 모평균에 대한 가설 검정

모평균에 대한 가설검정에 있어서 보다 실제적인 경우는 모분산을 모르는 경우이다. 우리는 다음의 귀무가설을 검정하려 한다.

$$H_0:\mu=\mu_0$$

σ를 알 때는 $\frac{\overline{X}-\mu_0}{\sigma/\sqrt{n}}$의 검정 통계량을 사용했다. σ를 모르므로 그의 추정량 S를 사용하기로 한다. 그래서 적합한 검정 통계량은 다음과 같다.

$$T = \frac{\overline{X} - \mu_0}{S/\sqrt{n}}$$

이 시점에서 모집단이 정규 분포를 한다는 가정을 n이 작을 때 특히 첨가할 필요가 있다. 이 가정 하에서는 통계량 T가 자유도가 $n-1$인 student의 $t-$분포를 따르므로 우리는 <표 8.2>에 있는 검정기준을 얻는다.

〈표 8.2〉 σ^2을 모를 때 $H_0 : \mu = \mu_0$의 검정

대립가설	H_0를 기각하게 되는 범위
1. $\mu > \mu_0$	$t > t_{\alpha,(n-1)}$
2. $\mu < \mu_0$	$t < t_{\alpha,(n-1)}$
3. $\mu \neq \mu_0$	$t < -t_{\alpha/2,(n-1)}$ 또는 $t > t_{\alpha/2,(n-1)}$

$$t = \frac{\overline{X} - \mu_0}{s/\sqrt{n}} \; : \; T\text{를 계산한 값}$$

예제 8.3

지역 상공 회의소는 도시 집들의 평균가격이 $90,000라고 주장한다. 상공회의소 대변인은 $75,000, $102,000, $82,000, $87,000, $77,000, $93,000, $98,000, 그리고 $68,000 상공 회의소의 주장을 유의수준 5%에서 단측 가설검정하라.

풀이

1. $H_0 : \mu = 90,000$
2. $H_a : \mu < 90,000$
3. 모분산이 미지이므로 검정통계량은 $\dfrac{\overline{X} - 90,000}{S/\sqrt{n}}$ 이다.
4. $\alpha = 0.05$ 이고 자유도는 $8-1=7$, $-t_{0.05,(7)} = -1.89$ 이다.
   검정통계량의 계산된 값이 -1.89보다 작으면 H_0를 기각한다.

5. $\bar{x}=85{,}250,\ s=11{,}877,\ t=\dfrac{\bar{x}-90{,}000}{s/\sqrt{n}}=\dfrac{85{,}250-90{,}000}{11{,}877/\sqrt{8}}=-1.13$

6. -1.13은 -1.89보다 크므로 H_0을 기각하지 않는다.

결론 : 상공회의소의 주장을 기각할만한 충분한 증거가 없다고 결론을 짓는다.

예제 8.3

예제 8.3 의 R-프로그램

풀이

```
> x<-c(75000,102000,82000,87000,77000,93000,98000,68000)  #데이터입력
> t.test(x,alternative="less",mu=90000)                   #단일 t검정실시 H0: mu=90000

        One Sample t-test

data: x
t = -1.1311, df = 7, p-value = 0.1476
alternative hypothesis: true mean is less than 90000
95 percent confidence interval:
      -Inf 93205.86
sample estimates:
mean of x
    85250
```

예제 8.4

어느 공장에서 생산된 종래의 실의 인장 강도는 평균이 6.7kg인 정규 분포를 이루고 있다 한다. 제조 방법을 바꾼 후 임의로 10개를 추출하여 시험하니 강도의 평균이 6.2kg, 표준편차가 1.0kg이었다. 이 사실로 공정의 변경이 제품의 강도를 변하게 하였는가를 유의 수준 0.05로 검정하라.

풀이

(1) $\mu=6.7$ 이냐 $\mu\neq 6.7$ 이냐가 문제이므로 양측 검정을 한다.

$H_0:\mu=6.7 \qquad H_a:\mu\neq 6.7$

(2) 모분산이 미지이므로 $t-$검정을 한다. 즉,

$$T = \frac{(\overline{X} - \mu)}{S/\sqrt{n}}$$

은 자유도 $d.f. = 10-1 = 9$인 $t-$분포에 따른다.

(3) 유의 수준 $\alpha = 0.05$이고 양측 검정이므로 $t-$분포에서

$P(|t| \ge 2.262) = 0.05$ 기각역

$W = \{t \mid |t| \ge 2.262\} = \{t \mid t \le -2.262$ 또는 $t \ge 2.262\}$

(4) $\overline{X}$의 실현값이 6.2이므로 이에 대한 T의 실현값은

$$t = \frac{6.2 - 6.7}{1.0/\sqrt{10}} = -1.581 \notin W$$

(5) T 의 실현값이 기각역에 들어 있지 않으므로 가설 H_0는 기각되지 않는다. 즉, 공정의 변경이 실의 강도에 영향을 주지 않았다고 본다.

예제 8.4

예제 8.4의 R-프로그램

풀이

```
> xbar<-6.2                      #표본평균
> n<-10                          #개체수
> t<-(xbar-6.7)/(1/sqrt(n))      #검정통계량t
> 2*pt(t,df=n-1)                 #p값
[1] 0.1483047
```

8.2 쌍체표본에서 두 모평균차 검정

수많은 실험들과 검정들은 자료가 자연적으로 쌍으로 생기는 두 모집단들을 비교하는 것을 피한다. 이 경우에는, 알맞은 절차는 짝지어진 자료들의 차이들로 구성된 하나의 변수에 단일표본 검정을 하는 것이다. 여러 가지 경우의 대립가설에 대한 H_0의 검정기준은 다음의 <표 8.3>에 있다.

〈표 8.3〉 $H_0 : \mu_d = 0$의 검정

대립가설	H_0를 기각하게 되는 범위
1. $\mu_d > 0$	$t \geq t_{\alpha,(n-1)}$
2. $\mu_d < 0$	$t \leq -t_{\alpha,(n-1)}$
3. $\mu_d \neq 0$	$t \leq -t_{\alpha/2,(n-1)}$ 또는 $t \geq t_{\alpha/2,(n-1)}$

$$t = \frac{\overline{d}}{s_d/\sqrt{n}} \text{ : 검정 통계량 } T\text{의 계산된 값}$$

예제 8.5

어떤 의사가 만약 그의 식이요법을 따르면 체중이 줄 것이라고 주장한다. 다음 자료가 식이요법을 한 5명의 체중을 파운드 단위로 잰 것이다. 다음 자료는 5% 유의 수준에서 그의 주장을 입증할 만한 증거가 되는가?

〈표 8.4〉 체중

사 람 번 호	1	2	3	4	5
식이요법 전	175	168	140	130	150
식이요법 후	170	169	133	132	143

풀이

우리가 관심이 있는 자료는 체중의 증가량이다. 5명에 대한 체중 증가량은 −5, 1, −7, 2, −7 이다. 식이요법을 한 모든 사람들의 체중 증가량의 평균을 μ_d라 하면

(1) $H_0 : \mu_d = 0$ (체중 감소가 안 된다.) $H_a : \mu_d < 0$

(2) 검정 통계량은 $\dfrac{\overline{D} - 0}{S_D/\sqrt{n}}$ 이다.

(3) $\alpha = 0.05$이고, $n = 5$ 이므로 자유도는 4 이다.

$t_{(4),\ 0.05} = 2.132$이므로 검정 기준은 다음과 같다.

"검정 통계량의 계산된 값이 −2.132보다 작으면 H_0를 기각한다."

(4) $\bar{d} = -16/5 = -3.2$이고

$$s_d^2 = \frac{(-1.8)^2 + (4.2)^2 + (-3.8)^2 + (5.2)^2 + (-3.8)^2}{5-1} = 19.18$$

이다. 그래서, $s_d = \sqrt{19.18} = 4.38$이 된다.

그러므로, 검정 통계량의 계산된 값은 다음과 같다.

$$t = \frac{\bar{d} - 0}{s_d / \sqrt{n}} = \frac{-3.2}{4.38 / \sqrt{5}} = -1.63$$

(5) 계산된 값이 −2.132 보다 크므로 H_0를 기각하지 않는다.

예제 8.5

예제 8.5의 R-프로그램

풀이

```
> x<-c(175,168,140,130,150)                             #식이요법전
> y<-c(170,169,133,132,143)                             #식이요법후
> t.test(y,x,alternative = 'less',paired=TRUE)          #쌍체검정 1

        paired t-test

data: y and x
t = -1.633, df = 4, p-value = 0.0889
alternative hypothesis: true difference in means is less than 0
95 percent confidence interval:
      -Inf 0.9775495
sample estimates:
mean of the differences
                   -3.2

> t.test(y-x,alternative = 'less')                      #쌍체검정 2

        one sample t-test

data: y-x
t = -1.633, df = 4, p-value = 0.0889
alternative hypothesis: true mean is less than 0
95 percent confidence interval:
      -Inf 0.9775495
sample estimates:
mean of x
     -3.2
```

예제 8.6

특정한 약은 반응 속도를 늦추는가? 만약 그렇다면, 정부는 이 약을 복용하는 차이를 고려하여 검정하려 한다. 30명의 무작위 표본이 약 복용 전과 후에 검사되었다, 그리고 그들의 반응 시간 (초당)이다. 다음 자료들은 5% 유의수준에서 그의 주장을 입증할 증거가 되는가?

〈표 8.5〉 약 복용 전과 후의 반응속도

사람	전	후	사람	전	후
1	1.42	1.48	16	1.83	1.75
2	1.87	1.75	17	1.40	1.51
3	1.34	1.31	18	1.75	1.67
4	0.98	1.22	19	1.56	1.72
5	1.51	1.58	20	1.56	1.63
6	1.43	1.57	21	2.03	1.81
7	1.52	1.48	22	1.38	1.48
8	1.61	1.55	23	1.42	1.35
9	1.37	1.54	24	1.69	1.75
10	1.49	1.37	25	1.50	1.39
11	0.95	1.07	26	1.12	1.24
12	1.32	1.35	27	1.38	1.40
13	1.68	1.77	28	1.71	1.65
14	1.44	1.44	29	0.91	1.11
15	1.17	1.27	30	1.59	1.85

풀이

우리가 관심이 있는 자료는 반응속도의 증가량이다. 30명에 대한 반응속도 증가량은 {-0.06, 0.12, 0.03, -0.24, ... -0.26}이다. 약을 복용한 모든 사람들의 반응 증가량의 평균을 μ_d라 하면

1. $H_0 : \mu_d = 0$

2. $H_a : \mu_d < 0$

3. 검정통계량은 $\dfrac{\overline{D}-0}{S_d/\sqrt{n}}$ 이다.

4. $\alpha = 0.05$이고 $n = 30$이므로 자유도는 29이다.

   $-t_{0.05,(29)} =-1.70$이고

   "검정통계량의 계산된 값이 -1.70 보다 작으면 $H_0 +$을 기각한다."

5. $\bar{d}=-0.038,\ s_d=0.118$

$$t=\frac{\bar{d}-0}{s_d/\sqrt{n}}=\frac{-0.038}{0.118/\sqrt{30}}=-1.76$$

6. 계산된 값이 -1.70보다 작으므로 H_0을 기각한다.

결론: 약복용전보다 후의 반응속도가 크다고 할만한 근거가 있다.

8.3 모분산의 검정

모집단의 산포도를 나타내는 모표준편차 σ에 대한 가설검정을 예를 들어 설명해 보자. 어느 시계공장에서 생산되는 시간의 표준편차는 $\sigma=0.4$초라고 알려져 있다. 시계의 성능을 향상시키기 위하여 새 기술을 도입하여 제조된 시계 20개를 임의추출하고 표준편차를 구하니 0.3초였다. 새로 도입한 기술에 의하여 생산된 시계의 성능이 과거 기존의 성능보다 향상되었는가? 이를 검정하려면 H_0 : $\sigma=0.4$ H_a : $\sigma<0.4$ 와 같은 가설을 세워야 할 것이다.

여러 가지의 대립가설에 대한 귀무가설 $H_0:\sigma^2=\sigma_0^2$을 검정하려한다. 모분산 σ^2에 관한 가설 검정시에는 이의 추정치인

$$s^2=\frac{1}{n-1}\sum_{i-1}^{n}(x_i-\bar{x})^2$$

을 사용한다.

여기서 검 통계량 $\frac{(n-1)S^2}{\sigma_0^2}$이 나오게 되고, 그래서 검정기준이 만들어진다. 이 시점에서 $\frac{(n-1)S^2}{\sigma_0^2}$의 분포를 알아야 할 것이다. 이와 관련하여 모집단이 정규분포라는 가정을 하겠다. 4장에서 설명한 바와 같이 모집단이 평균μ 분산 σ^2인 정규분포라 하면

$$\frac{(n-1)S^2}{\sigma_0^2}$$

의 분포는 자유도가 $(n-1)$인 χ^2-분포이다. < 표 8.6>에는 양측 및 단측 대립가설에 대한 귀무가설 $H_0 : \sigma^2 = \sigma_0^2$을 검정하는 검정기준이 주어져 있다.

〈표 8.6〉 $H_0 : \sigma^2 = \sigma_0^2$을 검정하는 검정기준

대립가설	H_0를 기각하게 되는 범위
1. $\sigma^2 > \sigma_0^2$	$\chi^2 \ge \chi^2_{\alpha,(n-1)}$
2. $\sigma^2 < \sigma_0^2$	$\chi^2 \le \chi^2_{1-\alpha/2,(n-1)}$
3. $\sigma^2 \ne \sigma_0^2$	$\chi^2 \le \chi^2_{1-\alpha/2,(n-1)}$ 또는 $\chi^2 \ge \chi^2_{\alpha/2,(n-1)}$

$$(n-1)s^2/\sigma_0^2 \ : \ (n-1)S^2/\sigma_0^2 \text{ 의 계산된 값}$$

예제 8.7

자동차 배터리 제조업자는 그들의 배터리의 수명의 분산 0.9년이라고 주장한다. 이들 배터리 10개의 확률표본은 1.2년의 분산을 갖는다고 한다면 $\sigma^2 \ge 0.9$라고 할 수 있는지 유의수준 0.05로 검정하여라.

풀이

(1) $H_0 : \sigma^2 = 0.9, H_a : \sigma^2 > 0.9$

(2) 검정통계량은 $\frac{(n-1)S^2}{0.9}$ 이다.

(3) 대립가설은 우측검정이다. $n = 10$이므로 $\chi^2 -$ 분포는 자유도가 $10-1=9$이다.
부록의 표에 의하면 $\chi^2_{0.05,(9)} = 16.919$이다. 따라서
검정통계량의 계산된 값이 16.919보다 크면 H_0를 기각한다.

(4) $s^2 = 1.2,\ n = 10,\ \sigma_0^2 = 0.9$
검정통계량의 계산된 값은 $\frac{(n-1)s^2}{0.9} = \frac{9 \times 1.2}{0.9} = 12$이 된다.

(5) 계산된 값이 16.919보다 작으므로 H_0을 기각할 수 없다.

즉, 5% 유의수준에서 볼 때 모분산 0.9보다 크다고 할만한 근거가 없다.

예제 8.8

다음 측정치들은 실험실에서 임의로 햄스터 6마리를 뽑아 몸무게를 잰 것이다.

12, 8, 7, 12, 14, 13

햄스터의 몸무게의 분산이 2.25보다 크다는 주장에 대해 당신은 어떤 결론을 내릴 것인가?

유의 수준은 5%로 하여라.

풀이

(1) $H_0 : \sigma^2 = 2.25$, $H_a : \sigma^2 > 2.25$

(2) 검정 통계량은 $\frac{(n-1)S^2}{2.25}$ 이다.

(3) 대립가설은 우측검정이다. $n = 6$이므로 $\chi^2 -$분포는 자유도가 $6 - 1 = 5$이다.
부록의 표에 의하면 $\chi^2_{0.05,(5)} = 11.07$이다.
"검정 통계량의 계산된 값이 11.07보다 크면 H_0를 기각한다."

(4) $\bar{x} = 11$, $(n-1)s^2 = \sum_{i=1}^{n}(x_i - \bar{x})^2 = 40$임은 쉽게 계산된다.

그래서, 검정 통계량의 계산된 값은 $\frac{(n-1)s^2}{2.25} = \frac{40}{2.25} = 17.8$이 된다.

(5) 계산된 값이 11.07 보다 크므로 H_0를 기각한다.
즉, 유의 수준에서 볼 때 모분산이 2.25보다 크다고 할 만한 근거가 있다.

8.4 모비율 검정

지금 p를 모비율이라 하면 표본비율 X/n는 평균이 p이고, 표준편차가 $\sqrt{p(1-p)/n}$ 이다. 표본이 크면 X/n의 분포 형태는 근사적으로 정규 분포이다. 귀무가설이 참일 때, 즉 모비율 p가 p_0일 때 X/n의 분포는 n이 클 경우 평균 p_0이고, 표준편차 $\sqrt{p_0(1-p_0)/n}$ 인 근사적 정규분포가 된다.

따라서 귀무가설 $H_0 : p = p_0$하에서 검정통계량은 다음과 같다.

$$Z = \frac{(X/n) - p_0}{\sqrt{p_0(1-p_0)/n}}$$

이다. <표 8.7>에는 대립 가설의 특성에 기초를 둔 3가지 경우의 검정 기준이 있다. 검정절차는 중심극한정리를 적용하는 것에 기초를 두고 있다는 것을 명심하여야 한다. 유의수준은 근사적으로 $100\alpha\%$ 이다.

〈표 8.7〉 표본 크기가 클 때 $H_0 : p = p_0$의 검정

대립가설	H_0를 기각하게 되는 범위
1. $p > p_0$	$z > z_\alpha$
2. $p < p_0$	$z < -z_\alpha$
3. $p \neq p_0$	$z < -z_{\alpha/2}$ 또는 $z > z_{\alpha/2}$

$$z = \frac{(x/n) - p_0}{\sqrt{p_0(1-p_0)/n}} \quad : \text{검정통계량 } Z\text{의 계산된 값}$$

예제 8.9

어떤 기계는 30%의 불량품을 생산했다. 기계를 수선한 후에 100개를 생산했더니 22개의 불량품이 나왔다. 수선한 후에 불량품 생산률이 감소되었는가 ? $\alpha = 0.01$로 하라.

풀이

불량품의 비율을 p라 하자.

(1) $H_0 : p = 0.3$ (실제로는 $p \geq 0.3$), $H_a : p < 0.3$

(2) 검정통계량은 $\dfrac{(X/n) - 0.3}{\sqrt{(0.3)(0.7)/n}}$ 이다.

(3) $\alpha = 0.01$이므로 검정 기준은 다음과 같다.

"검정통계량의 계산된 값이 $-z_{0.01} = -2.33$ 보다 작으면 H_0를 기각한다."

(4) $x = 22$, $n = 100$ 이므로 검정통계량의 계산된 값은 다음과 같다.

$$\frac{(X/n) - 0.3}{\sqrt{(0.3)(0.7)/n}} = \frac{0.22 - 0.3}{\sqrt{0.21/100}} = -1.745$$

(5) 계산된 값이 −2.33 보다 크므로 H_0를 기각하지 않는다.

즉, 불량품 비율이 감소되었다는 증거가 1% 유의 수준에서 볼 때 없다.

예제 8.10

암 연구 그룹은 이 연령의 집단 여성의 28%이 정기적인 유방 x선 검사를 갖는다고 주장한다. 이 가설을 검정하기 위해 40세 이상의 여성을 500명을 설문조사 한다. 여성중 160명이 긍정적인 답을 했다면 5% 유의수준에서 가설 검정하여라.

풀이

(1) $H_0 : p = 0.28$, $H_a : p \neq 0.28$

(2) p_0은 0.28이므로 검정통계량은 $\dfrac{(X/n) - 0.28}{\sqrt{(0.28)(0.72)/n}}$ 이다.

(3) $\alpha = 0.05$이므로 $z_{\alpha/2} = 1.96$이다

검정통계량의 계산된 값이 구간[−1.96, 1.96]밖에 있으면 H_0을 기각한다.

(4) $x = 160, n = 500$이므로, 검정통계량의 계산된 값은

$$\frac{160/500 - 0.28}{\sqrt{(0.28)(0.72)/500}} = 2.00\text{이다.}$$

(5) 계산된 값이 −1.96과 1.96밖에 있으므로 H_0을 기각한다.

즉, 나온 자료로 판단해 볼 때 암 연구그룹의 주장이 맞지 않다.

예제 8.10

예제 8.10의 R-프로그램

풀이

```
> prop.test(x=160,n=500,p=0.28,              #x: 긍정적반응수 n: 전체개체 p: 귀무가설
+          alternative = "two.sided",correct=FALSE)    #correct : 연속성수정여부(무)

        1-sample proportions test without continuity correction

data : 160 out of 500, null probability 0.28
x-squared = 3.9683, df = 1, p-value = 0.04637
alternative hypothesis: true p is not equal to 0.28
95 percent confidence interval:
 0.2806178 0.3621270
sample estimates:
   p
0.32
```

8.5 두 모평균의 비교

8.5.1 두 모평균차의 신뢰구간

(1) 두 모분산을 알 때 두평균차의 신뢰구간

$\mu_1 - \mu_2$에 대한 신뢰구간을 구하기 위하여 두 모평균의 차이를 찾는다. 두 표본평균의 차이 $\overline{x_1} - \overline{x_2}$는 두 모평균의 차이 $\mu_1 - \mu_2$의 점추정량이다. 앞의 조건들을 만족하면 두 모평균의 차이에 대한 신뢰구간을 구하기 위하여 정규분포를 이용한다.

• $\mu_1 - \mu_2$의 신뢰구간

정규분포를 이용하면 $\mu_1 - \mu_2$에 대한 $(1-\alpha)100\%$신뢰구간(confidence interval)은

$$(\overline{x_1} - \overline{x_2}) \pm z_{\frac{\alpha}{2}} \sigma_{\overline{x_1} - \overline{x_2}}$$

z의 값은 주어진 신뢰수준에 대하여 정규분포표에서 얻는다. $\sigma_{\overline{x_1} - \overline{x_2}}$는 앞에서 설명한대로 계산한다. 여기서 $\overline{x_1} - \overline{x_2}$는 $\mu_1 - \mu_2$의 점추정량이다.

예제 8.11

두 집단에서의 범죄 (1) 초범자군, (2) 재범자군에 대하여 어떤 심리 검사를 해서 다음 표와 같은 자료를 얻었다.

〈표 8.8〉 심리검사자료

모집단	표본의 크기	표본 평균값	표본 표준 편차
초범자군	580	34.45	8.83
재범자군	789	28.02	8.81

위 두 모집단 평균값의 차의 95% 신뢰 한계를 정하여라.

풀이

초범자와 재범자 모집단의 평균 독점을 각각 μ_1, μ_2로 나타낸다. 이 문제에서 $n_1=580$, $n_2=786$, $\overline{x_1}=34.45$, $\overline{x_2}=28.02$, $s_1=8.83$, $s_2=8.81$이므로 구하는 신뢰 한계는

$$[34.45-28.02]\pm 1.96\sqrt{\frac{(8.83)^2}{580}+\frac{(8.81)^2}{786}}$$

따라서 구하는 신뢰 한계는 6.43 ± 0.95

예제 8.12

$N(\mu_1,\ 25)$에서 크기 10인 표본의 표본 평균 $\overline{x_1}=19.8$이고, 이것과 독립인 $N(\mu_2,\ 36)$에서 크기 12의 표본의 평균 $\overline{x_2}=24.0$이 주어져 있다. 모평균의 차 $\mu_1-\mu_2$에 대한 90% 신뢰 구간을 구하여라.

풀이

$1-\alpha=0.90$이므로 $\alpha=0.10$, $z_{\alpha/2}=1.645$, $n_1=10$, $n_2=12$

$$\sqrt{\frac{{\sigma_1}^2}{n_1}+\frac{{\sigma_2}^2}{n_2}}=\sqrt{\frac{25}{10}+\frac{36}{12}}=\sqrt{5.5}\fallingdotseq 2.345$$

따라서 구하는 신뢰 한계는

$$(\overline{x_1}-\overline{x_2}) \pm z_{\alpha/2}\sqrt{\frac{{\sigma_1}^2}{n_1}+\frac{{\sigma_2}^2}{n_2}} = (19.8-24.0) \pm 1.645 \times 2.345$$

$$= -8.06 \sim -0.34$$

(2) 두 모분산을 모를 때 두 평균차의 신뢰구간

앞서 언급했듯이 두 표본평균의 차이 $\overline{x_1}-\overline{x_2}$는 두 모평균의 차이 $\mu_1-\mu_2$의 점추정량이다. 두 모평균의 차이에 대한 신뢰구간을 구하기 위하여 t-분포를 이용한다.

- $\mu_1-\mu_2$의 신뢰구간

$\mu_1-\mu_2$에 대한 $(1-\alpha)100\%$ 신뢰구간(confidence interval)은

$$(\overline{x}_1-\overline{x}_2) \pm t s_{\overline{x}_1-\overline{x}_2}$$

t의 값은 주어진 신뢰수준과 자유도 n_1+n_2-2에 대하여 t–분포표에서 얻는다.

$s_{\overline{x_1}-\overline{x_2}} = s_p\sqrt{\frac{1}{n_1}+\frac{1}{n_2}}$ 이다.

예제 8.13

11개를 추출한 A사의 제품은 평균값 20.0 표준 편차 6.0이고, 6개를 추출한 B사의 평균값 25.0, 표준편차 8.0이었다. A사와 B사의 평균값의 차에 대한 95%의 신뢰 한계를 구하라. 단, A사와 B사의 제품의 모표준편차는 같다고 본다.

풀이

주어진 수치를 앞 식에 대입하면

$$20.0-25.0 \pm 2.131\sqrt{\frac{11\times 6^2+6\times 8^2}{11+6-2}}\sqrt{\frac{1}{11}+\frac{1}{6}} = -5 \pm 7.79 = -12.79, 2.79 \text{ 즉 } [-12.79, 2.79]$$

단, 자유도 15, $\alpha=0.05$에 대한 t-분포에서 $P(|t| \geq 2.131)=0.05$이다.

예제 8.14

A형의 전구 $n_1 = 5$개의 표본에 대하여 수명 시험을 하니 평균 수명은 $\overline{x_1} = 1,000$시간, 불편 분산은 $s_1{}^2 = 28^2$ 시간이고, B형의 전구 $n_2 = 7$개의 표본에 대한 전구의 평균 수명은 $\overline{x_2} = 980$ 시간, 불편 분산은 $s_2{}^2 = 32^2$시간이었다. 이 공정에서 $\sigma_1{}^2 = \sigma_2{}^2$이라고 가정하여 $\mu_1 - \mu_2$에 대한 99% 신뢰 구간을 구하여라.

풀이

$1-\alpha = 0.99$이므로 $\alpha/2 = 0.005$

자유도 $n_1 + n_2 - 2 = 10$에 대한 $P(|t| \geq 3.169) = 0.005$

또, $s_p{}^2 = \dfrac{(n_1-1)s_1{}^2 + (n_2-1)s_2{}^2}{n_1+n_2-2} = \dfrac{4\times 28^2 + 6\times 32^2}{10} = 928.0$

$\therefore s_p = 30.46$

따라서 구하는 신뢰 구간은

$$\left[(1{,}000-980) \pm 3.169 \times 30.46\sqrt{\frac{1}{5}+\frac{1}{7}}\right] = [20 \pm 56.5] = [-36.5,\ 76.5]$$

8.5.2 두 모평균차의 검정

이 절에서 두 모집단에서 모평균의 차에 관한 가설검정을 하겠다. 여기서 다루는 모집단과 표본기호들은 모집단과 표본 및 기호들과 같은 것으로 한다.

(1) 모분산을 알 때 모평균의 차에 대한 가설검정

검정하려는 귀무가설은 다음과 같다.

$$H_0 : \mu_1 = \mu_2 \text{ 즉 } \mu_1 - \mu_2 = 0$$

그리고 귀무가설하에서 검정통계량은 다음과 같다.

$$Z = \frac{\overline{X_1} - \overline{X_2}}{\sqrt{\frac{\sigma_1^2}{n_1} + \frac{\sigma_2^2}{n_2}}}$$

여러 가지 형태의 대립가설에 대한 위의 귀무가설을 검정하는 검정 기준은 <표 8.9> 에 있다.

〈표 8.9〉 모분산을 알 때 $H_0 : \mu_1 = \mu_2$를 검정하는 절차

대립가설	H_0를 기각하게 되는 범위
1. $\mu_1 > \mu_2$	$z > z_\alpha$
2. $\mu_1 < \mu_2$	$z < -z_\alpha$
3. $\mu_1 \neq \mu_2$	$z > z_{\alpha/2}$ 또는 $z < -z_{\alpha/2}$

$$z = \frac{\overline{x_1} - \overline{x_2}}{\sqrt{\frac{\sigma_1^2}{n_1} + \frac{\sigma_2^2}{n_2}}}$$: 검정통계량 Z의 계산된 값

예제 8.15

한 잡지에 의하면 경제학 전공과 경영학 전공의 대학졸업생들의 평균 초봉은 각각 4,090,600원과 3,818,800원이었다. 이러한 평균값들은 700명의 경제학 전공자들과 1000명의 경영학 전공자들을 랜덤 추출하여 얻은 값들이며, 각 전공의 졸업생들의 평균 초봉의 모표준편차는 각각 560,000원 590,000원이라고 가정하자. 경제학 전공과 경영학 전공의 2014년 대학졸업생들의 초봉의 모평균을 각각 μ_1과 μ_2라고 두자. 경제학 전공과 경영학 전공 2014년 대학졸업생들의 초봉의 모평균이 다른지를 유의수준 1%에서 검정하시오.

풀이

(1) $H_0 : \mu_1 - \mu_2 = 0$, $H_a : \mu_1 - \mu_2 \neq 0$

(2) 검정통계량은 $\dfrac{\overline{X_1}-\overline{X_2}}{\sqrt{\dfrac{{\sigma_1}^2}{n_1}+\dfrac{{\sigma_2}^2}{n_2}}}$ 이다.

(3) $\alpha=0.01$ 이므로 $z_{\alpha/2}=1.96$

"만일, 검정통계량을 계산한 값이 -1.96보다 작거나 1.96보다 크면 기각한다."

(4) $\overline{x_1}=4{,}090{,}600$원, $\overline{x_2}=3{,}818{,}800$원, ${\sigma_1}^2=560{,}000$원, ${\sigma_2}^2=590{,}000$

$n_1=700,\ n_2=1000$ 이므로 검정통계량의 계산된 값은

$$\frac{4{,}090{,}600-3{,}818{,}800}{\sqrt{\dfrac{(560{,}000)^2}{700}+\dfrac{(590{,}000)^2}{1000}}}=9.63$$

(5) 계산된 값이 1.96보다 크므로 H_0를 기각한다.

즉, 경제학전공과 경영학전공의 대학졸업생들의 평균초봉은 다르다.

예제 8.16

남자 직원 60명, 여자 직원 35명의 근무 성적의 평균이 각각 88.3, 86.3점이었다. 이 때 공장의 남녀 각각의 전 직원의 근무 성적의 분산이 모두 40.0점이었다고 가정하자. 이 경우 남자 직원이 우수하다고 판정해도 좋은가를 5% 유의 수준에서 검정하라.

풀이

(1) $H_0:\mu_1-\mu_2=0$, $H_a:\mu_1-\mu_2>0$

(2) 검정통계량은 $\dfrac{\overline{X_1}-\overline{X_2}}{\sqrt{\dfrac{{\sigma_1}^2}{n_1}+\dfrac{{\sigma_2}^2}{n_2}}}$ 이다.

(3) $\alpha=0.05$ 이므로 $z_\alpha=1.645$

"만일, 검정통계량은 계산한 값이 1.645보다 크면 기각한다."

(4) $\overline{x_1}=88.3,\ \ \overline{x_2}=86.3,\ \ {\sigma_1}^2=40,\ \ {\sigma_2}^2=40,\ \ n_1=60,\ \ n_2=35$

이므로 검정통계량의 계산된 값은

$$\frac{88.3-86.3}{\sqrt{\dfrac{40}{60}+\dfrac{40}{35}}}=1.49$$

(5) 계산된 값이 1.645보다 작으므로 H_0을 채택한다.

즉, 5% 유의수준에서 남자직원이 우수하다고 판정할 수 없다.

예제 8.16

예제 8.16의 R-프로그램

풀이

```
> n1<-60
> #남자직원의 표본평균
> xbar<-88.3
> #남자직원은 표본 표준편차
> s1<-sqrt(40)
> n2<-35
> #여자직원의 표본평균
> ybar<-86.3
> #여자직원은 표본표준편차
> s2<-sqrt(40)
> alpha<-0.05
> #임계치(95%)
> z.cv<-qnorm(1-alpha/2)
> z.cv
[1] 1.959964

> #95%신뢰구간
> xbar-ybar +c(-z.cv*sqrt(s1^2/n1+s2^2/n2), z.cv*sqrt(s1^2/n1+s2^2/n2))
[1] -0.636515 4.636515

> #임계치(95%)
> z.cv<-qnorm(1-alpha)
> z.cv
[1] 1.644854

> #90%신뢰구간
> xbar-ybar +c(-z.cv*sqrt(s1^2/n1+s2^2/n2), z.cv*sqrt(s1^2/n1+s2^2/n2))
[1] -0.2126331 4.2126331

> #검정통계량
> z<-(xbar-ybar)/sqrt(s1^2/n1+s2^2/n2)
> z
[1] 1.486784
```

(2) 모분산이 미지일 때 모평균의 차에 대한 가설 검정

다음의 검정 절차는 같은 분산을 가진 두 정규모집단에서 작은 크기의 확률표본을 뽑았을 때 특별히 알맞다. 다음의 귀무가설을 검정하려 한다.

$$H_0 : \mu_1 = \mu_2, \text{ 즉 } \mu_1 - \mu_2 = 0$$

분산이 알려져 있으면 다음의 검정통계량을 사용한다.

$$\frac{\overline{X}_1 - \overline{X}_2}{\sqrt{\dfrac{\sigma_1^2}{n_1} + \dfrac{\sigma_2^2}{n_2}}}$$

그러나, 분산이 같다고 가정하면, 즉 $\sigma_1^2 = \sigma_2^2 = \sigma^2$이라 하면 위의 검정 통계량은 다음과 같이 된다.

$$\frac{\overline{X}_1 - \overline{X}_2}{\sigma\sqrt{\dfrac{1}{n_1} + \dfrac{1}{n_2}}}$$

σ가 알려져 있지 않으므로 그것의 합동된 추정치(pooled estimate)인

$$s_p^2 = \frac{(n_1 - 1)s_1^2 + (n_2 - 1)s_2^2}{n_1 + n_2 - 2}$$

을 사용한다. 그래서, H_0를 검정하는 적절한 검정 통계량은 다음과 같이 된다.

$$\frac{\overline{X}_1 - \overline{X}_2}{S_p\sqrt{\dfrac{1}{n_1} + \dfrac{1}{n_2}}}$$

여러 가지 경우의 대립가설에 대한 H_0 검정기준이 다음 <표 8.10>에 있다.

〈표 8.10〉 $\sigma_1^2 = \sigma_2^2 = \sigma^2$이고 σ^2을 모를 때 $H_0 : \mu_1 - \mu_2$의 검정

대립가설	H_0를 기각하게 되는 범위
1. $\mu_1 > \mu_2$	$t > t_{\alpha,(n_1+n_2-2)}$
2. $\mu_1 < \mu_2$	$t < -t_{\alpha,(n_1+n_2-2)}$
3. $\mu_1 \neq \mu_2$	$t < -t_{\alpha/2,(n_1+n_2-2)}$ 또는 $t > t_{\alpha/2,(n_1+n_2-2)}$

$$t = \frac{\overline{x_1} - \overline{x_2}}{s_p\sqrt{\dfrac{1}{n_1} + \dfrac{1}{n_2}}} \text{ : 검정 통계량 } T\text{의 계산된 값}$$

예제 8.17

종류 1의 다이어트 음료를 14캔을 표본추출한 결과 평균 칼로리는 캔당 23칼로리이고 표준편차는 3칼로리였다. 또 다른 종류 2의 다이어트 음료를 16캔을 표본추출한 결과 평균 칼로리는 캔당 25칼로리이고 표준편차는 4칼로리였다. 유의수준 1%에서 두 종류의 다이어트 음료에 대하여 캔당 평균 칼로리가 다르다고 할 수 있는가? 각 종류의 다이어트 음료의 캔당 칼로리는 정규분포를 따르고 모표준편차는 서로 같다고 가정한다.

풀이

(1) $H_0 : \mu_1 = \mu_2$, $H_a : \mu_1 < \mu_2$

(2) 검정통계량은 $\dfrac{\overline{X_1} - \overline{X_2}}{S_p\sqrt{\dfrac{1}{n_1} + \dfrac{1}{n_2}}}$ 이다.

(3) $n_1 = 14$, $n_2 = 16$이므로 자유도는 $14 + 16 - 2 = 28$이고,

$\alpha = 0.01$이므로 $t_{0.01,\,(28)} = 2.4671$이다.

"검정통계량의 계산된 값이 −2.4671보다 작으면 기각한다."

(4) $\overline{x_1} = 23$, $s_1 = 3$, $\overline{x_2} = 25$, $s_2 = 4$ 이므로

$$s_p = \sqrt{\frac{(n_1-1){s_1}^2 + (n_2-1){s_2}^2}{n_1+n_2-2}} = \sqrt{\frac{13\times 3^2 + 15\times 4^2}{14+16-2}} = 3.57\text{이다.}$$

$$t = \frac{\overline{x_1} - \overline{x_2}}{s_p\sqrt{\frac{1}{n_1} + \frac{1}{n_2}}} = \frac{23-25}{3.57\sqrt{\frac{1}{14}+\frac{1}{16}}} = -1.531$$ 이다.

(5) 계산된 값이 비기각역에 속하므로 H_0을 기각하지 못한다.

즉, 두 종류의 다이어트 음료에 포함된 평균칼로리는 차이가 없다.

예제 8.18

10마리의 쥐에 날땅콩에서 단백질을 섭취하게 하고, 다른 10마리의 쥐에는 군땅콩에서 단백질을 섭취토록 하여 동일한 환경에서 사육하여 일정 기간 후에 쥐의 체중을 측정하니 다음과 같았다.

〈표 8.11〉 체중

날 땅 콩					군 땅 콩				
61	60	56	63	56	55	54	47	59	51
63	59	56	44	61	61	57	54	62	58

날땅콩에서 단백질을 섭취한 모집단과 군땅콩에서 단백질을 섭취한 모집단의 분산이 같다고 볼 때 양 모집단의 평균값 μ_1, μ_2에 대하여 $\mu_1 = \mu_2$를 검정하라.

풀이

(1) $H_0 : \mu_1 = \mu_2$, $H_a : \mu_1 > \mu_2$

(2) 검정통계량은 $\dfrac{\overline{X_1} - \overline{X_2}}{S_p\sqrt{\frac{1}{n_1} + \frac{1}{n_2}}}$ 이다.

(3) $n_1 = 10$, $n_2 = 10$이므로 자유도는 $10+10-2=18$이고,

$\alpha = 0.05$이므로 $t_{0.05,\,(18)} = 1.734$이다.

"검정통계량의 계산된 값이 1.734 보다 크면 기각한다."

(4) $\overline{x_1} = 57.9$, $s_1^2 = 28.09$, $\overline{x_2} = 55.8$, $s_2^2 = 18.96$ 이므로

$$s_p = \sqrt{\frac{(n_1-1){s_1}^2 + (n_2-1){s_2}^2}{n_1+n_2-2}} = \sqrt{\frac{9\times 28.09 + 9\times 18.96}{10+10-2}} = 4.85$$

$$t = \frac{\overline{x_1} - \overline{x_2}}{s_p\sqrt{\frac{1}{n_1} + \frac{1}{n_2}}} = \frac{57.9 - 55.8}{4.85\sqrt{\frac{1}{10} + \frac{1}{10}}} = 0.97$$ 이다.

(5) 계산된 값이 1.734보다 작으므로 H_0을 기각하지 못한다.

즉, 날땅콩과 군땅콩 사이의 효과의 차이가 없다를 부정할 근거가 없다.

예제 8.18

예제 8.18의 R-프로그램

풀이

```
> x<-c(61,60,56,63,56,63,59,56,44,61)
> y<-c(55,54,47,59,51,61,57,54,62,58)
> n1<-length(x)
> #날땅콩의 표본평균
> xbar<-mean(x)
> #날땅콩의 표본표준편차
> s1<-sd(x)
> n2<-length(y)
> #군땅콩의 표본평균
> ybar<-mean(y)
> #군땅콩의 표본표준편차
> s2<-sd(y)
> alpha<-0.05
> #공동분산의 합동추정치
> sp<-sqrt(((n1-1)*s1^2+(n2-1)*s2^2)/(n1+n2-2))
> sp
[1] 5.112621
> #임계치
> t.cv<-qt(1-alpha/2,df=n1+n2-2)
> t.cv
[1] 2.100922
> xbar-ybar+c(-t.cv*sp*sqrt(1/n1+1/n2),t.cv*sp*sqrt(1/n1+1/n2))
[1] -2.703618 6.903618
> #검정통계량
> t<-(xbar-ybar) / (sp*sqrt(1/n1+1/n2))
> t
[1] 0.918461
> #이표본t검정
> t.test(x,y,alternative="greater",var.equal = TRUE)

        Two sample t-test
```

```
data:  x and y
t = 0.91846, df = 18, p-value = 0.1853
alternative hypothesis: true difference in means is greater than 0
95 percent confidence interval:
-1.864821        Inf
sample estimates:
mean of x mean of y
     57.9 55.8
```

8.6 두 모비율의 비교

8.6.1 두 모비율의 차 신뢰구간

두 표본비율의 차 $\widehat{p_1}-\widehat{p_2}$은 모비율의 차 p_1-p_2의 점추정량이다. 우리는 p_1과 p_2을 알지 못하므로 p_1-p_2에 대한 신뢰구간을 구할 때, $\sigma_{\hat{p}_1-\hat{p}_2}$의 값을 구할 수 없다. 그러므로 구간추정에서 $\sigma_{\hat{p}_1-\hat{p}_2}$의 점추정량으로 $s_{\hat{p}_1-\hat{p}_2}$를 사용한다.

- p_1-p_2에 대한 신뢰구간

p_1-p_2에 대한 $(1-\alpha)100\%$ 신뢰구간(confidence interval)은 다음과 같이 구한다.

$$(\hat{p}_1-\hat{p}_2) \pm z s_{\hat{p}_1-\hat{p}_2}$$

여기서 z값은 주어진 신뢰수준에 대하여 정규분포표에서 구하며, $s_{\hat{p}_1-\hat{p}_2}$은 다음과 같이 계산된다.

$$s_{\hat{p}_1-\hat{p}_2} = \sqrt{\frac{\hat{p}_1\hat{q}_1}{n_1}+\frac{\hat{p}_2\hat{q}_2}{n_2}}$$

예제 8.19

폐렴의 치료에 사용되는 항생제가 신장이 정상인 사람과 이상이 있는 사람에게 어떠한 영향을 미치는지를 알아보기 위하여, 두 모집단으로부터 각각 100명씩 표본을 랜덤으로 추출하여 항생제를 주사한 결과 신장이 정상적인 사람 21명, 신장에 이상이 있는 사람 38명이알레르기성 반응을 나타내었다. 신장이 정상인 사람과 이상이 있는 사람이 알레르기성 반응을 나타낼 비율을 각각 p_1, p_2라고 할 때 두 모비율의 차 $p_1 - p_2$에 대한 95% 신뢰구간을 구하라.

풀이

두 모비율의 차 $p_1 - p_2$에 대한 95% 신뢰구간은

$$(\hat{p_1} - \hat{p_2}) \pm z_{\alpha/2}\sqrt{\frac{\hat{p_1}(1-\hat{p_1})}{n_1} + \frac{\hat{p_2}(1-\hat{p_2})}{n_2}} = (0.21 - 0.38) \pm 1.96\sqrt{\frac{0.21 \times 0.79}{100} + \frac{0.38 \times 0.62}{100}}$$

$$= -0.17 \pm 0.124 \text{ 또는 } (-0.294,\ 0.046)$$

예제 8.20

어떤 제품을 생산하는데 구형 기계에 의하면 1500개의 제품 중 75개가 불량품이고, 최신 기계에 의하면 2000개의 제품 중 80개가 불량품이었다. 구형 기계와 신형 기계 사이에 불량률의 차에 대한 90% 신뢰구간을 구하라.

풀이

각각의 표본비율을 계산하면 다음과 같다.

$$\hat{p_1} = \frac{75}{1500} = 0.05,\quad \hat{p_2} = \frac{80}{2000} = 0.04$$

또한 유의 수준 $\alpha = 0.1$ 이므로 $z_{\alpha/2} = z_{0.05} = 1.645$이다.

따라서 $p_1 - p_2$의 90% 신뢰구간은 다음과 같다.

$$0.01 - 1.645\sqrt{\frac{0.05 \times 0.95}{1500} + \frac{0.04 \times 0.96}{2000}} \le p_1 - p_2 \le 0.01 + 1.645\sqrt{\frac{0.05 \times 0.95}{1500} + \frac{0.04 \times 0.96}{2000}}$$

$$\Rightarrow -0.0017 \le p_1 - p_2 \le 0.0217$$

8.6.2 두 모비율의 차 검정

이 절에서는 두 독립 대표본에 대하여 $p_1 - p_2$에 대한 가설검정을 하는 절차를 다룬다. 가설검정 절차는 앞서 다룬 다섯단계와 같다. $p_1 - p_2$이 표준편차는 다음과 같다.

$$\sigma_{\hat{p_1} - \hat{p_2}} = \sqrt{\frac{p_1 q_1}{n_1} + \frac{p_2 q_2}{n_2}}$$

$p_1 - p_2$에 대한 가설검정을 할 때, 보통 귀무가설은 $p_1 = p_2$이고, p_1과 p_2의 값을 알지 못한다. 귀무가설이 참이라고 가정하면 p_1과 p_2의 공통표본비율 $\bar{p}$를 다음의 공식를 이용하여 계산한다.

$$\bar{p} = \frac{x_1 + x_2}{n_1 + n_2}$$

$\bar{p}$의 값을 공통표본비율 (pooled sample proportion) 이라 한다. 공통표본비율의 값을 이용하여 $\hat{p_1} - \hat{p_2}$의 표준편차의 추정값을 계산한다.

$$s_{\hat{p_1} - \hat{p_2}} = \sqrt{\bar{p}\,\bar{q}\left(\frac{1}{n_1} + \frac{1}{n_2}\right)}$$

여기서 $\bar{q} = 1 - \bar{p}$이다.

$\hat{p_1} - \hat{p_2}$의 검정통계량(test statistic)의 값은 다음과 같이 계산된다.

$$Z = \frac{(\hat{p_1} - \hat{p_2}) - (p_1 - p_2)}{s_{\hat{p_1} - \hat{p_2}}}$$

$p_1 - p_2$의 값은 귀무가설에서 얻어지며 보통 0이다.

n_1과 n_2이 클 때(모두 30보다 클 때)의 검정 절차가 <표 8.12>에 있다. 이 표에 있는 검정은 중심 극한 정리의 이용에 기초를 두었으므로 유의 수준은 근사적으로 $100\alpha\%$ 임을 뜻한다.

〈표 8.12〉 표본 크기가 클 때 $H_0 : p_1 = p_2$의 검정기준

대립가설	H_0를 기각하게 되는 범위
1. $p_1 > p_2$	$z > z_\alpha$
2. $p_1 < p_2$	$z < -z_\alpha$
3. $p_1 \neq p_2$	$z > z_{\alpha/2}$ 또는 $z < -z_{\alpha/2}$

$$z = \frac{\frac{x_1}{n_1} - \frac{x_2}{n_2}}{\sqrt{\bar{p}\,(1-\bar{p}\,)(\frac{1}{n_1} + \frac{1}{n_2})}}$$: 검정통계량Z의 계산된 값

예제 8.21

120마리의 파리가 들어 있는 항아리에 살충제 A를 뿌렸더니 95마리가 죽었다. 145마리의 파리가 들어 있는 다른 항아리에 살충제 B를 뿌렸더니 124 마리가 죽었다. 2% 유의수준에서 볼 때 두 살충제의 효과가 차이가 있는가?

풀이

이 자료는 원래 질적인 것임에 유의하자.

(1) $H_0 : p_1 = p_2$, 즉 $p_1 - p_2 = 0$ $H_a : p_1 \neq p_2$

(2) 검정 통계량은 $\dfrac{\frac{X_1}{n_1} - \frac{X_2}{n_2}}{\sqrt{\bar{p}(1-\bar{p})\left(\frac{1}{n_1} + \frac{1}{n_2}\right)}}$ 이다.

(3) $\alpha = 0.02$ 이므로 $z_{\alpha/2} = z_{0.01} = 2.33$이다. 그래서, 검정 기준은 다음과 같다.

"검정 통계량의 계산된 값이 −2.33 보다 작거나 2.33 보다 크면 H_0를 기각한다."

(4) $x_1 = 95$, $x_2 = 124$, $n_1 = 120$, $n_2 = 145$ 이므로

$$\bar{p} = \frac{x_1 + x_2}{n_1 + n_2} = \frac{95 + 124}{120 + 145} = 0.826$$

이다. 그래서, 검정 통계량의 계산된 값은 다음과 같다.

$$\frac{\frac{95}{120}-\frac{124}{145}}{\sqrt{0.826(1-0.826)\left(\frac{1}{120}+\frac{1}{145}\right)}}=\frac{0.792-0.855}{\sqrt{(0.144)(0.0152)}}=-1.3466$$

(5) 계산된 값이 −2.33과 2.33 사이에 있으므로 H_0를 기각할 아무런 이유가 없다.

즉, 한 살충제가 다른 살충제보다 좋다고 할 만한 증거가 없다.(2% 유의 수준에서)

예제 8.22

A, B 두 지역에 있어서 각각 80가구 및 70가구를 표본 추출하여 트랙터의 소유상황을 조사하였더니 A 지역은 10가구, B지역은 5가구가 각각 트랙터를 소유하고 있었다. A 지역과 B지역과의 트랙터 소유율의 차가 있는지 유의수준 5%에서 검정하라.

풀이

가설검정의 절차에 따라 다음과 같은 순서로 검정할 수 있다.

(1) 가설을 세운다. $H_0 : p_1 = p_2, \quad H_a : p_1 > p_2$

(2) 유의수준 $\alpha = 0.05$

(3) 검정통계량을 구한다.

각각의 표본비율과 합동비율을 계산하면 다음과 같다.

$$\hat{p_1}=\frac{x_1}{n_1}=\frac{10}{80}=0.125,\ \ \hat{p_2}=\frac{x_2}{n_2}=\frac{5}{70}=0.071$$

$$\bar{p}=\frac{x_1+x_2}{n_1+n_2}=\frac{10+5}{80+70}=0.1$$

따라서 검정통계량 값은 다음과 같이 계산된다.

$$z=\frac{\hat{p_1}-\hat{p_2}}{\sqrt{\bar{p}(1-\bar{p})\left(\frac{1}{n_1}+\frac{1}{n_2}\right)}}=\frac{0.125-0.071}{\sqrt{0.1\times 0.9\times\left(\frac{1}{80}+\frac{1}{70}\right)}}=1.091$$

(4) 판정한다.

유의수준 $\alpha = 0.05$ 하에서 우단측검정의 경우이므로 $z_\alpha = z_{0.05} = 1.64$이 되어 검정 통계량 의 값 $z_0 = 1.102$가 기각치인 1.64보다 작으면 채택영역안에 놓이게 된다. 따라서, $z_0 = 1.102 < 1.64$이므로 채택역 안에 놓이게 되어 귀무가설을 채택한다. 즉, 유의수준 5%하에서는 두 지역의 트랙터 소유율의 차가 있다고 말할 수 없다.

예제 8.22

예제 8.22 R-프로그램

풀이

```
> #A지역의 트랙터 비율
> n1<-80
> phat1<-10/n1
> phat1
[1] 0.125
> #B지역의 트랙터 비율
> n2<-70
> phat2<-5/n2
> phat2
[1] 0.07142857
> #합동추정치
> phat<-(10+5)/(n1+n2)
> phat
[1] 0.1
> #z-검정통계량
> z<-(phat1-phat2)/(sqrt(phat*(1-phat))*sqrt(1/n1+1/n2))
> z
[1] 1.091089
> #유의확률
> p_value<-1-pnorm(z)
> p_value
[1] 0.1376168
> #이표본모비율검정
> prop.test(x=c(10,5),n=c(80,70),alternative = "greater", correct = FALSE)

        2-sample test for equality of proportions without continuity
        correction

data   c(10,5) out of c(80,70)
x-squared = 1.1905, df = 1, p-value = 0.1376
alternative hypothesis : greater
95 percent confidence interval:
 -0.02556483  1.00000000
sample estimates:
    prop 1 prop 2
0.12500000 0.07142857
```

연습문제

1. 9명의 학생에게 IQ 검사를 한 결과 평균이 95로 나타났다. 모분산을 144라 할 때 모집단의 평균 IQ가 100보다 작다는 주장이 사실인가? IQ는 정규 분포라 가정하고 $\alpha = 0.15$로 한다.

2. 철분의 함유량이 8%로 알려져 있는 광석에서 10개의 광석의 철분 함유량을 조사하니 평균이 8.5%, 표준 편차가 1.5%였다. 이 광석은 종래의 광석과 크다고 볼 수 있느냐? 철분의 모집단 분포는 정규 분포라고 생각하고, 유의 수준 $\alpha = 5\%$로 검정하여라. 또 R-프로그램으로 하라.

3. 어떤 제약회사에서는 무좀약을 새로 개발하여 일주일만 치료하면 완치율이 70%보다 높다고 주장한다. 소비자보호협회에서는 이를 확인하기 위해 30명의 무좀환자를 랜덤으로 추출하여 이 약을 사용하게 한 결과 이 중 27명이 일 주 일 만에 완치되었다. 이 제약회사의 주장이 옳은지를 유의수준 $\alpha = 0.05$로 검정하여라.

4. 어느 공장에서 생산되는 제품의 불량률이 8%라고 한다. 어느 날 생산되는 제품을 조사한 결과 양품이 105개 불량품이 13개로 조사되었다. 그러면, 그날에 생산되는 생산 공정에 이상이 없다고 할 수 있는지를 유의수준 0.05 하에서 검정하라. 또 R-프로그램으로 하라.

5. 어떤 약품회사에서 고혈압 환자를 위한 약을 개발하였다. 이 약이 고혈압 환자에게 효과가 있는지를 알아보기 위해서 15명에게 임상실험을 하였다. 약을 투여하기 전의 혈압(x)과 6달간 약을 투여한 후의 혈압(y)을 측정하고 이들의 혈압의 차이를 조사한 결과 다음 표와 같았다.

사 람 번 호	1	2	3	4	5	6	7	8	9	10	11	12	13	14	15
약 투여 이전(x)	95	105	97	101	101	101	97	103	107	89	99	117	99	93	109
약 투여 이후(y)	93	97	87	95	83	91	93	77	89	97	99	85	99	97	99
차이 ($x-y$)	2	8	10	6	18	10	4	26	18	−8	0	32	0	−4	10

단, 약을 투여하기 이전의 혈압과 이후의 혈압은 각각 정규분포를 따르고 분산은 같다고 가정한다.

연습문제

(1) 약의 투여에 따른 혈압의 차이에 대한 95% 신뢰구간을 구하라.

(2) 이 약이 혈압감소에 효과적이라고 할 수 있는지를 유의수준 5%에서 검정하라.

(3) 또 R-프로그램으로 하라.

6. 어느 회사에서 직업 훈련이 근로자의 능률 향상에 효과가 있는지를 알고 싶다고 하자. 이를 위해 16명의 근로자를 뽑아서 직업 훈련을 하기 전과 후의 작업능률 점수를 알아보았더니 다음과 같았다. 이 조사 결과로써 훈련 전과 후의 능률이 같다고 할 수 있는가? 유의수준 1%에서 검정하여라.

번호	1	2	3	4	5	6	7	8	9	10	11	12	13	14	15	16
후	80	90	92	75	86	90	81	70	89	80	82	79	91	90	78.	89
전	75	83	96	77	81	90	82	67	91	85	78	82	96	80	87	71

7. 특별한 윤활유 용기들의 용량은 분산 0.03L의 분산을 가지고 정규분포를 따르는 것으로 알려져 있다. 모분산이 0.03인가를 검정하기 위하여 10개의 용기를 추출하여 다음 자료(단위 : 리터)를 얻었다. 유의수준 0.01로 검정하여라.

```
10.2   9.7   10.1   10.3   10.1
 9.8   9.9   10.4   10.3    9.8
```

8. 기계에 의해 채워지는 음료수는 만일 함량의 분산이 1.15dl를 초과하면 관리하에 있지 않다고 한다. 이 기계로부터 25개의 음료수를 추출하여 함량을 조사해보니 표본분산이 2.03dl로 나타났다. 기계과 관리하에 있지 않다는 것을 유의수준 0.05로 검정하여라. 함량의 분포는 근사적으로 정규분포를 따른다고 가정한다.

9. A회사에서 추출한 100개의 전구의 수명 $\overline{x_1}$는 1,400시간이고 표준 편차 σ_1는 120 시간이었고, B회사에서 추출한 200개의 표본의 평균값 $\overline{x_2}$는 1,200시간이며 그 표준 편차 σ_2는 80시간이었다. A, B 두 회사의 전구의 모평균 수명의 차에 관한 95% 신뢰 한계를 구한 것으로 맞는 것은?

10. 인산 비료를 5개의 구획에 주고, 질소 비료를 6개의 구획에 주었을 때, 각 구획에서의 밀의 생산량이 아래의 표에 나타나 있다. $\mu_1 - \mu_2$의 98% 신뢰 구간을 구하여라. 단, μ_1은 모든 가능한 구획에 인산 비료를 주었을 때의 평균이고, μ_2는 질소 비료를 주었을 때의 평균이다. 또 R-프로그램으로 하라.

각 비료에 따른 밀의 생산량

인산 비료	질소 비료
40	50
49	41
38	53
48	39
40	40
	47

11. 두 품질의 담배 A와 B의 니코틴 함량을 비교하기 위해 담배 A에서 크기 60인 표본을, 담배 B에서 크기 40인 표본을 검사하였더니 그 결과가 다음과 같았다.

담배 A와 B의 니코틴 함량

담 배 A	$\overline{x_1} = 15.4$	$s_1^2 = 3$
담 배 B	$\overline{x_2} = 16.8$	$s_2^2 = 4$

5% 유의 수준에서 볼 때 두 담배의 니코틴 함량은 차이가 있다고 할 수 있는가?

연습문제

12. 전구등을 제작하는 두 대의 기계가 있다. 어느 날 이들 기계에서 생산되는 각각 500개의 제품에서 불편 분산이 각각 0.005cm, 0.006cm이고, 또 이날 생산된 제품으로부터 평균 반경은 1.503cm와 1.476cm였다. 5% 유의 수준에서 유의적인 차이가 있다고 말할 수 있는가?

13. 대표는 그의 기업의 컴퓨터가 다른 경쟁자가 판 비슷한 컴퓨터보다 주 당 평균 고장시간이 같다 믿는다. 이 문제를 확인하기 위해 자료를 모으고 가설 검정을 하고자한다. 그의 기업의 제품을 사용하는 회사에서 20주 무작위 표본에서 평균 고장시간은 125분의 표준 편차로 37분이다. 그러나 경쟁자의 컴퓨터를 포함하는 15주는 평균고장시간이 115분의 표준 편차로 43분밖에 안되었다. 10% 유의 수준을 가정한다면 대표는 어떤 결론을 내려야 하나?

14. 식품점의 매니저는 계산대를 지나가는 85명의 사람들의 무작위 표본에서 10명만 수표로 계산하는 급행계산대를 지나고, 92명의 소비자들의 37명이 정규계산대에서 수표로 계산하는걸 알아차린다. 다른 두 계산대를 지나가며 수표를 사용하는 소비자들의 비율의 차이의 95% 신뢰 구간 추정을 찾아라.

15. 투표 캠페인 일찍이 800명의 등록된 투표자들의 전화 투표소는 460명이 특정한 후보자를 편애한다고 나타낸다. 투표 날짜 바로 전에, 두 번째 투표소는 1000명의 등록된 투표자들의 520명만이 똑같은 선호를 표현했다. 10% 유의 수준에 후보자의 유명세가 떨어진다는 충분한 증거가 있을까?

16. 자동차 제조업체가 두 별개의 조립 절차들을 시도한다. 첫 번째 절차를 통해 나오는 350대의 차들의 표본에서 28대가 큰 결점이 있었던 반면, 두 번째 절차의 500대의 차들의 표본에선 32대의 차들이 결점이 있었다. 이 차이는 10% 유의 수준에서 차이가 있는가? 또 R-프로그램으로 하라.

CHAPTER

09

범주형자료분석

구성

요약

데이터가 연속형이 아닌 범주형에서 추출되는 경우가 많으며, 여기서는 이러한 경우 여러 가지 형태의 검정법에 대해 다뤄 보고자 한다. 데이터가 주어진 가정에 적합한 확률모형을 따르는가를 검정하는 적합도 검정 또한 분류변수가 2개 이상인 경우에는 분류변수들 사이의 연관성을 조사하는 방법과, 한 변수의 각 수준에서 다른 변수의 확률모형이 동질적인지를 검정하는 방법을 다뤄보고자 한다. 예를 들어, 관측결과가 멘델의 유전 법칙이 맞는가?(적합도 검정), 침몰하는 타이타닉에서 살아남는 것이 승객의 신분과 관계가 있는가? (독립성 검정), 그리고 학생, 선생님들, 직원들이 운전하는 차 종류의 분포가 똑같은가? (동질성 검정)

9.1 적합도 검정

실험 결과가 r개의 상호배반인 r개의 범주$A_1, A_2, \cdots A_r$에 속한다고 하자. 실험 결과가 i번째 범주에 속할 확률 p_i가 각 범주의 확률이 주어진 값 $p_{10}, \cdots, p_{r0}$ ($p_{i0} \geq 0$, $\sum p_{i0} = 1$)으로 정해 질 때 귀무가설은 다음과 같다.

적합도 검정 (표본크기가 큰 경우: $\hat{E}_{ij} \geq 5$)

상호배반 r개의 비교를 위한 가설

$$H_0 : p_1 = p_{10},\ p_2 = p_{20,}\ \cdots,\ p_r = p_{r0} \qquad H_a : H_0\text{가 아니다.}$$

의 검정 통계량은

$$\chi^2 = \sum_{i=1}^{r} \frac{(O_i - \hat{E}_i)^2}{\hat{E}_i} \ (\hat{E}_i = np_i) \sim \chi^2(r-1)$$

이고 여기서 O_i는 i번째 관측도수이며 이의 관측값을 χ_0^2이라고 하면 다음이 성립한다.

유의 확률	유의수준α의 기각역
$p = P(\chi^2 \geq \chi_0^2)$	$\chi_0^2 \geq \chi_0^2(r-1)$

이와 같은 검정을 적합도 검정(goodness of fit test)이라 한다.

예제 9.1

어느 특정한 학기에 대한 통계학 강좌의 성적들이 다음과 같았다.

〈표 9.1〉

성적	A	B	C	D	F
f	14	18	32	20	16

성적들의 분포가 균일하다는 가설을 유의수준 0.05에서 검정하라.

풀이

$H_0 : p_1 = p_2 = p_3 = p_4 = p_5 = \frac{1}{5}$

$H_a : p_i \neq \frac{1}{5}$ 인 i가 존재한다.

$$\widehat{E_1} = \widehat{E_2} = \widehat{E_3} = \widehat{E_4} = \widehat{E_5} = 100 \times \frac{1}{5} = 20$$

$$\chi^2 = \frac{(14-20)^2}{20} + \cdots + \frac{(16-20)^2}{20} = 10$$

$10 > \chi^2_{0.05,(4)} = 9.488$이므로 H_0를 기각할 수 있다. 즉 성적들의 분포는 균일하다고 할 수 없다.

예제 9.2

$n = 46$중에서 고장이 난 기계들에 대해서, 전기적인 결함으로 인한 고장은 $x_1 = 9$, 기계적 결함으로 인한 고장은 $x_2 = 24$, 그리고 오작동으로 인한 고장은 $x_3 = 13$이다. 세 종류의 고장들에 대한 확률은 각각 $p_1 = 0.2$, $p_2 = 0.5$, $p_3 = 0.3$라는 의견에 대해서 카이제곱 적합도 검정을 하여라.

풀이

귀무가설 H_0 : $p_1 = 0.2,\ p_2 = 0.5,\ p_3 = 0.3$를 고려해보자. 이 귀무가설에서 기대 셀 돗수는 각각

$$\widehat{E_1} = np_1 = 46 \times 0.2 = 9.2$$

$$\widehat{E_2} = np_2 = 46 \times 0.5 = 23.0$$
$$\widehat{E_3} = np_3 = 46 \times 0.3 = 13.8$$

〈표 9.2〉 예제 9.2 기대치계산

	전기적 결함	기계적 결함	오작동 결함	
관측 도수	$x_1 = 9$	$x_2 = 24$	$x_3 = 13$	$n = 46$
기대 돗수	$\widehat{E_1} = 46 \times 0.2 = 9.2$	$\widehat{E_2} = 46 \times 0.5 = 23.0$	$\widehat{E_3} = 46 \times 0.3 = 13.8$	$n = 46$

카이제곱 통계량은

$$\chi_0^2 = \frac{(9.0 - 9.2)^2}{9.2} + \frac{(24.0 - 23.0)^2}{23.0} + \frac{(13.0 - 13.8)^2}{13.8} = 0.0942$$

$\chi^2 = 0.0942$ 이다. 이 값들은 자유도 $r - 1 = 3 - 1 = 2$인 카이제곱분포와 비교할 수 있고, p-값$\simeq P(\chi_0^2 \geq 0.094) = 0.95$이다. 이처럼 큰 p-값은 귀무가설이 신뢰할 만하며 이는 관측된 셀 돗수 x_1, x_2, x_3와 기대 셀 돗수 E_1, E_2, E_3의 값이 매우 비슷한 것을 짐작할 수 있다.

예제 9.3

오후 6시간대에 텔레비전 채널 2, 3, 4와 5는 각각 30%, 25%, 20%와 25%로 전체 시청자들의 시청률이었다. 다음 시즌의 첫째 주에 500명의 시청자들이 조사되었다. 시청자의 수는 다음과 같다.

〈표 9.3〉 실제 시청자 수

채널

2	3	4	5
139	138	112	111

시청률의 변화가 있다고 보는가?

풀이

각각 기대치는 다음과 같다. .30(500)=150, .25(500)=125, .20(500)=100, 그리고 .25(500)=125

〈표 9.4〉 예상 시청자 수

채널			
2	3	4	5
150	125	100	125

H_0 : 텔레비전 시청자들은 각각 백분율 30%, 25%, 20%와 25%로 채널 2, 3, 4와 5로 분포되어 있다.

H_a : 시청자 분포는 각각 30%, 25%, 20%와 25%가 아니다.

$$\chi^2 = \sum \frac{(\text{측정값} - \text{예상값})^2}{\text{예상값}} = \frac{(139-150)^2}{150} + \frac{(138-125)^2}{125} + \frac{(112-100)^2}{100} + \frac{(111-125)^2}{125}$$

$$= 5.167$$

$$p - \text{값} = P(\chi^2 > 5.167) = .1600$$

H_0를 기각할 충분한 증거가 없다. 즉, 시청자들의 선택이 바뀌었다고 충분한 증거가 없는 것이다.

예제 9.4

예제 9.4의 R-프로그램

풀이

```
> x<-c(139,138,112,111)              #자료분포
> p1<-c(0.3,0.25,0.2,0.25)           #확률실정(H0)
> chi<-chisq.test(x,p=p1)            #검정결과할당
> chi                                #결과출력

        chi-squared test for given probabilities

data : x
x-squared = 5.1667, df = 3, p-value = 0.16
```

9.2 독립성 검정

적합도검정에서는 각 개체에게서 한 가지 속성만을 관찰하였다. 한편, 각 개체에게서 두 가지 속성을 동시에 관찰할 경우 검정의 관심이 달라지게 된다. 이제, 어떤 모집단으로부터 n개의 표본개체를 임의추출하여 각 개체에서 두 가지 속성을 관찰한 경우, 두 속성 사이에 관련성 또는 독립성을 검정하고자 한다.

두 분류변수 가운데 한 변수를 A라 하고 다른 변수를 B라고 하자. 또한 A는 r개 범주로 나누어지고 B는 c개의 범주로 나누어진다고 하자. 전체 n회의 독립적인 실험을 반복한 결과 A의 i번째 범주와 B의 j번째 범주에 속하는 시행횟수가 $n_{ij}(i=1,...r,$ $j=1,...,c)$라 하고

$$n_{i\cdot}=\sum_{j=1}^{c}n_{ij},\ n_{\cdot j}=\sum_{i=1}^{r}n_{ij},\ \sum_{i=1}^{r}n_{i\cdot}=\sum_{j=1}^{c}n_{\cdot j}=n$$

이라고 하면 실험결과는 다음과 같은 2차원 표로 표현 될 수 있다.

〈표 9.5〉 요인 A와 요인 B의 분할표

요인A＼요인 B	B_1 B_2 .... B_c	합계
A_1 A_2 ... A_r	n_{11} n_{12} ... n_{1c} n_{21} n_{22} ... n_{2c} ... ... n_{r1} n_{r2} ... n_{rc}	$n_{1.}$ $n_{2.}$ ... $n_{r.}$
합계	$n_{\cdot 1}$ $n_{\cdot 2}$ ... $n_{\cdot c}$	n

이와 같이 표현되는 2차원 표를 $r\times c$분할표(contingency table)라고 부른다. 분할표에서 특히 관심이 있는 것은 두 변수가 서로 연관이 되어 있는가를 조사하는 것이다.

두 특성의 독립성 검정 (표본크기가 큰 경우 : $\hat{E}_{ij}\geq 5$)

각각 r개와 c개의 범주로 나누어진 두 특성 사이의 독립성에 대한 가설

$$H_0 : p_{ij} = p_{i\cdot}\, p_{\cdot j}(i=1,...,r, j=1,...,c) \qquad H_a : H_0 \text{ 가 아니다.}$$

의 검정 통계량은

$$\chi^2 = \sum_{i=1}^{r}\sum_{j=1}^{c}\frac{(n_{ij}-\widehat{E_{ij}})^2}{\widehat{E_{ij}}} \quad (\widehat{E_{ij}} = n_{i\cdot}\, n_{\cdot j}/n) \sim \chi^2((r-1)(c-1))$$

이고, 여기서 $n_{i\cdot} = \sum_{j=1}^{c} n_{ij}$, $n_{\cdot j} = \sum_{i=1}^{r} n_{ij}$이고 (A, B)가 $(i,\ j)$번째 범주에 속할 확률을 p_{ij}, A가 i번째 범주에 속할 확률을 $p_{i\cdot}$, B가 j번째 속할 확률 $p_{\cdot j}$이다. 이의 관측값을 χ_0^2이라고 하면 다음이 성립한다.

유의 확률	유의수준 α의 기각역
$p = P(\chi^2 \ge \chi_0^2)$	$\chi_0^2 \ge \chi_0^2((r-1)(c-1))$

예제 9.4

흡연 정도와 고혈압은 서로 독립적인 관계에 있는가를 알아보는 실험을 하였다. 180명을 조사한 결과 다음과 같이 나타났다.

〈표 9.6〉 혈압과 흡연

혈압정도/흡연정도	비흡연자	보통 흡연자	골초
고혈압	21	36	30
정상	48	26	19

"흡연 정도와 고혈압의 유무와는 독립이다"는 가설을 유의수준 0.05로 검정하라.

풀이

H_0 : 고혈압의 유무는 흡연정도에 독립이다.

H_a : 고혈압의 유무는 흡연정도에 종속이다.

$\alpha = 0.05$, 기각역 : $\chi^2 > 5.991$, 자유도$=2$.

다음은 기대 도수이다.

〈표 9.7〉 혈압과 흡연의 기대치

혈압정도/흡연정도	비흡연자	보통 흡연자	골초
고혈압	33.4	30.0	23.6
정상	35.6	32.0	25.4

$$\chi^2 = \frac{(21-33.4)^2}{33.4} + \cdots + \frac{(19-25.4)^2}{25.4} = 14.60$$

H_0를 기각한다. 즉, 고혈압의 유무는 흡연정도에 종속이다.

예제 9.5

200명의 유권자를 임의로 추출하여 A, B,C 3당의 지지자 수를 조사하니 다음 표와 같은 결과를 얻었다. 남녀 사이에 정당의 지지율에 관계를 인정하느냐? 유의수준 5%로 검정하여라.

〈표 9.8〉 3당과 지지자 남녀의 분할표

성별/당	A	B	C	계
남	40	36	20	96
여	59	26	19	104
계	99	62	39	200

풀이

지지율이 남녀의 성별에 의하여 관계되지 않는다면 다음 표와 같은 기댓값을 얻는다.

〈표 9.9〉 3당과 지지자 남녀의 기대치 계산

성별/당	A	B	C	계
남	$96\left(\frac{99}{200}\right)=47.5$	$96\left(\frac{62}{200}\right)=29.8$	$96\left(\frac{39}{200}\right)=18.7$	96
여	$104\left(\frac{99}{200}\right)=51.5$	$104\left(\frac{62}{200}\right)=32.2$	$104\left(\frac{39}{200}\right)=20.3$	104
계	99	62	39	200

χ^2의 실현값 χ_0^2의 값을 구하면

$$\chi_0^2 = \sum \frac{(n_{ij} - \widehat{E_{ij}})^2}{\widehat{E_{ij}}} = \frac{(40-47.5)^2}{47.5} + \frac{(36-29.8)^2}{29.8} + \dots + \frac{(19-20.3)^2}{20.3} = 4.93$$

이 경우 자유도 df는 $df = (2-1)(3-1) = 2$

이다. χ^2-분포표에서 $\chi^2{}_{0.05,\,(2)} = 5.99$이고 $\chi_0^2 = 4.93 < 5.99$

이므로 유의수준 5%로서 남녀의 성별에 의하여 지지율에 관계가 있다고 인정하지 않는다.

예제 9.6

대도시의 근교에서 출퇴근하며 혼자서만 승용차를 이용하는 사람들 중에서 250명을 랜덤 추출하여 이들을 승용차의 크기와 통근 거리에 따라 분류한 결과 〈표 9.10〉의 자료를 얻었다. 이 자료에 의하면 승용차의 크기와 통근 거리 사이에 관계가 있다고 할 수 있는지를 유의 수준 5%에서 검정하여라.

〈표 9.10〉 승용차의 크기와 통근거리

차종류/통근거리	15km 미만	15km 이상 30km 미만	30km 이상	합계
경승용차	6	27	19	52
소형승용차	8	36	17	61
중형승용차	21	45	33	99
대형승용차	14	18	6	38
합계	49	126	75	250

풀이

〈표 9.10〉의 $(i,\ j)$칸에 대응하는 모비율을 p_{ij}라고 하면, 검정하고자 하는 가설은 다음과 같이 주어진다.

$$H_0 : p_{ij} = p_{i.}\,p_{.j} (i = 1,\ \cdots,\ 4)(j = 1,\ 2,\ 3) \qquad H_a : H_0\text{가 아니다.}$$

귀무가설 H_0하에서의 각 칸의 추정 기대도수를 구하면

$$\hat{E}_{11} = \frac{52 \times 49}{250} = 10.19,\ \hat{E}_{12} \equiv \frac{52 \times 126}{250} = 26.21,\ \hat{E}_{13} = \frac{52 \times 75}{250} = 15.60$$

$$\hat{E}_{21} = \frac{61 \times 49}{250} = 11.96,\ \hat{E}_{22} \equiv \frac{61 \times 126}{250} = 30.74,\ \hat{E}_{23} = \frac{61 \times 75}{250} = 18.30$$

$$\hat{E}_{31} = \frac{99 \times 49}{250} = 19.40,\ \hat{E}_{32} \equiv \frac{99 \times 126}{250} = 49.90,\ \widehat{E_{33}} = \frac{99 \times 75}{250} = 29.70$$

$$\hat{E}_{41} = \frac{38 \times 49}{250} = 7.45,\ \widehat{E_{42}} \equiv \frac{38 \times 126}{250} = 19.15,\ \widehat{E_{43}} = \frac{38 \times 75}{250} = 11.40$$

이들 추정 기대도수는 모두 5 이상임을 알 수 있고, 이들과 〈표 9.10〉의 관측 도수로부터 카이제곱통계량의 관측값을 구하면

$$\chi_0^2 = \frac{(6-10.19)^2}{10.19} + \cdots + \frac{(6-11.40)^2}{11.40} = 14.15$$

한편, 부록의 카이제곱분포표를 이용하여 유의수준 5%의 기각역을 구하면 기각역은

$$\chi_0^2 \geq \chi^2_{0.05\,((4-1)(3-1))} = 12.59$$

카이제곱통계량의 관측값이 이 기각역에 속하므로, 유의수준 5%에서 승용차의 크기와 통근 거리 사이에는 관계가 있다고 말할 수 있다.

예제 9.6

예제 9.6의 R-프로그램

풀이

```
> row1<-c(6,27,19)                           #행1
> row2<-c(8,36,17)                           #행2
> row3<-c(21,45,33)                          #행3
> row4<-c(14,18,6)                           #행4
> data.table<-rbind(row1,row2,row3,row4)     #데이터행렬 생성
> chisq.test(data.table)                     #검정실시

        pearson's Chi-squared test

data : data.table
x-squared = 14.158, df = 6, p-value = 0.02792
```

9.3 동질성 검정

독립성검정 문제와 비슷한 개념으로 동질성검정(homogeneity test)이 있다. 이 문제는 $r\times c$분할표에서 속성 A의 수준에 의해서 모집단 r개의 부모집단을 간주하고, 각 부모집단에서 B의 범주들이 동질적인 확률모형으로 일어나는가를 검증할 때 나타나는 모형이다. 동질성 가설의 검정은 각 범주에 속한 이들 확률이 여러 부모집단에서 서로 동일한지를 검정한다. 동질성검정과 독립성검정의 차이는 A의 각 부모집단인 $A_1,\ldots,A_r$에서의 표본크기인 $n_{1.}$, $n_{2.}$, $\cdots$,$n_{r.}$이 미리 정해지는 것이다. 동질성검정의 귀무가설은 다음과 같이 표현된다.

다항모집단의 동질성 검정 (표본크기가 큰 경우 : $\widehat{E_{ij}}\geq 5$)

c개의 범주로 나누어지는 다항모집단 r개를 비교하기 위한 가설

$$H_0: p_{1j}=p_{2j}=\cdots=p_{rj}\,(j=1,2,\cdots,c) \qquad H_a: H_0\text{가 아니다.}$$

의 검정 통계량은

$$\chi^2=\sum_{i=1}^{r}\sum_{j=1}^{c}\frac{(n_{ij}-\widehat{E_{ij}})^2}{\widehat{E_{ij}}}\ (\widehat{E_{ij}}=n_{i}.\ n._{j}/n)\ \sim\chi^2((r-1)(c-1))$$

이고, 이의 관측값을 χ_0^2이라고 하면 다음이 성립한다.

유의 확률	유의수준α의 기각역
$p=P(\chi^2\geq\chi_0^2)$	$\chi_0^2\geq\chi_0^2((r-1)(c-1))$

예제 9.7

액화천연가스(LNG)의 저장 기지의 후보지로 고려되고 있는 세 지역의 여론을 알아보기 위하여, 세 지역에서 각각 400명, 350명, 350명을 랜덤추출하여 기지의 건설에 대한 찬성여부를 물은 결과가 다음과 같다. 지역에 따라 찬성률에 차이가 있다고 할 수 있는가?

〈표 9.11〉 지역과 찬반간의 분할표

지역/찬반여부	찬성	반대	표본크기
지역 1	198	202	$n_1=400$
지역 2	140	210	$n_2=350$
지역 3	133	217	$n_3=350$
합 계	471	629	$n=1100$

풀이

H_0 :지역에 따라 찬성률이 같다.

H_a :지역에 따라 찬성률이 다르다.

기대도수

$$\widehat{E_{11}}=\frac{400\times 471}{1100}=171.3 \quad \widehat{E_{12}}=\frac{629\times 400}{1100}=228.7$$

$$\widehat{E_{21}}=\frac{471\times 350}{1100}=149.9 \quad \widehat{E_{22}}=\frac{629\times 350}{1100}=200.1$$

$$\widehat{E_{31}}=\frac{471\times 350}{1100}=149.9 \quad \widehat{E_{22}}=\frac{629\times 350}{1100}=200.1$$

$$\chi^2=\frac{(198-171.3)^2}{171.3}+\cdots+\frac{(217-200.1)^2}{200.1}=11.75$$

$11.75>\chi^2_{0.05,(2)}=5.99$이므로 H_0를 기각할 수 있다. 즉, 지역에 따라 찬성률에 차이가 있다.

예제 9.8

같은 종류의 볍씨를 온도와 습도에 따라 구분되는 4가지 저장상태에 따라 1년간 보존하였다. 벼의 저장상태가 발아에 영향을 미치는지 알아보기 위하여 각 저장상태로 보존한 볍씨 중에서 무작위로 각각 100, 150, 130, 120개를 추출하여 그 발아상태를 조사하였다. 각 저장상태에 따라 발아율이 동일한지를 유의수준 $\alpha = 0.05$로 검정하여라.

〈표 9.12〉 씨앗의 온도에 따른 분할표

저장상태/발아여부	발아한 벼	발아하지 않은 벼	합
A	73	27	100
B	105	45	150
C	90	40	130
D	78	42	120
합	346	154	500

풀이

- 가설

  H_0 : 각 저장상태에 따른 발아율은 같다.

  H_a : 각 저장상태에 따른 발아율이 모두 같지는 않다.

- 통계량 : $\chi^2 = \sum_{i=1}^{4}\sum_{j=1}^{2} \frac{(n_{ij} - n_{i\cdot}n_{\cdot j}/n)^2}{n_{i\cdot}n_{\cdot j}/n}$

- 기각역 : $\chi_0^2 > \chi^2_{0.05,\,(3)} = 7.815$이면 H_0 기각

- 계산 및 결론

$$\chi_0^2 = \frac{(73-100 \cdot 346/500)^2}{100 \cdot 346/500} + \dots + \frac{(42-120 \cdot 154/500)^2}{120 \cdot 154/500} = 1.716$$

$1.716 < 7.815$이므로 H_0를 기각할 수 없으며 $p-$ 값 $= P(\chi^2 > 1.716) = 0.63$이다. 즉 저장상태가 발아여부에 영향을 미친다는 충분한 근거가 없다.

예제 9.9

공단에 인접한 세 지역에서 공해를 느끼는 정도가 지역에 따라 차이가 있는가를 알아 보고자 하여, 세 지역에서 각각 97명, 95명, 99명을 랜덤 추출하여 산업공해로 인한 악취를 느끼는 횟수에 대하여 조사한 결과가 〈표 9.13〉와 같다. 〈표 9.14〉에서 범주 1은 매일, 범주2는 적어도 일주일에 한 번, 범주 3은 적어도 한 달에 한 번, 범주 4는 한 달에 한 번보다는 적게, 범주 5는 전혀 악취를 느끼지 않는 경우를 뜻한다. 이 자료로부터 지역에 따라 공해를 느끼는 정도가 다르다고 할 수 있는가를 유의수준 1%에서 검정하여라.

〈표 9.13〉 지역과 범주간의 분할표

지역/정도	범주 1	범주 2	범주 3	범주 4	범주 5	표본크기
지역 1	20	28	23	14	12	$n_1 = 97$
지역 2	14	34	21	14	12	$n_2 = 95$
지역 3	4	12	10	20	53	$n_3 = 99$
합계	38	74	54	48	77	291

풀이

지역 i의 각 범주에 대한 모비율을 $p_{i1}, p_{i2}, \cdots, p_{i5}(i=1, 2, 3)$이라고 하면, 검정하고자 하는 가설은 다음과 같이 주어진다.

$$H_0 : p_{1j} = p_{2j} = p_{3j}(j=1, 2, \cdots, 5) \qquad H_a : H_0\text{가 아니다.}$$

귀무가설 H_0하에서의 공통인 각 범주의 모비율에 대한 추정값은

$$\hat{p_1} = 38/291,\ \hat{p_2} = 74/291,\ \hat{p_3} = 54/291,\ \hat{p_4} = 48/291,\ \hat{p_5} = 77/291$$

이를 이용하여, H_0하에서의 추정 기대도수는

$$\hat{E}_{1j} = 97\hat{p_j},\ \widehat{E_{2j}} = 95\hat{p_j},\ \widehat{E_{3j}} = 99\hat{p_j} \quad (j=1, 2, \cdots, 5)$$

로부터 구할 수 있으며 그 값은 〈표 9.14〉 에 주어져 있다.

〈표 9.14〉 〈표 9.13〉의 자료에 대한 추정 기대도수

지역/정도	범주 1	범주 2	범주 3	범주 4	범주 5
지역 1	12.67	24.67	18.00	16.00	25.67
지역 2	12.41	24.16	17.63	15.67	25.14
지역 3	12.93	25.18	18.37	16.33	26.20

〈표 9.13〉의 관측도수 n_{ij}와 〈표 9.14〉의 추정 기대도수 $\widehat{E}_{ij}$로부터, 카이제곱통계량의 관측값은

$$\chi_0^2 = \frac{(20-12.67)^2}{12.67} + \cdots + \frac{(53-26.20)^2}{26.20} = 70.64$$

이고 모든 기대도수가 5 이상임을 알 수 있다.

한편, 이 경우에 유의수준 1%의 기각역은 부록의 카이제곱분포표로부터

$$\chi_0^2 \geq \chi^2_{0.01,\,((3-1)(5-1))}, \text{ 즉 } \chi_0^2 \geq \chi^2_{0.01,\,(8)} = 20.09$$

로 주어짐을 알 수 있다. 관측값이 기각역에 속하므로, 지역에 따라 공해를 느끼는 정도에 차이가 있다고 유의수준 1%에서 말할 수 있다.

예제 9.9

예제 9.9의 R-프로그램

풀이

```
> row1<-c(20,28,23,14,12)                #행1
> row2<-c(14,34,21,14,12)                #행2
> row3<-c(4,12,10,20,53)                 #행3
> data.table<-rbind(row1, row2, row3)    #데이터행렬 생성
> chisq.test(data.table)                 #검정실시

        pearson's Chi-squared test

data : data.table
x-squared = 70.642, df = 8, p-value = 3.662e-12
```

연습문제

1. 멘델(Mendel)의 법칙에 의하면 어떤 종류의 완두콩을 색깔과 모양에 따라 노랗고 둥근형, 노랗고 뾰족한 형, 초록색에 둥근형, 초록색에 뾰족한 형의 네 가지로 구분할 때 각 종류에 속할 비율이 9:3:3:1이 된다. 완두콩 100개를 조사한 결과, 각 형태에 속하는 수가 54, 20, 16, 10으로 나타났다고 하면 이 결과는 멘델의 법칙에 따른다고 할 수 있는가를 검정하여라. 또 R-프로그램으로 하라.

2. 땅콩, 개암나무열매, 캐슈열매 및 피칸열매를 5:2:2:1 비율로 혼합하는 기계가 있다. 혼합된 열매 500개가 담겨진 통조림 깡통을 정량분석 하였더니, 땅콩이 269 개암나무열매가 112, 캐슈열매가 74, 그리고 피칸열매가 45개씩 들어있었다. 이 기계는 각 열매를 5:2:2:1 의 비율로 혼합시키는가에 대하여 유의수준 0.05로 검정하라.

3. 식품 가게 매니저는 특정한 생산품이 가게 5개위치 중 아무 위치에서나 똑같이 잘 팔릴지 알고 싶어 한다. 다섯 개의 전시대가 각 위치에 설치되었고 실제 판매수가 다음과 같다.

실제 판매 수	위치				
	1	2	3	4	5
	43	29	52	34	48

위치들 간에 차이가 있다는 충분한 증거가 있는가? 5%와 10% 유의 수준에서 검정하라.

4. 어떤 유형의 범죄발생건수가 대도시의 각 지역마다 다른지를 알아보기 위한 조사가 수행되었다. 특별히 조사대상으로 선정된 범죄는 강간, 강도, 철도 및 살인이었다. 다음 자료는 지난 1년 동안 대도시의 네 지역에서 발생한 범죄발생건수이다.

지역/범죄유형	강간	강도	절도	살인
1	162	118	451	18
2	310	196	996	25
3	258	193	458	10
4	280	175	390	19

범죄발생건수가 대도시의 각 지역과는 무관한지를 유의수준 0.01로 검정하라.

5. 어느 회사에서 학력과 회사에 대한 만족도 사이에 연관성이 있는지를 알아보기 위해 회사원 300명을 랜덤하게 뽑아 조사한 결과 다음의 자료를 얻었다. 두 변수에 연관성이 있다고 할 수 있겠는가 알아보자. 또 R-프로그램으로 하라.

학력/ 만족도	만족	보통	불만
고졸 이하	40	32	10
대졸 이하	92	50	28
대학원 이상	16	20	12

6. 어떤 회사에서 생산되는 제품의 불량품과 양품의 비율이 낮, 저녁, 그리고 밤에 따라 다른지를 결정하기 위해 아래와 같은 자료를 수집하였다. 낮, 저녁 그리고 밤에 만들어지는 제품의 불량률이 같은지를 유의수준 0.025에서 검정하여라.

불량여부/시간대	낮	저녁	밤	합계
불량품	80	70	80	230
양품	1120	930	720	2770
합계	1200	1000	800	3000

7. 다가오는 선거에서 두 명의 주지사후보에 대한 유권자들의 성향을 알아보기 위한 조사가 두 도시에서 실시되었다. 각 도시에서 500명의 유권자를 대상으로 조사한 결과는 다음과 같았다.

유권자의 성향/도시	성남	수원
후보A 지지	204	225
후보B 지지	211	198
미결정	85	77

유권자들의 후보A 지지율, 후보B의 지지율 및 미결정 비율은 각 도시마다 동일하다는 귀무가설을 유의수준 0.05로 검정하라.

연습문제

8. 심장마비환자 640명의 항체 검사 결과가 다음과 같다.

검사여부/강도	심한 충격	중간 충격	가벼운 충격
긍정 검사	85	125	150
부정검사	40	95	145

강도에 따른 항체검사결과에 뚜렷한 관계가 있는가? 5%의 유의수준으로 검정하여라.

9. 다음은 어떤 전기부품의 납땜 공정에서 작업자가 서서하는 공정과 앉아서 하는 공정에서 나온 제품을 양품과 불량품으로 분류한 분할표이다.

공정여부/불량여부	양품	불량품
선 공정	651	49
앉은 공정	831	122
계	1482	171

위의 자료에서 두 공정 간에는 차이가 없는 지를 검정하여라.

10. 어느 정당에서는 지역에 따라 A, B, C 세 후보에 대한 지지도가 다른지를 알아보기 위해 각 도시에서 200명씩 조사한 결과 다음의 자료를 얻었다. 지역에 따라 지지도가 다른지를 통계적으로 검정하여라. 또 R-프로그램으로 하라.

지역/후보	A	B	C	계
서울	73	71	56	200
부산	102	55	43	200
대구	73	66	61	200
광주	62	98	40	200

CHAPTER

10

상관분석과 회귀분석

구성

요약

두 변수들 사이의 관계를 분석하는 경우가 많다. 이를테면 사용한 비료의 양과 수확량 사이 관계를 그리고 유전학자가 어머니와 딸의 키 사이에 관계가 있는지를 분석하고자 하는 경우 등 두 변수 사이의 관계를 분석하거나 또는 한 변수값이 주어졌을 때 다른 변수값을 예측하고자 하는 경우가 있다. 이와 같이 두 연속형 변수들 사이의 관계를 분석하는 통계적 분석방법으로 상관분석과 회귀분석이 있다. 상관분석이란 상관계수를 이용하여 두 변수들 사이에 어느 정도 밀접한가를 분석하는 방법이고, 선형 회귀 분석이란 한 변수를 원인으로 하고 다른 변수를 결과로 하여 두 변수 사이의 선형식을 구하고 그 식을 이용하여 원인으로 측정된 변수의 값이 주어졌을 때 결과를 관측하는 변수의 값을 예측하는 통계적 분석 방법이다.

10.1 상관분석

10.1.1 상관계수

두 연속형 변수의 값이 쌍으로 관찰되었을 대 두 변수값을 이용한 산점도(scatter plot)를 그리고 상관계수(correlation coefficient)를 구하여 두 변수사이의 관계가 얼마나 밀접한가를 관찰하는 것이다. 즉 두 변수 x, y가 다음과 같이 n개의 쌍으로 관측되었다고 할 때,

〈표 10.1〉 변수 x, y

x	x_1	x_2	x_3	$\cdots$	x_n
y	y_1	y_2	y_3	$\cdots$	y_n

상관계수 r은 다음과 같이 구한다.

$$r = \frac{s_{xy}}{\sqrt{s_{xx}} \cdot \sqrt{s_{yy}}}$$

여기에서

$$s_{xy} = \sum(x_i - \overline{x})(y_i - \overline{y}) = \sum x_i y_i - \frac{\sum x_i \sum y_i}{n}$$

$$s_{xx} = \sum(x_i - \overline{x})^2 = \sum x_i^2 - \frac{(\sum x_i)^2}{n}$$

$$s_{yy} = \sum(y_i - \overline{y})^2 = \sum y_i^2 - \frac{(\sum y_i)^2}{n}$$

이다.

이론적으로 $-1 \le r \le 1$이며, x와 y값의 관찰값에 의한 산포도와 상관계수 r과의 관계를 그림으로 표현하면 [그림 10.1]과 같다. [그림 10.1]에서 상관계수 r값은 산포도가 중심축을 중심으로 흩어진 정도를 측정하는데, r값의 부호는 중심축의 방향이

양의 방향이면 + 이고, 음의 방향이면 − 이다. 두 변수 x와 y사이의 관계의 밀접도는 r값의 절대값의 크기에 의하여 측정되는데 (a)와 (b)의 경우와 같이 $r=1$ 또는 -1인 경우는 x와 y가 완전한 선형관계임을 의미한다.

(c)와 (d)를 비교해 보면 $|r|=0.7$인 경우가 $|r|=0.5$인 경우보다 중심측을 중심으로 좀 더 가까이 분포되어 있음을 알 수 있다. 그리고 $r=0$인 경우에는 두 변수 사이

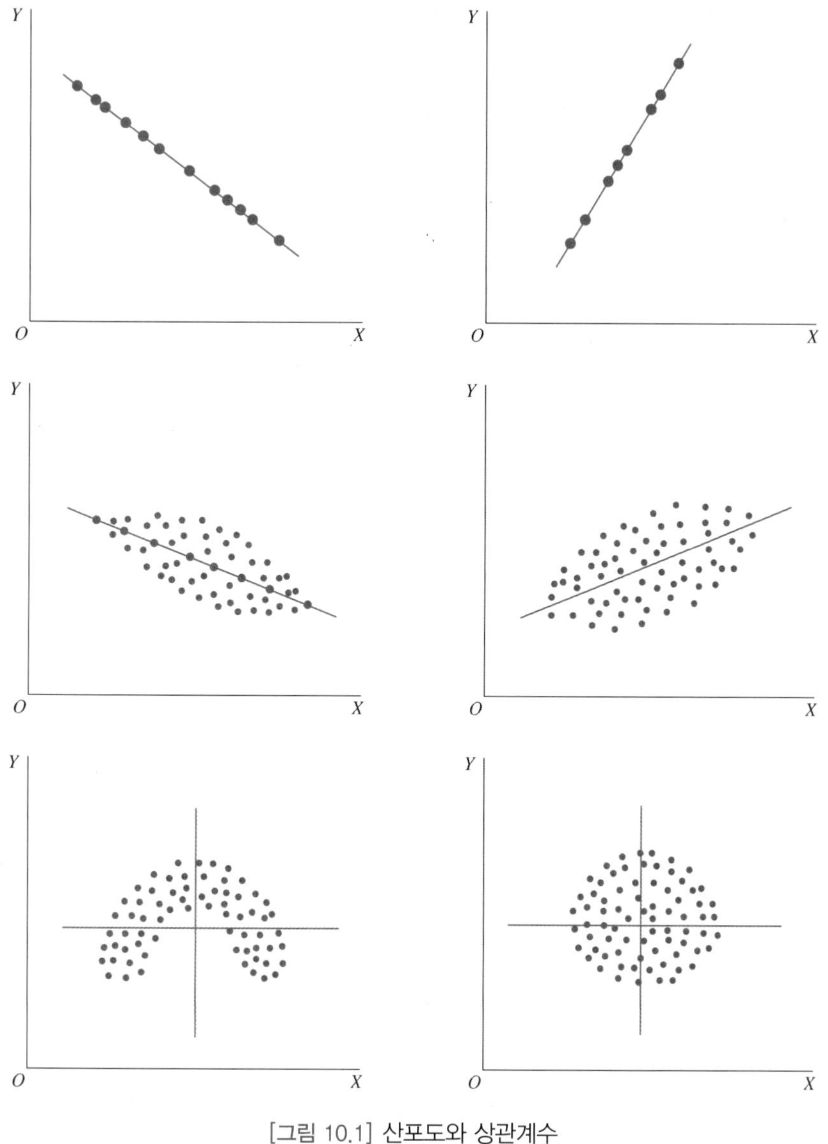

[그림 10.1] 산포도와 상관계수

에 관계가 없음을 의미하는데 산포도에서 (e)와 (f)의 경우와 같이 특정한 하나의 중심축을 그릴 수 없는 경우이다.

예제 10.1

소득이 중간 정도인 주민들 중에서 7가구를 추출하여 지난 달 소득과 식품비에 대한 정보를 수집한다고 하자. 수집된 정보가 〈표 10.2〉에 백만 단위로 주어져 있다. 상관계수를 구하여라.

〈표 10.2〉 7가구에 대한 소득과 식품비

소득	식품비
35	9
49	15
21	7
39	11
15	5
28	8
25	9

풀이

$$n=7\,,\ \sum x_i = 212,\ \sum y_i = 64$$

$$\sum x_i^2 = 7222,\ \sum x_i y_i = 2150$$

$$\sum y_i^2 = 646$$

$$s_{xy} = \sum x_i y_i - \frac{\sum x_i \sum y_i}{n} = 211.7$$

$$s_{xx} = \sum x_i^2 - \frac{(\sum x_i)^2}{n} = 801.4$$

$$s_{yy} = \sum y_i^2 - \frac{(\sum y_i)^2}{n} = 60.86$$

이 값들을 r에 대한 공식에 대입하면 다음과 같이 구해진다.

$$r = \frac{s_{xy}}{\sqrt{s_{xx}}\ \sqrt{s_{yy}}} = .96$$

예제 10.2

어떤 지역에서 두 개의 오염물질의 농도 사이에 강한 상관관계가 있다고 알려져 있다고 하자. 즉, 오존의 농도 x (ppm)와 제 2탄소의 농도 $y\,(\mu g/m^2)$사이에 관계는 다음의 자료와 같다. 표본상관계수을 구하여라.

〈표 10.3〉 농도

x	0.066	0.088	0.120	0.050	0.162	0.186	0.057	0.100
y	4.6	11.6	9.5	6.3	13.8	15.4	2.5	11.8

풀이

요약한 값들과 표본상관계수 r은 다음과 같다.

$$n=8,\ \sum x_i=0.763,\ \sum y_i=75.5,\ \sum x_i^2=0.0987,\ \sum x_iy_i=20.0397,\ \sum y_i^2=858.75$$

$$r=\frac{8.0898-(0.763)(75.5)/8}{\sqrt{0.0987-(0.763)^2/8}\ \sqrt{858.75-(75.5)^2/8}}=\frac{1.697}{(0.161)(12.09)}=0.87$$

따라서 오존농도와 제 2의 탄소 사이에 모상관계수의 추정값은 $r=0.87$이다.

예제 10.2

예제 10.2의 R-프로그램

풀이

```
> ppm<-c(0.066,0.088,0.120,0.050,0.162,0.186,0.057,0.100,        #오존농도
+        0.112,0.055,0.154,0.074,0.111,0.140,0.071,0.110)
> ugm<-c(4.6,11.6,9.5,6.3,13.8,15.4,2.5,11.8,8.0,7.0,20.6,       #제2의 탄소농도
+        16.6,9.2,17.9,2.8,13.0)
> plot(ppm,ugm,pch=16)      #산점도 출력
> cor(ppm,ugm)              #상관계수
[1] 0.7155355
```

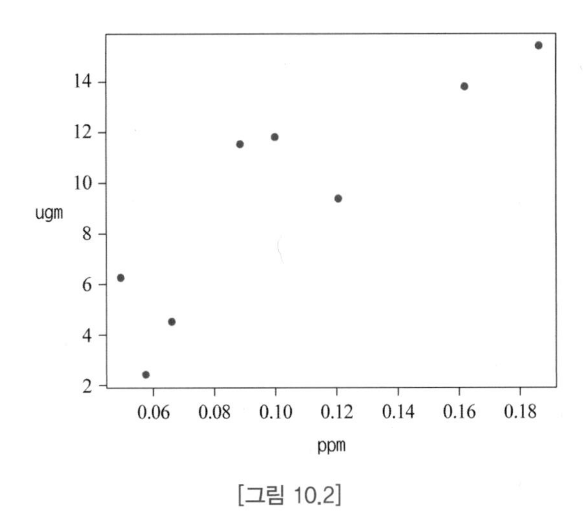

[그림 10.2]

10.1.2 상관계수의 검정

모집단에서의 상관계수를 ρ라고 하고 이에 대한 검정을 생각하여 보자. 두 변수 (x,y)가 이변량 정규분포를 따른다고 가정할 대, 모상관계수가 0이라는 귀무가설하에서 다음과 같은 통계량

$$\frac{\sqrt{n-2}\,r}{\sqrt{1-r^2}}$$

이 자유도가 $n-2$인 $t-$분포를 따르는 것으로 알려져 있다. 따라서 유의수준을 α로 할 때상관계수의 가설검정절차는 다음과 같다.

- 귀무가설 : $H_0 : \rho = 0$
- 검정통계량 : $t = \dfrac{\sqrt{n-2}\,r}{\sqrt{1-r^2}}$

유의수준 α에서 기각역 :

$H_a : \rho > 0$일 때,	$t \geq t_{\alpha,(n-2)}$
$H_a : \rho < 0$일 때,	$t \leq -t_{\alpha,(n-2)}$
$H_a : \rho \neq 0$일 때,	$\lvert t\rvert \geq t_{\alpha/2,(n-2)}$

예제 10.3

예제 10.1 자료를 사용하여 소득과 식품비사이의 선형상관계수가 양수인지 유의수준 1%에서 검정하시오.

풀이

$$H_0 : \rho = 0, \quad H_a : \rho > 0$$

검정통계량은

$$t = \frac{\sqrt{n-2}\,r}{\sqrt{1-r^2}} = \frac{\sqrt{7-2}\,(.96)}{\sqrt{1-(.96)^2}} = 7.667 > t_{0.01,\,(5)} = 3.36$$

이므로 유의수준 1%에서 H_0을 기각한다. 따라서 소득과 식품비 사이에 양의 선형관계가 있다고 결론을 내린다.

예제 10.4

토양생산성의 정확한 평가는 토지사용계획에 비판적이다. 유감스럽게도 대개의 경우 만족스런 토양생산성 지수는 구하기 힘들다고 알려져 있다. 생산성 지표 중에 하나는 농작물을 심는 것에 의해 부분적으로 결정된다. 그리고 같은 토양에서 두 개의 다른 농작물을 심을 때의 상관관계는 매우 강하지 않을지도 모른다. 실례로 어느 한 연구결과에 의하면 다음과 같이 8개의 다른 종류의 토양에 대한 땅콩의 산출량 y와 옥수수의 산출량 x에 관한 자료를 제시하고 있다.

〈표 10.4〉 산출량

x	2.4	3.4	4.6	3.7	2.2	3.3	4.0	2.1
y	1.33	2.12	1.80	1.65	2.00	1.76	2.11	1.63

여기서 두 변수간 표본상관계수 r와 상관관계의 유의성검정하여라.

풀이

$\sum x_i = 25.7,\ \sum y_i = 14.40,\ \sum x_i^2 = 88.31,\ \sum x_i y_i = 46.856,\ \sum y_i^2 = 26.4324$

$$s_{xx} = 88.31 - \frac{(25.7)^2}{8} = 88.31 - 82.56 = 5.75$$

$$s_{yy} = 26.4324 - \frac{(14.40)^2}{8} = 0.5124$$

$$s_{xy} = 46.856 - \frac{(25.7)(14.40)}{8} = 0.5960$$ 으로부터

$$r = \frac{0.5960}{\sqrt{5.75}\ \sqrt{0.5124}} = 0.347$$

이다.

연관성 검정의 가설은

$$H_0 : \rho = 0, \qquad H_a : \rho \neq 0$$

이며, $t-$통계량의 값은

$$t = \frac{\sqrt{n-2}\, r}{\sqrt{1-r^2}} = \frac{\sqrt{18-2}\,(.347)}{\sqrt{1-(.347)^2}} = .906 < t_{0.025,(6)} = 2.45$$

이므로 유의수준 5%에서 H_0를 기각하지 않는다. $p-$값$= P(T > 0.906) \times 2 = 0.39 > 0.05$이므로 H_0를 기각하지 않는다.

예제 10.4

예제 10.4의 R-프로그램

풀이

```
> x<-c(2.4,3.4,4.6,3.7,2.2,3.3,4.0,2.1)                  #옥수수 산출량
> y<-c(1.33,2.12,1.8,1.65,2.00,1.76,2.11,1.63)           #땅콩 산출량
> cor.test(x,y)                                          #상관계수검정

        pearson's product-moment correlation

data: x and y
t = 0.90706, df = 6 , p-value = 0.3993
alternative hypothesis: true correlation is not equal to 0
95 percent confidence interval:
 -0.4732094  0.8451265
sample estimates:
      cor
0.3472602
```

10.2 단순회귀모형과 최소제곱법

10.2.1 최소제곱회귀선

r의 크기로 두 변량 간에 선형 관련성이 있는가의 여부를 결정하고, 관련성의 크기를 정할 수 있다. 단지 r에 관하여 아는 것만으로는 예측할 수 없다. 우선 선형관계가 존재한다고 가정하고 즉,

$$y_i = \beta_0 + \beta_1 x_i + \epsilon_i, \ i = 1, \ \cdots, n$$

으로 나타낼 수 있으며, 이를 단순회귀모형이라 한다. β_0 와 β_1는 각각 절편과 기울기를 나타내는 회귀계수이며, $\epsilon_1, \cdots, \epsilon_n$ 은 오차항으로서 서로독립이고 평균 0, 분산 σ^2 인 확률변수라고 가정한다. 회귀분석에서 일반적으로 독립변수는 x 로 표시하고, x축에 표현하며, 종속 변수는 y로 하고 그 값은 y 축에 나타낸다. 다음의 예를 생각해 보기로 한다. 비료의 량(시비량)의 선형함수로서 곡물 수확량을 예측하고자 한다. 수확량은 예측되는 변수이므로 종속 변수이고, 시비량은 예측에 사용되는 변수이므로 독립 변수이다.

<표 10.5>는 시비량에 상응하는 곡물 수확량의 관찰치를 제시하고 있으며, [그림 10.3]에는 점산도가 그려져 있다. 분명히 선형 관계를 보여주고 있으므로, 이러한 선형 관계를 나타내는 직선에 적합하기를 원한다.

〈표 10.5〉 곡물 수확량과 시비량

시비량 x	수확량 y
30	43
40	45
50	54
60	53
70	56
80	63

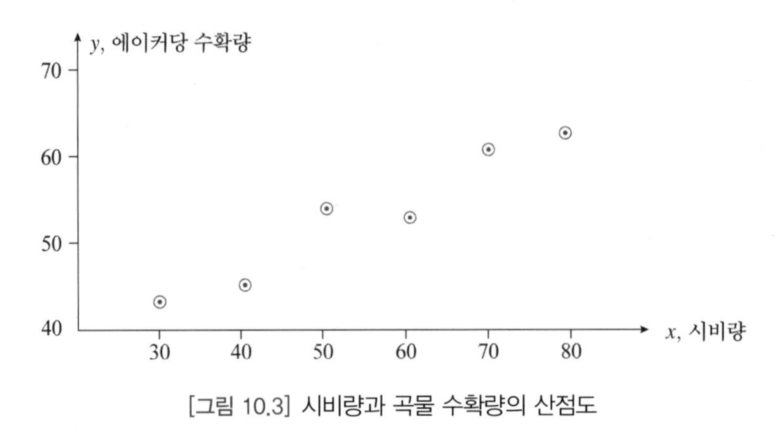

[그림 10.3] 시비량과 곡물 수확량의 산점도

관찰치와 예측치와의 편차제곱합인

$$\sum_{i=1}^{n}[y_i-(\beta_0+\beta_1 x_i)]^2$$

을 최소화하는 방법으로 편미분하여 상수 β_0의 추정치 b_0와 β_1의 추정치 b_1을 구한다. 이러한 기준으로 구한 직선을 최소자승회귀선(least squares regression line)이라 부르며, 가장 적합한 직선을 결정하는 b_0와 b_1의 값은 다음의 식으로 구한다.

회귀선의 기울기는

$$b_1 = r\frac{s_y}{s_x} = \frac{s_{xy}}{s_{xx}} = \frac{\sum(x_i-\overline{x})(y_i-\overline{y})}{\sum(x_i-\overline{x})^2}$$

그리고, y－절편은 다음과 같다.

$$b_0 = \overline{y} - b_1\overline{x}$$

기울기 b_1를 표본회귀계수(sample regression coefficient)라 일컫고, 이와 같이 구한 회귀선 $\hat{y} = b_0 + b_1 x$는 x에 관한 y의 회귀선(line of regression of y on x)이라 부른다.

예제 10.5

강우량의 정도에 따른 대기오염의 제거의 정도를 알아보기 위하여 다음과 같은 표를 얻었다. 다음 물음에 답하여라.

〈표 10.6〉 강우량과 대기오염자료

강우량(x)	4.3	4.5	5.9	5.6	6.1	5.2	3.8	2.1	7.5
대기오염제거정도(y)	126	121	116	118	114	118	132	141	108

(1) 상관계수 r을 계산하여라.

(2) 강우량으로부터 대기오염의 제거정도를 예측하기 위한 회귀직선의 방정식을 구하여라.

(3) 강우량이 $x=5.8$일 때, 대기오염 제거정도를 추정하여라.

풀이

(1) $n=9,\ \sum x_i = 45,\quad \sum y_i = 1094,\ \sum x_i y_i = 5348.2,$

$\sum x_i^2 = 244.26,\ \sum y_i^2 = 133786,\ \overline{x}=5,\ \overline{y}=1094/9$

$$r = \frac{\frac{1}{n-1}\sum(x_i-\overline{x})(y_i-\overline{y})}{s_x s_y} = \frac{\sum x_i y_i - n\overline{x}\,\overline{y}}{\sqrt{\left(\sum x_i^2 - n\overline{x}^2\right)\left(\sum y_i^2 - n\overline{y}^2\right)}} \fallingdotseq -0.9787.$$

(2) $b_1 = \dfrac{s_{xy}}{s_{xx}} = \dfrac{\sum x_i y_i - n\overline{x}\,\overline{y}}{\sum x_i^2 - n\overline{x}^2} \fallingdotseq -6.3240,\quad b_0 = \overline{y} - b_1\overline{x} \fallingdotseq 153.1755,$

$\hat{y} = 153.1755 - 6.3240x$

(3) $x=5.8$일 때, $\hat{y} = 153.1755 - 6.3240 \cdot 5.8 = 116.496$

예제 10.6

시비량에 의한 곡물 수확량 〈표 10.5〉의 회귀선을 구하여라.

풀이

〈표 10.7〉 계산

	시비량 x	수확량 y	x^2	xy	y^2
	30	43	900	1290	1849
	40	45	1600	1800	2025
	50	54	2500	2700	2916
	60	53	3600	3180	2809
	70	56	4900	3920	3136
	80	63	6400	5040	3969
합계	330	314	19,900	17,930	16,704

$n=6,\ \sum_{i=1}^{6} x_i = 330,\ \sum_{i=1}^{6} y_i = 314,\ \sum_{i=1}^{6} x_i^2 = 19{,}900,$ 그리고 $\sum_{i=1}^{6} x_i y_i = 17{,}930$이므로, b_1값은 다음과 같다.

$$b_1 = \frac{17{,}930 - \frac{(330)(314)}{6}}{19{,}900 - \frac{(330)^2}{6}} = 0.377,\ \bar{x} = \frac{330}{6} = 55, \text{ 그리고 } \bar{y} = \frac{314}{6} = 52.33 \text{ 이므로}$$

$b_0 = \bar{y} - b_1 \bar{x} = 52.33 - (0.377)(55) = 31.593$ 끝으로 회귀선, 또는 예측 방정식은 다음과 같다.

$$\hat{y} = 31.593 + 0.377x$$

예제 10.6

예제 10.6의 R-프로그램

풀이

```
> x<-c(30,40,50,60,70,80)            #시비량
> y<-c(43,45,54,53,56,63)            #수확량
> plot(x,y)                          #산점도
> lm.result<-lm(formula = y~x)       #회귀분석
> abline(lm.result)                  #회귀직선추가(산점도)
```

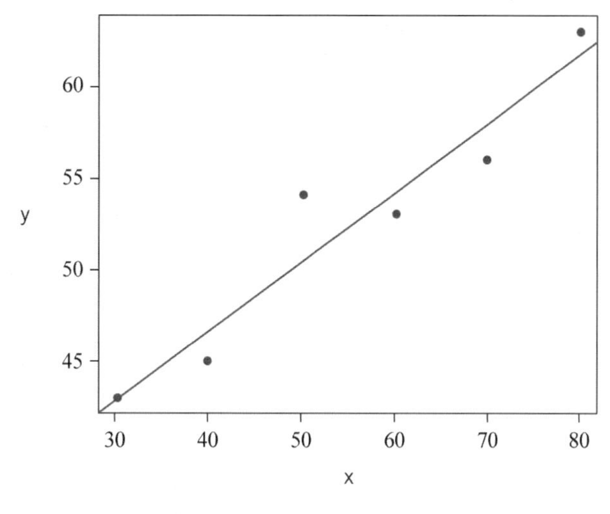

[그림 10.4] 산점도와 회귀선

10.2.2 잔차

회귀모형에서 각각의 x_i값에 대하여 y_i와 $\hat{y_i}$의 값이 같지 않을 수 있는데, 두 값의 차이

$$e_i = y_i - \hat{y_i},\ i = 1,\ 2,\ \cdots,\ n$$

는 오차항의 ε의 추정량으로 e_i를 잔차(residual)라고 한다.

위의 자료에 대한 회귀모형에서 $\hat{y_i}$과 $e_i = y_i - \hat{y_i}$ 값을 구하여 정리해 놓은 표가 <표 10.8>이다.

〈표 10.8〉 $\hat{y_i}$와 e_i값의 표

시비량	30	40	50	60	70	80
y_i	43	45	54	53	56	63
$\hat{y_i}$	42.9	46.7	50.4	54.2	47.9	61.8
e_i	0.1	−1.7	3.6	−1.2	−1.9	1.2

<표 10.8>에서 e_i의 값이 양수로 나타낸 경우는 수확량이 시비량에 의하여 기대된 수확량보다 높게 나온 경우이고, e_i의 값이 음수로 나타난 경우는 수확량이 시비량에 의하여 기대된 수확량보다 낮게 나온 경우이다.

10.2.3 분산 σ^2의 추정

앞에서는 회귀계수의 추정량 b_0와 b_1를 구하는 과정에 대하여 설명하였는데, 오차항 e_i의 분산인 σ^2의 추정량은 다음과 같이 구한다. $\hat{y_i} = b_0 + b_1 x_i$를 구한 후에 잔차 e_i를

$$e_i = y_i - \hat{y_i} = y_i - (b_0 + b_1 x_i)$$

와 같이 정의할 때, 잔차제곱합(residual sum of squares ; SSE)을

$$SSE = \sum_{i=1}^{n} e_i^2 = \sum (y_i - \hat{y_i})^2$$

이와 같이 정의하며, σ^2의 추정량 s_e^2은

$$s_e^2 = \frac{1}{n-2} SSE = \frac{1}{n-2} \sum_{i=1}^{n} (y_i - \hat{y_i})^2 = \frac{1}{n-2} \left[\sum_{i=1}^{n} y_i^2 - b_0 \sum_{i=1}^{n} y_i - b_1 \sum_{i=1}^{n} x_i y_i \right]$$
$$= \frac{1}{n-2} (s_{yy} - b_1 s_{xy})$$

과 같이 구한다. s_e^2에서 분모 $n-2$는 잔차제곱합(SSE)의 자유도인데, 이 값은 위와 같은 단순선형회귀모형의 선형식에는 모수가 2개(β_0, β_1) 있으므로 표본관찰의 수 n에서 모수의 수 2를 뺀 값이라고 설명할 수 있다. 다른 설명방법으로는 SSE의 계산에서

$$SSE = \sum_{i=1}^{n} (y_i - \hat{y_i})^2 = \sum_{i=1}^{n} (y_i - b_0 - b_1 x_i)^2$$

이과 같이 두 모수의 추정량(b_0, b_1)이 주어지기 때문에 SSE의 자유도는 표본관찰의 수 n에서 2를 뺀 값이다. 위에 주어진 자료 <표 10.8>에서 분산 σ^2의 추정량 s_e^2은

$$s_e^2 = \frac{1}{6-2}\sum_{i=1}^{6}(y_i - \hat{y_i})^2 = 5.59$$

이다.

10.3 회귀계수 β_1에 대한 추론

추정된 회귀선

$$\hat{y_i} = b_0 + b_1 x_i$$

에서 b_0와 b_1를 각각 모 회귀선

$$y_i = \beta_0 + \beta_1 x_i$$

에서 주어진 모수 β_0와 β_1의 추정량이다.

β_1의 추정량 b_1는 평균 β_1이고, 분산이 $\sigma^2 / \sum(x_i - \bar{x})^2$인 정규분포를 따른다. 즉,

$$b_1 \sim N\left(\beta_1, \frac{\sigma^2}{\sum(x_i - \bar{x})^2}\right)$$

이며 b_1의 표준오차추정치 $s_{b_1} = \sqrt{\dfrac{s_e^2}{\sum_i^n (x_i - \bar{x})^2}}$ 이다. 이를 이용하여 β_1의 신뢰구간과 $\beta_1 = 0$에 대한 검정을 실시할 수 있다.

10.3.1 신뢰구간

모수 β_1의 신뢰구간을 구하고자 한다. 추정량이 정규 분포이고, 그의 분산을 추정하여야 하는 경우의 문제를 이미 다룬 바 있으며, 이 경우에도 신뢰 구간의 상한과 하한은 다음 규칙을 적용하여 구할 수 있다.

(모수의 추정치)±(t값)・(표준오차의 추정치)

여기에서 σ^2 추정치 s_e^2는 $\sum_{i=1}^{n}(y_i - \hat{y_i})^2$을 $(n-2)$로 나누었으므로, t분포는 $(n-2)$의 자유도를 갖는다. 그러므로 β_1의 $(1-\alpha)100\%$ 신뢰 구간은 다음과 같다.

$$b_1 - t_{(n-2),\,\alpha/2}\ s_{b_1} < \beta_1 < b_1 + t_{(n-2),\,\alpha/2}\ s_{b_1}$$

예제 10.7

시비량과 수확량의 회귀 분석에서 모수에 관한 신뢰구간을 구하여라.

풀이

$\alpha = 0.05$로 하자. $n = 6$이므로 자유도가 4가 되고 $t_{(n-2),\,\alpha/2} = t_{(4),\,0.025} = 2.776$이다. 따라서, 95% 신뢰 구간은 다음과 같다. $s = 2.367$, $\sum_i (x_i - \bar{x})^2 = 1750$ $b_1 = 0.377$ 이고, $s_{b_1} = 0.0566$이므로, β_1의 95% 신뢰 구간은

$0.377 - (2.776)(0.0566) < \beta_1 < 0.377 + (2.776)(0.0566)$

$0.220 < \beta_1 < 0.534$

10.3.2 가설 검정

회귀 이론의 주요 기능은 독립 변수에 관한 지식으로 종속 변수의 평균치를 예측하는 것이므로, 독립 변수가 예측 목적에 합당한지의 여부가 매우 중요한 문제이다. 따라서, 가설 $H_0 : \beta_1 = 0$을 검정하게 된다면, 비료 투여량과 수확량의 예제에서 귀무가설을 검정하기로 한다.

일반적으로 회귀선에 대한 가설검정 절차는 다음과 같다.

- 귀무가설(H_0); $\beta_1 = 0$
- 검정통계량 ; $t = \dfrac{b_1 - 0}{s_{b_1}}$

〈표 10.9〉

대립가설	유의수준 α 검정에 대한 기각역
(1) $H_a : \beta_1 > 0$	$t > t_{\alpha, (n-2)}$
(2) $H_a : \beta_1 < 0$	$t \le -t_{\alpha, (n-2)}$
(3) $H_a : \beta_1 \ne 0$	$\lvert t \rvert \ge t_{\alpha/2, (n-2)}$

H_0가 참일 때 검정통계량은 자유도 $n-2$인 t분포를 따른다.

예제 10.8

시비량과 수확량의 회귀 분석에서 모수에 관한 $H_0 : \beta_1 = 0$을 검정하여라.

풀이

귀무가설 $H_0 : \beta_1 = 0$ 이의 대립가설은 $H_a : \beta_1 \ne 0$

5%의 유의수준에서 $t_{(n-2), \alpha/2} = 2.776$이므로, $\dfrac{b_1 - 0}{s_{b_1}} = \dfrac{b_1}{s_{b_1}}$의 계산된 값이 -2.766보다 작거나 또는 2.776보다 크면 H_0를 기각하게 된다. $b_1 = 0.377$이고, $s_{b_1} = 0.0566$이므로

이 값이 2.776 보다 크므로 $\beta_1 = 0$의 귀무가설을 기각하고, 곡물 수확량이 시비량에 의존한다고 결론이 내린다.

예제 10.9

〈표 10.10〉에는 여러 종류의 자동차들에 관한 사용 연수와 매매가격(단위 : 100$)이 나타나 있다.

〈표 10.10〉 자동차의 사용 연수와 전매 가격

	사용 연수	전매 가격 (단위 : 100$)			
	x	y	x^2	xy	y^2
	1	30	1	30	900
	1	32	1	32	1024
	2	25	4	50	625
	2	27	4	54	729
	2	26	4	52	676
	4	16	16	64	256
	4	18	16	72	324
	4	16	16	64	256
	4	20	16	80	400
	6	10	36	60	100
	6	8	36	48	64
	6	11	36	66	121
합계	42	239	186	672	5475

(1) 산점도를 그려라.

(2) 사용 연수로 전매 가격을 회귀하라.

(3) 5년 후의 전매 가격을 추정하라.

(4) 분산 σ^2을 추정하라.

(5) $x=5$일 때에 s_{b_1}을 구하라.

(6) β_1 의 95% 신뢰 구간을 추정하라.

(7) 연간 감가 상각률이 0달러인지를 유의수준 5% 에서 가설 검정하여라.

풀이

(1) 그림 10.5의 산점도에서 보는 바와 같이 선형성이 분명히 나타난다.

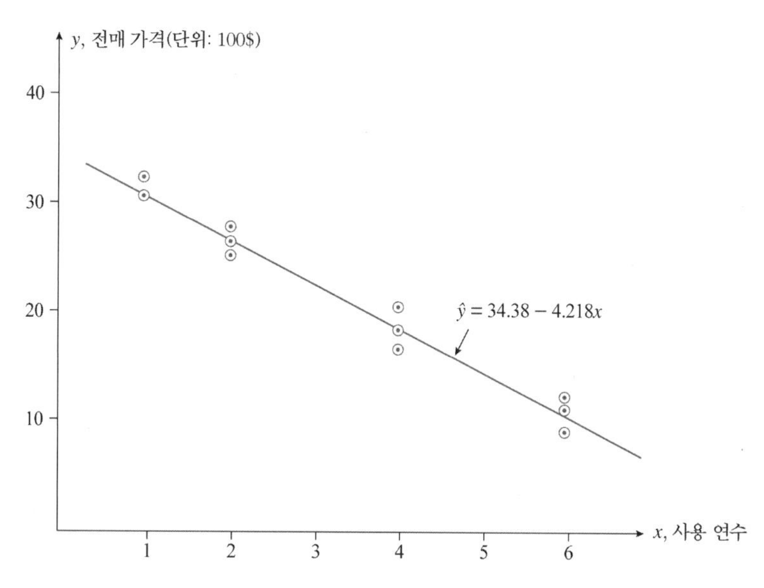

[그림 10.5] 사용 연수와 전매 가격의 점산도와 회귀선

(2) 〈표 10.10〉에 계산상 필요한 수치들이 주어져 있다. 즉, $n=12$,

$\sum_{i=1}^{n} x_i = 42,\ \sum_{i=1}^{n} y_i = 239,\quad \sum_{i=1}^{n} x_i^2 = 186,\ \sum_{i=1}^{n} x_i y_i = 672,\ \sum_{i=1}^{n} y_i^2 = 5475$ 이므로,

$$b_0 = \frac{(672)-(42)(239)/12}{(186)-(42)^2/12} = \frac{-1974}{468} = -4.218$$

그리고,

$$b_0 = \frac{239}{12} - (-4.218)\left(\frac{42}{12}\right) = 34.68$$

그러므로, 회귀선은 다음과 같다.

$$\hat{y} = 34.68 - 4.218x$$

또한, 연간 자동차의 감가상각 평균치는 421.8 달러이다.

(3) 5년 후의 전매 가격 추정치는

$$\hat{y} = 34.68 - (4.128)(5) = 14.04$$

즉, 5년 후의 자동차 전매 가격은 1404 달러이다.

(4) 따라서, 다음을 구해 보면

$$s_e^2 = \frac{1}{n-2}\left[\sum_{i=1}^{n} y_i^2 - b_0 \sum_{i=1}^{n} y_i - b_1 \sum_{i=1}^{n} x_i y_i\right]$$

$$= \frac{1}{12-2}[5{,}475 - (34.68)(239) - (-4.218)(672)]$$

$$= 2.098$$

(5) $\sum_{i=1}^{n}(x_i-\bar{x})^2=\sum_{i=1}^{n}x_i^2-\frac{\left(\sum_{i=1}^{n}x_i\right)^2}{n}=186-\frac{(42)^2}{12}=39$이고, $\bar{x}=\frac{42}{12}=3.5$이므로,

$$s_{b_1}=\sqrt{\frac{s_e^2}{\sum_{i}^{n}(x_i-\bar{x})^2}},\quad s_{b_1}^2=\frac{2.098}{39}=0.0538$$

따라서, $s_{b_1}=0.232$ 이다.

(6) 여기에서 몇 가지 가정을 할 필요가 있다. 사용 연수인 x가 주어지면, 전매가격은 정규분포를 한다고 가정한다. 또한, 전매 가격의 분포에서 분산의 x의 임의의 값에 대하여 동일하다고 가정한다. $n=12$이므로 t분포는 자유도 10을 갖고

$t_{(n-2),\,\alpha/2}=t_{(10),\,0.025}=2.228$이 된다.

$b_1=-4.218$이고 $s_{b_1}=0.232$ 이다. 따라서 β_1의 95% 신뢰 구간은

$$-4.218-(2.228)(0.232)<\beta_1<-4.218+(2.228)(0.232)$$

$$-4.735<\beta_1<-3.701$$

(7) 연간 감각 상각이 0 달러라는 귀무가설을 검정하기로 한다. 바꾸어 말하면, 가설 $H_0:\beta_1=0$를 검정하고자 한다. 대립가설을 $H_a:\beta_1\neq 0$로 놓는다. $b_1=-4.218$이고 $s_{b_1}=0.232$이므로 검정통계량의 값은

$$\frac{b_1-\beta_0}{s_{b_1}}=\frac{-4.218}{0.232}=-18.18$$

$t_{(10),0.025}=2.23$이고, 검정 통계량의 수치가 -2.23과 2.23 밖에 놓이므로 귀무가설을 기각한다.

예제 10.9

예제 10.9의 R-프로그램

풀이

```
> x<-c(1,1,2,2,2,4,4,4,4,6,6,6)                #사용연수
> y<-c(30,32,25,27,26,16,18,16,20,10,8,11)     #전매가격
> fit<-lm(y~x)                                 #회귀분석
> summary(fit)                                 #회귀분석결과 출력

call :
lm(formula = y ~ x)

Residuals:
```

```
     Min       1Q    Median      3Q      Max
-1.80769 -1.27564 -0.02564 0.95192 2.19231

coefficients:
           Estimate std . Error t value pr(>¦t ¦)
(Intercept) 34.6795      0.9150   37.90 3.90e-12 ***
x           -4.2179      0.2324  -18.15 5.53e-09 ***
---
signif.codes: 0 '***'   0.001 '**' 0.01 '*' 0.05 '.'0.1 ' ' 1

Residual standard error: 1.451 on 10 degrees of freedom
Multiple R-squared: 0.9705,     Adjusted R-s quared: 0.9676
F-statistic: 329.4 on 1 and 10 DF, p-value: 5.533e-09

> plot(x,y,pch=19)
> #추정된회계직선그리기
> abline(fit)

> #모형의ANOVA
> anova(fit)
Analysis of Variance Table

Response: y
          Df Sum Sq Mean Sq F Value    Pr(>F)
x          1 693.85  693.85   329.4 5.533e-09 ***
Residuals 10  21.06    2.11
---
Signif. codes:  0 '***' 0.001 '**' 0.01 '*' 0.05 '.' 0.1 ' ' 1

> #신뢰구간
> confint(fit,level=0.95)
                2.5 %    97.5 %
(Intercept) 32.640816 36.718159
x           -4.735772 - 3.700126
```

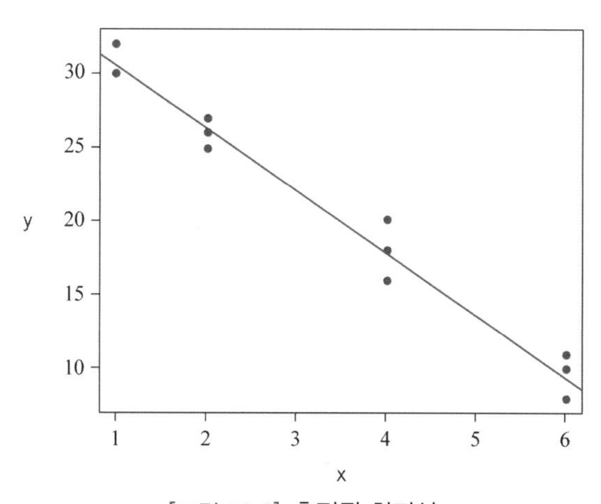

[그림 10.6] 추정된 회귀선

10.3.3 결정계수

회귀분석에서는 주어진 자료에 대한 회귀선의 설명력을 측정할 수가 있는데, 이와 같이 회귀선의 자료에 대한 설명력을 측정하는 통계량을 결정계수(coefficient of determinant)라고 하며, 이 통계량의 유도과정은 다음과 같이 설명할 수 있다.

[그림 10.7]에서 볼 수 있는 바와 같이 (x,y) 산점도의 각 점에서 y값 $y_i, i=1, 2, \cdots, n$와 y값의 평균 $\overline{y}=\frac{1}{n}\sum_{i=1}^{n}y_i$과의 편차 $y_i-\overline{y}$는 잔차에 의한 부분 $y_i-\hat{y_i}$과 회귀선에 의하여 설명되는 부분 $\hat{y_i}-\overline{y}$으로 나눌 수 있으며 모든 관찰값에 대하여 각각을 제곱하여 합한 결과는 다음과 같이 표현할 수 있다.

$$SSE=\sum_{i=1}^{n}(y_i-\hat{y_i})^2 \text{ :잔차제곱합}$$

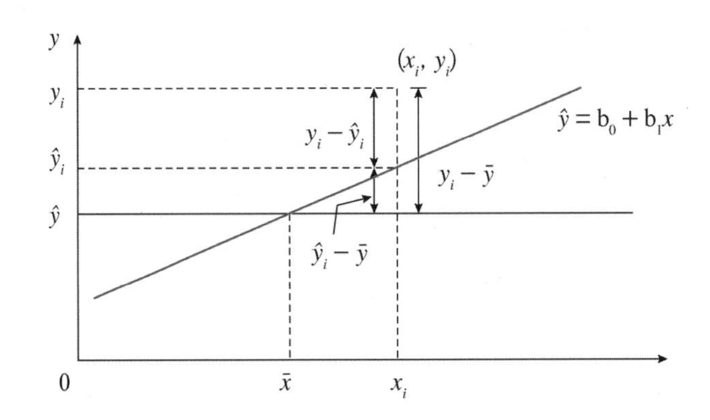

[그림 10.7] 편차 $y-\overline{y}$의 분할

- 회귀 제곱합 : $SSR=\sum_{i=1}^{n}(\hat{y_i}-\overline{y})^2$
- 총제곱합 : $SST=\sum_{i=1}^{n}(y_i-\overline{y})^2$

세 가지 제곱합 SST, SSE, SSR 의 정의에 의하여

$$SST=SSE+SSR$$

임을 이해할 수 있는데, 결정계수 r^2는

$$r^2 = \frac{SSR}{SST}$$

과 같이 정의한다.

결정계수 r^2는 총변동 SST 중에서 회귀선에 의하여 설명되는 변동 SSR의 비율을 측정하는 값이며 따라서 r^2은 $0 \le r^2 \le 1$ 사이의 값을 갖는다. 결정계수 r^2의 값이 1에 가깝다는 것은 관측값들이 회귀선에 가까이 있는 경우로 자료에 대한 회구선의 설명력이 크다는 것을 의미하고 r^2의 값이 0에 가깝다는 것은 관측값들이 회귀선에서 멀리 떨어져 있는 경우로 자료에 대한 회귀선의 설명력이 약하다는 것을 의미한다.

결정계수를 r^2으로 표현하는 이유는 설명변수가 하나인 단순선형 회귀모형에서 결정계수 r^2의 값은 두 변수 x, y의 상관계수 r의 제곱과 같다.

예제 10.10

다음은 여섯 개의 세정제 제품의 광고비와 전체 판매량을 나타낸 것이다.

〈표 10.11〉

광고비($ 1000)(x)	2.3	5.7	4.8	7.3	5.9	6.2
전체 판매량($ 1000)(y)	77	105	96	118	102	95

만약 $5000이 광고비로 쓰였을 때, 전체 판매량은 얼마인지 예상해보고, 회귀선의 기울기의 의미를 설명하라.

풀이

계산기를 사용하면, 구한 회귀선의 방정식은

$$\hat{y} = 59.684 + 7.295x$$

x와 y를 문자변수로 대체하는 것도 도움이 된다, 예를 들어 다음과 같은 결과를 나타낸다. 판매량 = 59.684 + 7.295(광고비) 회귀선은 만약 $5000이 광고비로 쓰인다면, 그 결과인 전체 판매량은 7.295(5) + 59.684 = 96.159, 즉 96159달러인 것을 예측한다. 회귀선의 기울기는 모든 추가적으로 광고비에 사용한 $1000에 판매량에 $7295이 증가한다는 것을 알 수 있다.

예제 10.11

예제 10.10에서 결정계수 R^2값을 구하여라.

풀이

각 예측값을 구해보면

〈표 10.12〉

x	2.3	5.7	4.8	7.3	5.9	6.2
y	77	105	96	118	102	95
$\hat{y}$	76.5	101.3	94.7	112.9	102.7	104.9
$y-\hat{y}$	0.5	3.7	1.3	5.1	-0.7	-9.9

$\bar{y}=98.83$ 이므로

$$SST=\sum(y_i-\bar{y})^2=(77-98.83)^2+(105-98.83)^2+\cdots+(95-98.83)^2=914.833$$

$$SSR=\sum(\hat{y_i}-\bar{y})^2=(76.46-98.83)^2+(101.26-98.83)^2+\cdots+(104.91-98.83)^2=774.432$$

따라서 결정계수는

$$R^2=\frac{SSR}{SST}=.847$$

10.4 비선형 회귀모형

종종 두 변수들 사이의 관계를 설명하기 위해서는 직선이 가장 좋은 모델이 아닐 수도 있다. 이 문제의 명확한 표시는 산점도가 눈에 보이는 곡선을 가지고 있을 때이다. 오차들이 무작위의 분포가 아닌 명확한 모형을 가지고 있을 때이다. 이러한 경우, 하나 또는 두 개의 변수들을 변형 시킨 후 선형의 관계를 확인함으로써 종종 선이 아닌 모델이 나타날 수 있다. 유용한 변형은 종종 새로운 변수들을 만드는 계산기의 log 또는 In 을 통해 나타난다.

예제 10.12

다음 년 수와 그에 해당하는 인구수를 보자(R프로그램에서 $\log x = \ln x$이다).

〈표 10.13〉 년도별인구수자료

년, x:	1950	1960	1970	1980	1990
인구 (단위: 1000), y:	50	67	91	122	165

산포도와 잔차플롯은 비선형관계가 더욱 강한 모형인지 확인하여라.

풀이

년수와 인구의 산점도와 잔차풀롯은 다음과 같다.

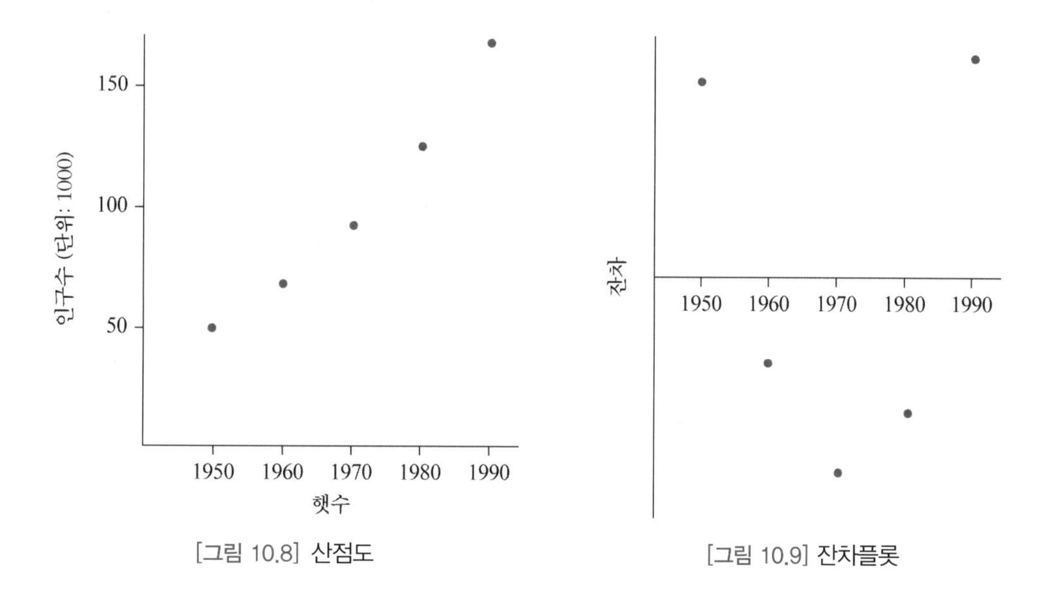

[그림 10.8] 산점도

[그림 10.9] 잔차플롯

$\ln y$ 를 새로운 변수라고 하면, 다음을 얻는다.

〈표 10.14〉 년도와 ln (인구수)의 자료

x:	1950	1960	1970	1980	1990
$\ln y$:	3.912	4.205	4.511	4.804	5.106

년도와 ln (인구수)의 산포도와 잔차플롯은 더 강한 선의 관계를 암시한다.

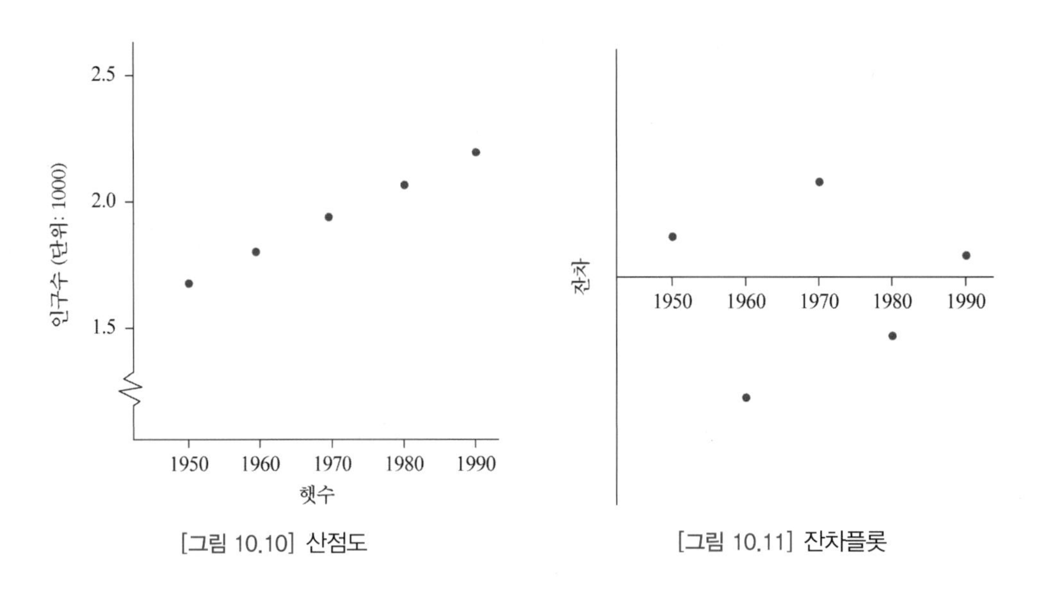

[그림 10.10] 산점도

[그림 10.11] 잔차플롯

회귀선 분석은 $\ln y = 0.0298x - 54.34$를 나타낸다. $\log(Pop) = -54.34 + 0.03(Year)$을 가진다. 예를 들어, 2000년도에 예상되는 인구수는 $\ln(Pop) = 0.03(2000) - 54.34 = 5.66$일 것이고 따라서 $Pop = e^{2.4} \approx 287.15$(천) 또는 287,150일 것이다. "1차" 방정식은 $\ln y = 0.03x - 54.34$ 는 $y = e^{0.03x - 54.34}$로 다시 표현될 수 있다.

예제 10.12

예제 10.12의 R-프로그램

풀이

```
> x<-c(1950,1960,1970,1980,1990)          #연
> y<-c(50,67,91,122,165)                  #인구수
> plot(x,y,pch=19)                        #산점도
> lm.reult<-lm(y~x)                       #회귀분석
> summary(lm.result)                      #회귀분석결과 출력
```

```
call :
lm(formula = y ~ x)

Residuals :
   1     2     3     4     5
 8.0  - 3.5  - 8.0  - 5.5   0.9

coefficients:
              Estimate std. Error t value pr(>¦t¦)
(Intercept) -5515.5000   570.4082  -9.669  0.00235 **
x               2.8500     0.2895   9.843  0.00223 **
---
signif. codes: 0 '***' 0.001 '**' 0.01 '*' 0.05 '.' 0.1 ' ' 1

Residual standard error: 9.156 on 3 degrees of freedom
Multiple R-squared :  0.97,     Adjusted R-squared:  0.96
F-statistic: 96.89 on 1 and 3 DF, p-value: 0.002229

> log_y<-log(y,base=10)      #종속변수를 log(y)로 변환
> plot(x,log_y,pch=19)       #산점도
> lm.result<-lm(log_y~x)     #회귀분석
> summary(lm.result)
call:
lm(formula = log_y ~ x)
Residuals:
        1          2         3          4         5
0.0008466 -0.0017799 0.0014554 -0.0009575 0 0004354
coefficients:
              Estimate Std. Error t value pr(>¦t¦)
(Intercept) -2.360e+01  9.590e-02  -246.1 1.48e-07 ***
x            1.297e-02  4.868e-05   266.5 1.17e-07 **
---
signif. codes:
0 '***' 0.001 '**' 0.01 '*' 0.05 '.' 0.1 ' ' 1
Residual standard error: 0.001539 on 3 degrees of freedom
Multiple R-squared:      1,     Adjusted R-squared: 0.9999
F-statistic: 7.102e+04 on 1 and 3 DF,  p-value: 1.165e-07
```

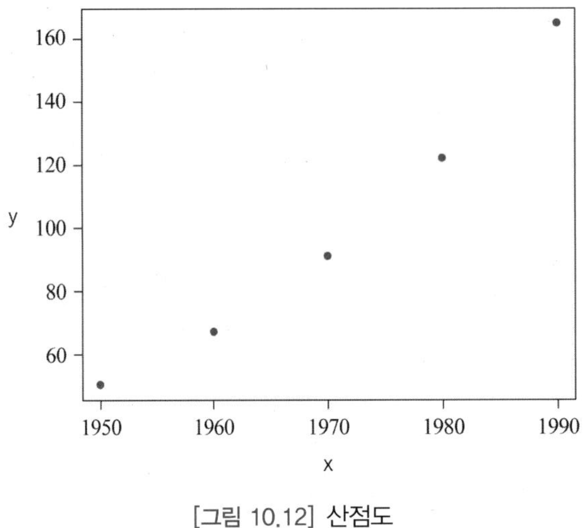

[그림 10.12] 산점도

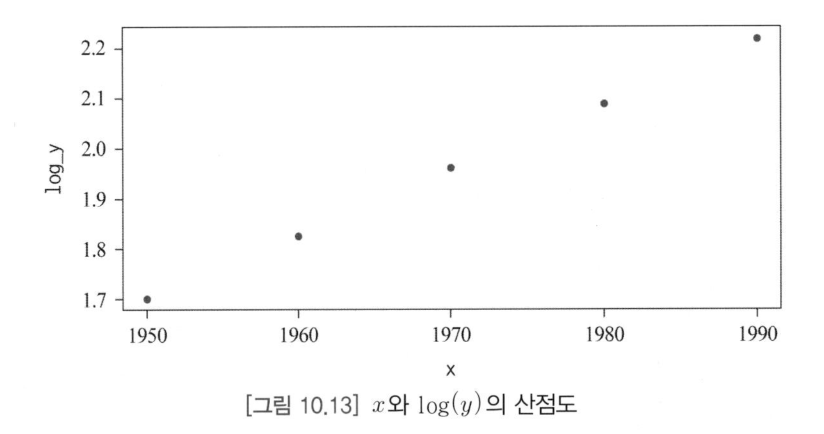

[그림 10.13] x와 $\log(y)$의 산점도

10.5 다중회귀모형

반응변수 y_i, $(i=1,\cdots,n)$에 대해서 k개의 설명변수 $x_{1i},\ldots,x_{ki}$ 가 있다고 하자.

다중회귀의 모형식은 다음과 같다.

$$\text{다중회귀모형} : y_i = \beta_0 + \beta_1 x_{1i} + \cdots + \beta_k x_{ki} + \epsilon_i$$

여기서 오차항 ϵ_i는 평균이 0이고 분산이 σ^2인 정규분포를 따르며 서로 독립인 것을 가정한다. 모형에서는 각 설명변수들과 반응변수간의 선형관계를 가정하고 있다.
중회귀모형은 다음과 같이 벡터 방정식으로 나타내면 편리하다.

$$y = X\beta + \epsilon$$

다만,

X는 i번째 행이 $(1, x_{1i}, \ldots, x_{ki})$인 행렬
β는 $(\beta_0, \beta_1, \ldots, \beta_k)'$로 된 $(k+1)$열벡터
ϵ은 $(\epsilon_1, \ldots \epsilon_n)'$으로 된 n열벡터
y는 $(y_1, \ldots, y_n)'$으로 된 n열벡터

이와 같은 행렬을 사용하면 β의 최소제곱추정량 및 적합된 모형은 다음과 같다.

최소제곱추정량과 적합된 모형 :

$$\beta = (X'X)^{-1}X'y \ \ (X' : X\text{의 전치행렬})$$
$$\hat{y} = X\hat{\beta}$$

이제 각각의 회귀계수 $\beta_j (j = 1, \ldots, k)$에 대해서 가설 $H_0 : \beta_j = 0$를 검정하는 방법을 알아보자. 이의 검정은 귀무가설 하에서 다음과 같은 검정통계량

$$t = \frac{b_j}{SE(b_j)}$$

이 자유도가 $n-k-1$인 $t-$분포를 따른다는 사실을 이용한다. 여기서 $SE(b_j)$는 b_j의 표준오차 추정치를 의미하는데, 구하는 식은 생략하겠다.

유의수준을 α라고 했을 때 귀무가설과 대립가설의 형태에 따른 기각역은 다음과 같이 정리된다. 여기서 $t_{\alpha,(n-k-1)}$은 자유도 $n-k-1$인 t-분포에서 상위 α의 확률을 주는 값을 의미한다.

① $H_0 : \beta_j = 0 \ vs. \ H_a : \beta_j > 0$일 때, $t > t_{\alpha,(n-k-1)}$이면 귀무가설 기각

② $H_0 : \beta_j = 0 \ vs. \ H_a : \beta_j < 0$ 일 때, $t < -t_{\alpha, (n-k-1)}$ 이면 귀무가설 기각

③ $H_0 : \beta_j = 0 \ vs. \ H_a : \beta_j \neq 0$ 일 때, $|t| > t_{\alpha/2, (n-k-1)}$ 이면 귀무가설 기각

총제곱합의 분해는 단순회귀의 경우와 같으며 다만 자유도만 변한다. 중회귀모형의 유의성을 검정하기 위하여는 가설

$$H_0 : \beta_j = 0, \ H_a : \beta_j \neq 0$$

을 검정하며, 이를 위한 분산분석표는 아래와 같다.

〈표 10.15〉 분산분석표

요인	제곱합	자유도	평균제곱	F값	$p-$값
회귀	SSR	k	MSR	$f=$MSR/MSE	$P(F \geq f)$
잔차	SSE	$n-k-1$	MSE		
합계	SST	$n-1$			

중회귀모형에서 결정계수는 단순회귀와 같이 정의된다. 즉, 결정계수는

$$R^2 = \frac{SSR}{SST}$$

로 정의된다. 설명변수가 추가되면 R^2값은 언제나 증가한다. 그러나 때로는 추가된 설명변수가 유의성이 없거나 설명력이 미약한 경우가 있다. 이와 같은 경우에는 결정계수보다는 다음과 같이 정의된 수정결정계수(adjusted R^2)를 살펴보아야 한다.

$$\text{수정된 } R^2 = 1 - \frac{n-1}{n-k-1}\frac{SSE}{SST}$$

새로 추가되는 변수가 설명력이 없을 때는 이 수정결정계수의 값이 오히려 감소하기 때문에 새로운 설명변수의 추가 여부를 판단하는 데 도움이 된다.

예제 10.13

어떤 플라스틱 제품의 강도(kg/cm^2)가 그 제품을 생산하는 사출 과정중의 온도($^\circ C$)와 시간($\sec$)에 따라서 어떻게 변화하는가를 알아보기 위하여 실험을 한 결과 아래와 같은 자료를 얻는다. 사출온도와 사출시간을 각각 설명변수 x_1, x_2로 하고 강도를 반응변수 y로 하는 중선형회귀모형을 적용할 때, 모회귀계수와 모회귀함수를 최소제곱법에 의하여 추정하여라.

〈표 10.16〉 중회귀자료

온도(x_1)	195	179	205	204	201	184	210	209
시간(x_2)	57	61	60	62	61	54	58	61
강 도(y)	81.4	122.2	101.7	145.2	135.9	64.8	92.1	113.8

강도를 y, 온도를 x_1, 시간을 x_2로 놓고 R를 이용하여 중회귀를 시행한 결과가 다음과 같은 결과를 얻었다. 출력결과와 모양은 일부 편집한 형태이다.

예제 10.13

예제 10.13의 R-프로그램

풀이

```
> x1<-c(195,179,205,204,201,184,210,209)              #온도
> x2<-c(57,61,60,62,61,54,58,61)                      #시간
> y<-c(81.4,122.2,101.7,145.2,135.9,64.8,92.1,113.8)  #강도
> lm.result<-lm(y~x1+x2)                              #회귀분석
> summary(lm.result)                                  #회귀분석결과 출력

call:
lm(formula = y ~ x1 + x2)
Residuals :
       1         2         3         4         5         6         7
-4.41018  -6.66819  -11.26091  12.34641  12.17458  5.90680  -0.03319
       8
-8.05532
```

```
coefficients :
             Estimate Std. Error t value pr(>¦t¦)
(Intercept) -428.8851    98.9870  -4.333  0.00748 ***
x1            -0.2338     0.3832  -0.610  0.56854
x2             9.8295     1.6232   6.056  0.00177 **
---
signif. codes: 0 '***' 0.001 '**' 0.01 '*' 0.05 '.' 0.1 ' ' 1

Residual standard error: 10.87 on 5 degrees of freedom
Multiple R-squared :  0.8876,   Adjusted R-squared:    0.8426
F-statistic: 19.74 on 2 and 5 DF, p-value: 0.004239
```

출력 결과에 의하면 R^2=0.942(수정된 R^2=0.888)로서, 전체 변동의 88.8%를 회귀모형으로 설명하고 있음을 알 수 있다. 모형에 대한 분산분석의 결과 유의확률이 0.004으로 매우 유의성이 있음을 나타낸다. 추정된 회귀직선은 다음과 같다.

$$\hat{y} = -428.885 - 0.234x_1 + 9.829x_2$$

회귀계수 $x_{1,}\, x_2$의 유의확률이 각각 0.569, 0.002으로 x_1은 유의하지 않으며 x_2는 매우 유의하다.

연습문제

1. 다음 한 특정 차종의 자동차 8대에 대하여 년수로 나타낸 차령과 백불 단위로 나타낸 가격에 대한 자료를 다시 나타낸 것이다.

차령	8	3	6	9	2	5	6	3
가격	18	94	50	21	145	42	36	99

$x=$ 차령(차의 나이), $y=$ 차의 가격(단위 100＄)

(1) 차령과 가격의 관계를 양의관계로 예상하는가 또는 음의 관계로 예상하는가? 설명하시오.

(2) 선형 상관계수를 계산하시오.

(3) 유의수준 2.5%에서 ρ가 음인지 아닌지 검정하시오.

(4) 또 R-프로그램으로 하라.

2. 다음 표는 8명에 대하여 각각 그램 단위로 측정한 하루 동안의 평균적인 포화지방섭취량과 백밀리리터당 밀리그램 단위로 측정한 콜레스테롤 수치를 기록한 것이다.

포화지방섭취량	55	68	50	34	43	58	77	36
콜레스테롤 수치	180	215	195	165	170	204	235	150

(1) 상관계수를 구하시오.

(2) 유의수준 1%에서 ρ가 0이 아니라고 할 수 있는지 검정하시오.

3. 한 자동차 제조회사는 그 회사의 한 차종에 대해 차령의 따라 가격이 얼마나 저하되는지 조사하려 한다. 이 회사의 조사부는 이 모형의 자동차 8대를 표본추출하여 다음과 같이 해수로 나타낸 차령과 백만불 단위로 나타낸 가격에 대한 정보를 수집하였다.

차령	8	3	6	9	2	5	6	3
가격	18	94	50	21	145	42	36	99

$x=$차의 나이(차령) $y=$차의 가격

(1) 이 자료에 대한 산점도를 그리시오. 이 산점도에서 자동차의 차령과 가격 사이에 선형관계가 나타나는가?

(2) 차령을 독립변수로 하고 가격을 종속변수로 하여 회귀직선을 구하시오.

(3) 위 x에서 계산된 b_0와 b_1의 값을 간략하게 설명하시오.

(4) 위 산점도에 회귀직선을 나타내고 산포된 점들과 회귀직선 사이에 수직선을 그려 잔차를 나타내시오.

(5) 이 모형의 7년 된 차의 가격을 예측하시오

(6) 또 R-프로그램으로 하라.

4. 한 보험회사는 개인의 소득과 생명보험금액의 관계가 어떠한지 알기를 원한다. 이 회사의 조사부에서 6명에 대한 정보를 수집하였다. 다음 표는 이 6명에 대한 천불 단위로 나타낸 연간소득과 생명보험금액을 나타낸 것이다.

연간소득	62	78	41	53	85	34
생명보험금	250	300	100	150	500	75

x = 연간소득(천달라) y = 생명보험금(천달라)

(1) 이 자료의 산점도를 그리시오. 이 산점도에서 연간소득과 생명보험금액사이에 선형관계가 나타나는가?

(2) 연간소득을 독립변수로 하고 생명보험금액을 종속변수로 하여 회귀직선 $\hat{y} = b_0 + b_1 x$을 구하시오.

(3) 위에서 계산된 a와 b의 값을 간략하게 설명하시오.

(4) 위의 산점도에 회귀직선을 나타내고 산포된 점들과 회귀직선 사이에 수직선을 그려 잔차를 나타내시오.

(5) 연간소득이 \$55000인 사람의 생명보험금액을 추정하면 얼마인가?

(6) 이 표본 중의 한 사람은 연간소득이 $78,000이고, 생명보험금액이 $300,000이다. 이 사람의 생명보험금액의 예측값은 얼마인가? 이 경우 오차를 구하시오.

5. 다음 표는 한 특정 모형의 자동차 8대에 대하여 해수로 나타낸 차령과 백불 단위로 나타낸 가격에 대한 것이다.

차령	8	3	6	9	2	5	6	3
가격	18	94	50	21	145	42	36	99

x = 차령, y = 가격

(1) 오차항의 표준편차를 계산하시오.

(2) 결정계수를 계산하고 그것을 간단히 설명하시오.

(3) 또 R-프로그램으로 하라.

6. 다음 자료는 6명의 천불 단위로 나타낸 연간 소득과 생명보험금액을 나타낸 것이다.

연간소득	62	78	41	53	85	34
생명보험금	250	300	100	150	500	75

(1) 오차항의 표준오차를 구하시오.

(2) 결정계수를 계산하시오. 생명보험금의 변동 중 연간소득에 의하여 설명되는 비율은 얼마인가? 그 변동 중 설명되지 않은 비율은?

(3) 또 R-프로그램으로 하라.

7. 다음은 모집단으로부터 추출한 100개의 관측값에 대한 자료이다.

$s_{xx} = 524.884,\ \ s_e = 1.464,\ \ y = 5.48 + 2.50x$

(1) β_1에 대한 98% 신뢰구간을 구하시오.

(2) β_1가 양수인지 아닌지 유의수준 2.5%에서 검정하시오.

(3) β_1가 0이 아니라고 결론내릴 수 있는가? 유의수준 $\alpha = 0.01$을 사용하시오.

(4) 유의수준 0.01을 사용하여 β_1가 1.75보다 더 큰지 아닌지 검정하시오.

(5) 또 R-프로그램으로 하라.

8. 다음 표는 앞에 나왔던 한 특정 차종의 자동차 8대에 대하여 해수로 나타낸 차령과 백불 단위로 나타낸 가격에 대한 자료를 다시 나타낸 것이다.

차령	8	3	6	9	2	5	6	3
가격	18	94	50	21	145	42	36	99

x = 가격, y = 가격

(1) β_1에 대한 95% 신뢰구간을 구하시오.

(2) β_1가 음수인지 아닌지 유의수준 5%에서 검정하시오.

(3) 또 R-프로그램으로 하라.

9. 다음은 미국의 연도별 인구수(millions) 이다.

1900	76.1	1950	151.9
1905	83.8	1955	165.1
1910	92.4	1960	180.0
1915	100.5	1965	193.5
1920	106.5	1970	204.0
1925	115.8	1975	215.5
1930	123.1	1980	227.2
1935	127.3	1985	237.9
1940	132.5	1990	249.4
1945	133.4		

(1) 회귀직선식과 상관계수를 구하여라.

(2) 비선형 모델을 찾기 위해 log (인구수) 대 년도(1900년부터)를 그려라. 회귀직선 과 상관 계수를 구하여라.

(3) 각각의 모델을 이용해 2100년의 인구수를 예측하고, 인구수가 300(millions)에 이르는 시기를 예측하라.

(4) (3)에서 너의 답에 대한 정확성을 논평하라.

10. 다음은 태양으로 부터의 평균거리와 공전의 시간이다.

행성	평균거리(million mile)	공전시간(일)
수성	36	88
금성	67	275
지구	93	365
화성	141	687
목성	484	4332
토성	888	10826
천왕성	1764	30676
해왕성	2790	59911
명왕성	3654	90824

(1) x를 평균거리, y를 공전시간으로 놓고 $\log x$ 대 $\log y$의 회귀직선과 상관계수를 구하여라.

(2) 평균거리가 5000(millions miles)인 새로운 행성이 발견됐다고 가정하자. 회귀직선을 이용해 공전시간을 추정하라.

(3) 공전시간이 45,000일 새로운 행성이 발견됐다고 가정하자. 회귀직선을 이용해 평균거리를 예측하라.

연습문제

11. 이 자료는 암모니아를 산화하여 질산을 만드는 화학공정에서 세 설명변수의 값과 대응되는 손실분량을 21일간 측정한 자료이다. 자료에서 변수들의 내용은 다음과 같다.

x_1 : 작업속도
x_2 : 냉각수 온도
y : 암모니아의 손실분량(%)

번호	x_1	x_2	y
1	80	27	42
2	80	27	37
3	75	25	37
4	62	24	28
5	62	22	18
6	62	23	18
7	62	24	19
8	62	24	20
9	58	23	15
10	58	18	14
11	58	18	14
12	58	17	13
13	58	18	11
14	58	19	12
15	50	18	8
16	50	18	7
17	50	19	8
18	50	19	8
19	50	20	9
20	56	20	15
21	70	20	15

(1) 선형회귀식을 추정하여라.

(2) 결정계수는 얼마인가?

(3) 각각 회귀계수의 신뢰구간과 의미를 설명하여라.

12. 어느 도시에서는 개인주택의 겨울 난방비를 예측하려고 한다. 난방비에 영향을 줄 것으로 예상되는 세 가지 변수를 다음과 같이 선정하였다.

x_1 : 1월 평균 온도(℃)

x_2 : 단열재의 두께(cm)

x_3 : 주택의 나이(년)

난방비(y)를 세 변수의 선형모형으로 적합 시키기 위해 20가구를 랜덤하게 선택하여 조사한 결과 아래 자료를 얻었다. R를 이용하여 다음 물음에 답하여라.

(1) 선형회귀식을 추정하여라.

(2) (1)에서 추정된 회귀식에서 회귀계수의 의미를 설명하여라.

(3) 1월 평균 기온이 −1.1 ℃, 단열재의 두께가 5cm, 10년된 주택일 때 난방비를 예측하여라.

y	x_1	x_2	x_3
250	1.67	3	6
360	−1.67	4	10
165	2.22	7	3
43	15.56	6	9
92	18.33	5	6
200	−1.11	5	5
355	−12.22	6	7
290	−13.89	10	10
230	−6.11	9	11

연습문제

y	x_1	x_2	x_3
120	12.78	2	5
73	12.22	12	4
205	8.89	5	1
400	−6.67	5	15
320	3.89	4	7
72	15.56	8	6
272	−6.67	5	8
94	14.44	7	3
190	4.44	8	11
235	−2.78	9	8
139	−1.11	7	5

13. 노동조합에서는 매년 연봉협상을 하기 위해 연봉을 합리적으로 예측하려고 한다. 조합에서는 20명의 조합원을 랜덤하게 뽑아 연봉(y)에 영향을 미칠 것으로 예상하는 경력(x_1), 실적(x_2), 석사학위 소유여부(x_3)의 세 가지 변수에 대해서 조사한 결과 아래의 자료를 얻었다. R를 이용하여 다음에 답하여라.

(1) 상관행렬을 구하여라. 어느 독립변수가 종속변수와 강한 상관관계를 가지고 있는가?

(2) 선형회귀식을 추정하여라.

(3) 회귀계수 각각에 대해 유의수준 5%에서 유의성을 검정하여라.

(4) 5년 경력에 실적이 60이고 대학을 졸업한 조합원의 예상 연봉은 얼마인가?

y	x_1	x_2	x_3
21.1	8	35	0
23.6	5	43	0
19.3	2	51	1
33.0	15	60	1
28.6	11	73	0
35.0	14	80	1
32.0	9	76	0
26.8	7	54	1
38.6	22	55	1
21.7	3	90	1
15.7	1	30	0
20.6	5	44	0
41.8	23	84	1
36.7	17	76	0
28.4	12	68	1
23.6	14	25	0
31.8	8	90	1
20.7	4	62	0
22.8	2	80	1
32.8	8	72	0

연습문제 해답

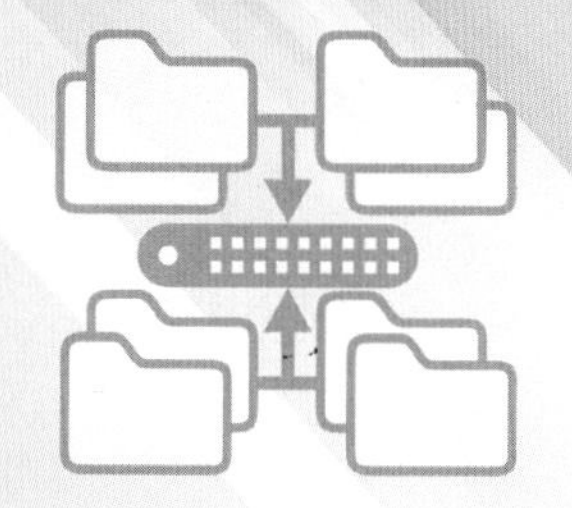

CHAPTER 02

1. (1)

```
> 5+3*(4+7)
[1] 38
```

(2)

```
> 1+1/2+1/3+1/4+1/5+1/6+1/7+1/8+1/9+1/10
[1] 2.928968
```

■ for문사용

```
> total<-0
> for (i in 1:10){
+ total<-total+1/i
+ }
> total
[1] 2.928968
```

(3)

```
> sqrt((7+3)*(4+5)*(3+5))
[1] 26.83282
```

(4)

```
> ((2+22)/(5+7))^5
[1] 32
```

(5)

```
> 144+12*27
[1] 468
```

(6)

```
> factorial(7)
[1] 5040
```

■ for문사용

```
> total<-1
> for(i in 1:7){
+ total<-total*i
+ }
> total
[1] 5040
```

(7)

```
> x<-3:12 ; sum(x^2)
[1] 645
```

■ for문사용

```
> total<-0
> for(i in 3:12){
```

```
+   total<-total+i^2
+ }
> total
[1] 645
```

(8)
```
> sin(pi/3) + cos(pi/6)     #pi=180 degree
[1] 1.732051
```

(9)
```
> log(25,base=10)+log(10)
[1] 3.700525
```

(10)
```
> x<-5 ; y<-3
> sqrt((3*x^3+4*y^2)/((x+y)*(x-y)))
[1] 5.068284
```

(11)
```
> tan(pi/4)
[1] 1
```

2. (1)
```
> seq(1,10,by=1)   #seq(1,10)
 [1] 1  2  3  4  5  6  7  8  9  10
```

(2)
```
> seq(1,9,by=2)
[1] 1  3  5  7  9
```

(3)
```
> rep(1,5)
[1] 1  1  1  1  1
```

(4)
```
> rep(c(1,2,3),3)  #rep(1:3,3)
[1] 1 2 3 1 2 3 1 2 3
```

(5)
```
> rep("b",5)
[1] "b" "b" "b" "b" "b"
```

(6)
```
> seq(2,100,by=2)
[1]     2   4   6   8  10  12  14  16  18  20  22  24  26  28
[15]   30  32  34  36  38  40  42  44  46  48  50  52  54  56
[29]   58  60  62  64  66  68  70  72  74  76  78  80  85  84
[43]   86  88  90  92  94  96  98 100
```

3.
```
> a1<-rep(5,3) ; a2<-rep(6,3) ; a3<-c(5,6,7,8)
> a<-c(a1,a2,a3)
> a
 [1] 5 5 5 6 6 6 5 6 7 8
> a<-c(rep(5,3),rep(6,3),5:8)
> a
[1] 5 5 5 6 6 6 5 6 7 8
```

4.
```
> a<-rep(seq(2,10,by=2),3)
> a
 [1] 2  4  6  8 10  2  4  6  8 10  2  4  6  8 10
```

5.
```
> x1<-1:100
> x<-x1[x1>=70] #해답1
> x
 [1]  70  71  72  73  74  75  76  77  78  79  80  81  82  83
[15]  84  85  86  87  88  89  90  91  92  93  94  95  96  97
[29]  98  99 100

> x<-x1[x1>69]  #해답2
> x
 [1]  70  71  72  73  74  75  76  77  78  79  80  81  82  83
[15]  84  85  86  87  88  89  90  91  92  93  94  95  96  97
[29]  98  99 100
```

6.
```
> income<-c(45,23,55,34,53,66,76,86,88)
> income[4]
[1] 34
> income[1:3]
[1] 45 23 55
> income[-c(1,5,6)]
[1] 23 55 34 76 86 88
> income[income<=50]
[1] 45 23 34
```

(1) 벡터의 4번째 값만을 출력

(2) 벡터의 1~3번째 값만을 출력

(3) 벡터에서 1,5,6번째 데이터를 제외한 값을 출력

(4) 벡터에서 50이하인 값들을 출력

7.
```
> x<-c(60,65,88,90,85,105,100,98,88)
> mat<-matrix(x,nc=3)
> dimnames(mat) [[1]]<-c("1월","2월","3월")
> dimnames(mat) [[2]]<-c("A제약","B제약","c제약")
> mat
    A제약 B제약 c제약
1월    60    90   100
2월    65    85    98
3월    88   105    88
```

8.
```
> A<-matrix(1:4,nc=2)
> B<-matrix(1:2)
> C<-matrix(5:8,nc=2)
```

(1)
```
> A+C    #(1)
     [,1] [,2]
[1,]    6   10
[2,]    8   12
```

(2)
```
> A%*%B#(2)
     [,1]
[1,]   7
[2,]  10
```

(3)
```
> t(A) #(3)
     [,1] [,2]
[1,]   1     2
[2,]   3     4
```

9.
```
> A<-matrix(c(2,2,-1,1,0,3),nc=3)
> B<-matrix(c(2,3,1,1,2,3),nc=3, byrow=TRUE)
> C<-matrix(c(1,2,-1,1),nc=2)
```

A+B

```
> A+B  #(1)
     [,1] [,2] [,3]
[1,]    4    2    1
[2,]    3    3    6
```

CB

```
> C%*%B  #(2)
     [,1] [,2] [,3]
[1,]    1    1   -2
[2,]    5    8    5
```

10.
```
> score<-c(88,98,75)
> credit<-c("B","A","c")
> brand<-data.frame(score,credit)
> rownames(brand)<-c("국어","영어","수학")
> brand
     score credit
국어    88      B
영어    98      A
수학    75      C
```

11.
```
> x<-c("남","여","남")
> y<-c(20,25,22)
> data<-data.frame(x,y)
> data
  x  y
1 남 20
2 여 25
3 남 22
```

12.
```
> data<-read.csv("C:\\data.csv",header=T)

> data
  나이 혈압
1   36   128
2   28   130
3   30   110
```

13.
```
> data<-read.table("C:\\data.txt",header=T)

> data
   A  B
1  22 24
2  10 44
3  50 99
```

14. (1)
```
> data<-read.table("E:\\pop.txt",header=TRUE)

> data$edu    #edu의 값
 [1] 대졸 중졸 고졸 중졸 고졸 대졸 대졸 대졸 고졸 중졸
Levels: 고졸 대졸 중졸

> data[5,]   #5행
  sex  edu age income
5  여 고졸  48    105

> dim(data)  #표본의 크기와 변수개수
[1] 10 4
```

(2)
```
> female<-data[data$sex="여",]
> female
   sex  edu age income
1   여 대졸 33      99
3   여 고졸 31      98
5   여 고졸 48     105
8   여 대졸 24      88
9   여 고졸 35      87
10  여 중졸 33      80
```

(3)

```
> peaple<-data[data$age<40,]
> peaple
   sex  edu age income
1   여 대졸  33     99
3   여 고졸  31     98
4   남 중졸  29     88
7   남 대졸  31     90
8   여 대졸  24     88
9   여 고졸  35     87
10  여 중졸  33     80
```

15. (1)

```
> score<-matrix(c(80,76,75,92,90,86),nc=3)
> rownames(score)<-c("원철수","민영희")
> colnames(score)<-c("국어","영어","수학")
> score
       국어 영어 수학
원철수   80   75   90
민영희   76   92   86
```

(2)

```
> 사회<-c(81,98)
> cbind(score,사회)
       국어 영어 수학 사회
원철수 80    75   90    81
민영희 76    92   86    98
```

16.

```
> x<-matrix(c(11,2,42,1,55,6),nc=3)
> y<-matrix(c(1,6,4,7,5,6),nc=3)
> x<-matrix(c(11,2,42,1,55,6),nc=3)
> y<-matrix(c(1,6,4,7,5,6),nc=3)
> answer<-rbind(x,y) # or rbind(y,x)
> answer
     [,1] [,2] [,3]
[1,]   11   42   55
[2,]    2    1    6
[3,]    1    4    5
[4,]    6    7    6
```

CHAPTER 03

1.
```
> x<-seq(-3,3,by=0.1)          #데이터생성
> y<-x^3                       #y값도출
> plot(x,y,type='l')           #플롯(선)
```

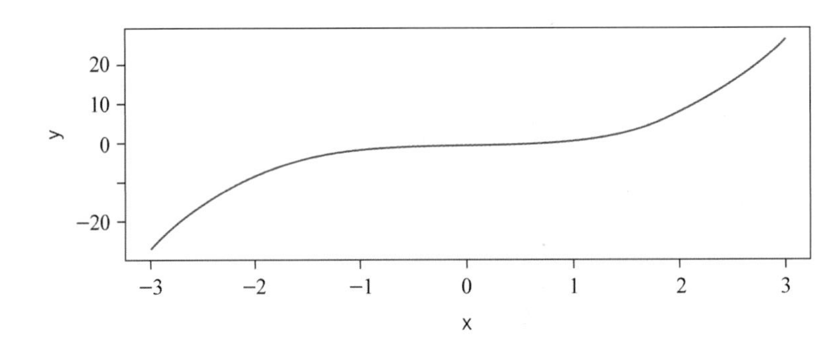

2.
```
> x<-seq(0,8,by=0,1)          #데이터생성
> y1<-x^2 ; y2<-x^3           #함수생성 (1,2,3,4)
> y3<-log(x) ; y4<-exp(x)
> ytotal<-cbind(y1,y2,y3,y4)
> par(mfrow=c(2,2))
> plot(x,y1) ; plot(x,y2) ;plot(x,y3); plot(x,y4)
> plot(x,y1,type='l') ; plot(x,y2,type='l')
> plot(x,y3,type='l') ; plot(x,y4,type='l')
```

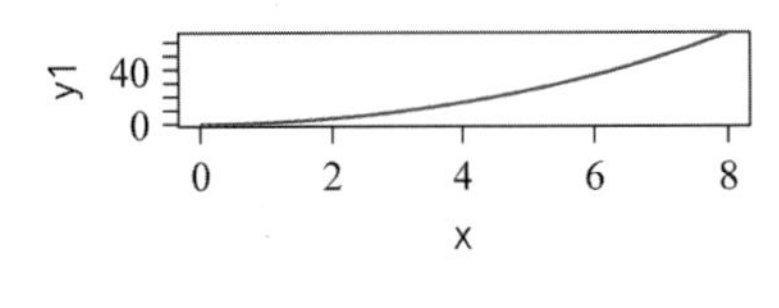

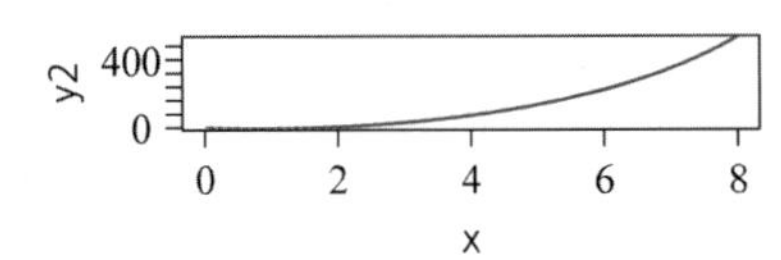

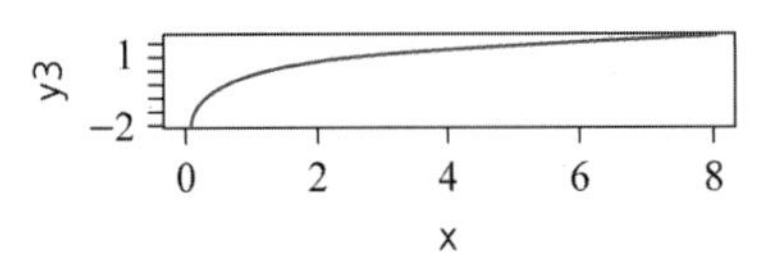

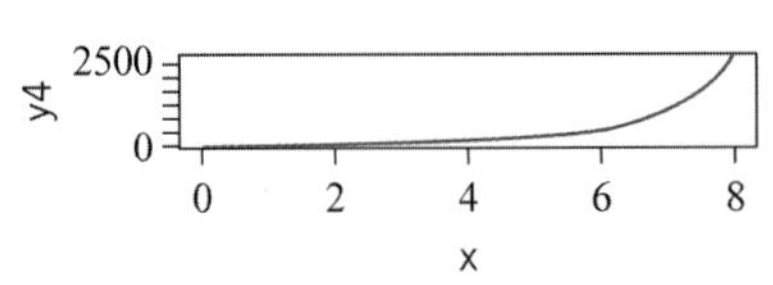

3.
```
> x<-seq(-2*pi,2*pi,0.1) #데이터 생성
> ysin<-sin(x) ; ycos<-cos(x) ; ytan<-tan(x)    #각 함수결과벡터 생성
> ytotal<-cbind(ysin,ycos,ytan)                 #함수결과벡터 병합(열)
> matplot(x,ytotal,type='l',ylim=c(-2,2))       #matplot 실행(선), y범위(-2~2)
```

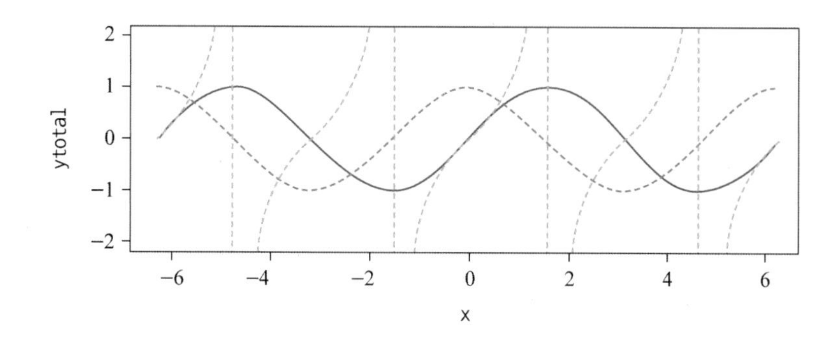


```
> plot(x,ysin,type='l',ylab="y',ylim=c(-2,2))     #플롯(선),범위(-2~2),y축이름(y)
> lines(x,ycos,type='l',col='red')                #라인추가(선) , 색(빨강)
> lines(x,ytan,type='l',col='green')              #라인추가(선) , 색(녹색)
```

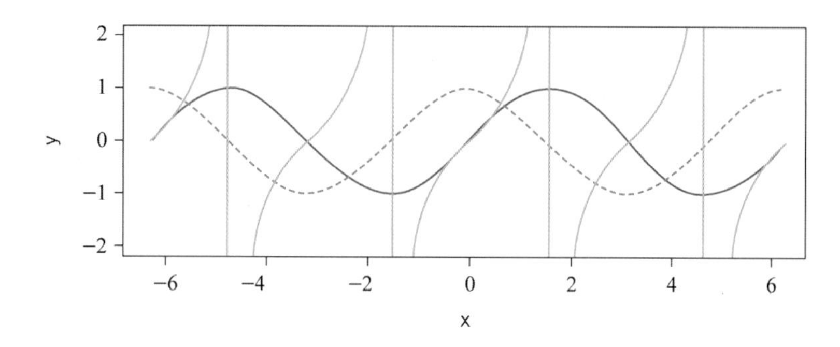

4.

```
> x<-seq(-2,2,by=0.1)
> y<-log(abs(x))
> plot(x,y,type='l')
```

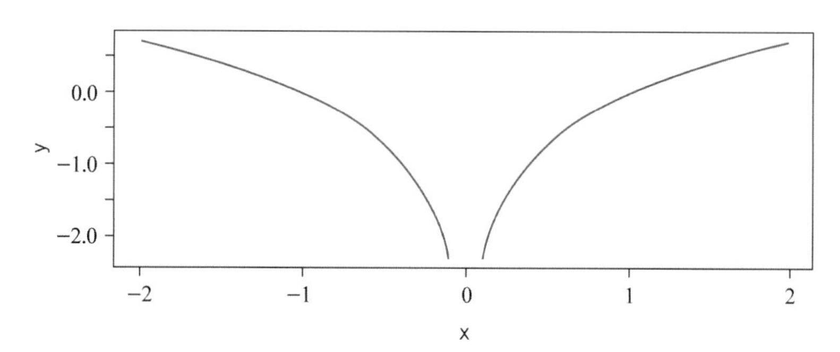

5.
```
> x<-seq(0,5,by=0.1)
> y<-1/4*x*exp(-x^2)
> plot(x,y,type='l')
```

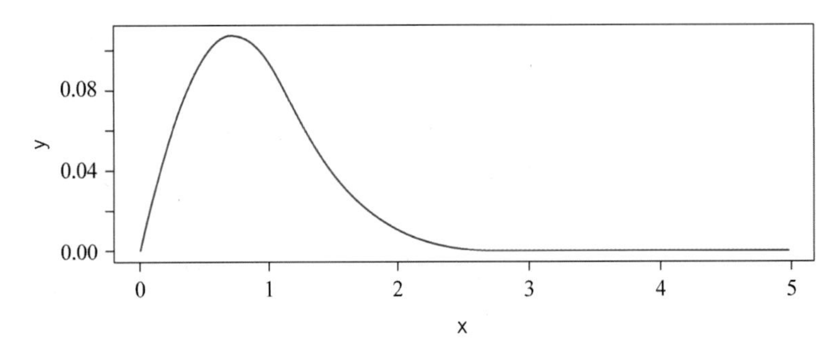

6.
```
> y<-dbinom(c(0:5),5,0.5)  #각 질량함수 값
> x<-0:5
> plot(x,y,type='h', lwd=10)
```

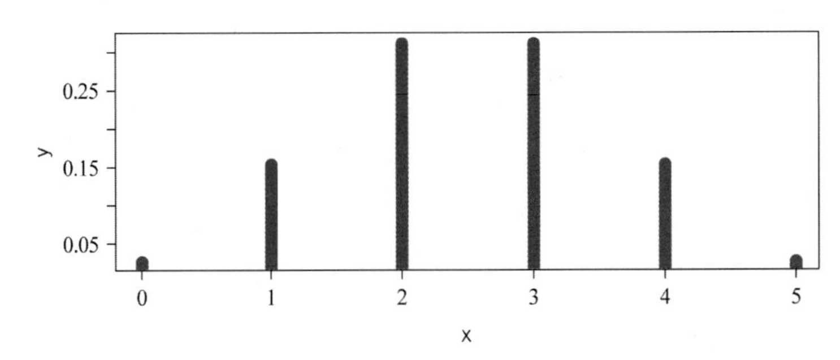

7.
```
> a.blood<-c(90,99,102,97,102,95,87,90,89,109) #A의 혈압
> b.blood<-c(88,78,99,88,91,99,108,110,77,99)  #B의 혈압
> h1<-1:10                                     #시간1
> h2<-1:10                                     #시간2
> h<-rbind(h1,h2)                              #시간행렬(행묶음)
> blood<-rbind(a.blood,b.blood)                #혈압행렬(행묶음)
> plot(blood~h,col=c("red","blue"))            #혈압분모~(시간별),색(A=빨강,B=파랑)
```

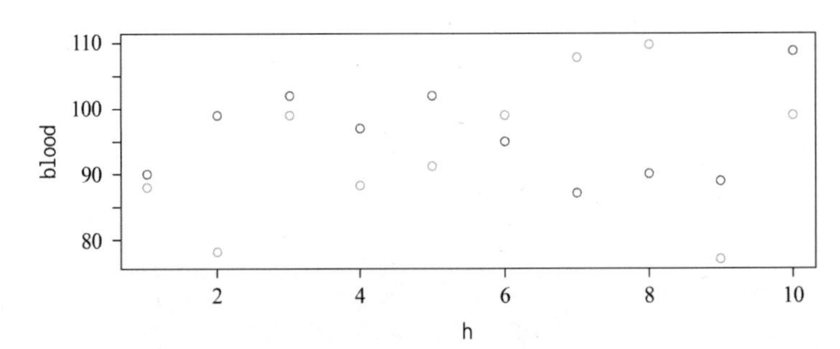

8.
```
> data(mtcars)
> library(rgl)
> plot3d(mtcars$mpg,mtcars$hp,mtcars$drat)
> text3d(mtcars$mpg,mtcars$hp,mtcars$drat,texts=rownames(mtcars),col='red',adj=1)
```

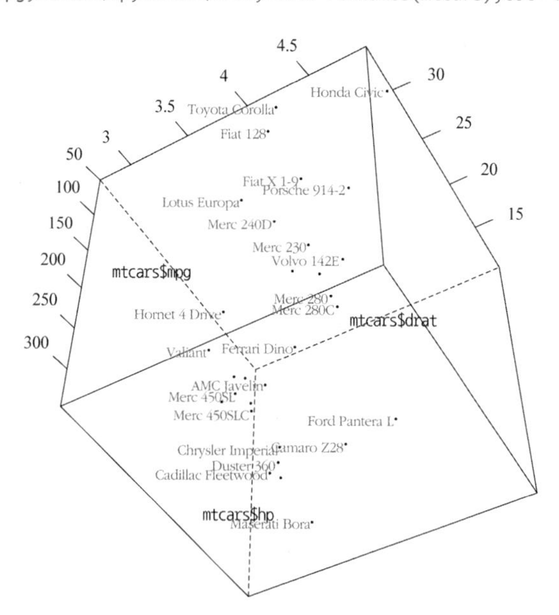

9.
```
> x1<-seq(-4,4,by=0.5)          #x1데이터
> x2<-seq(-4,4,by=0.5)          #x2데이터
> func<-function(x1,x2) {       #함수생성(인수 : x1,x2)
+   answer<-x1^2+x1*x2+x2^2     #계산(함수식)
+   return(answer)              #결과반환
+ }
> y<-outer(x1,x2,FUN=func)      #외적곱
> persp(x1,x2,y)                #3d그래프생성
```

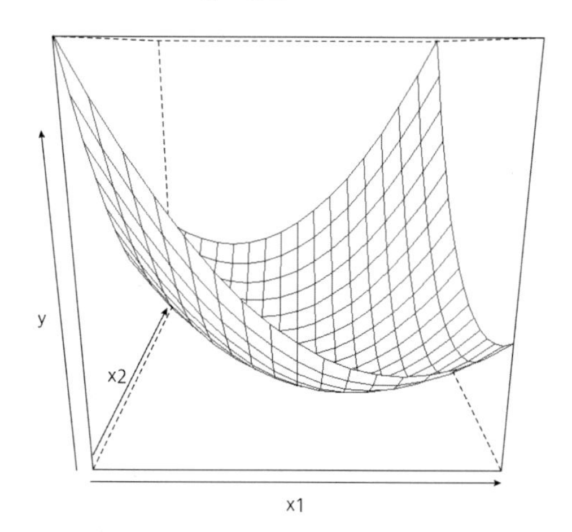

10.
```
> x1<-seq(-6,6,by=0.5)                                #x1데이터 생성(-10~10)
> x2<-seq(-6,6,by=0.5)                                #x2데이터 생성(-10~10)
> mu1<-1 ; s1<-1 ; r=0.5                              #설정값1 (mu,s,rho지정)
> mu2<-2 ; s2<-4;                                     #설정값2
> func<-function(x1,x2) {                             #함수설정
+     pro1<-1/(2*pi*sqrt(s1*s2)*(1-r^2))              #부분수식1
+     pro2<-((x1-mu1)/sqrt(s1))^2                     #부분수식2
+     pro3<-(2*r*(x1-mu1)*(x2-mu2))/(sqrt(s1*s2))     #부분수식3
+     pro4<-((x2-mu2)/sqrt(s2))^2                     #부분수식4
+     pro5<-(pro2-pro3+pro4)                          #부분수식2,3,4결합
+     pro6<-pro1*exp(-pro5/(2*(1-r^2)))               #최종수식
+     return(pro6)                                    #결과값 반환
+ }
> y<-outer(x1,x2,FUN=func)                            #외적(x1,x2,사용자정의함수)
> persp(x1,x2,y)                                      #3차원 그래프그리기
> contour(x1,x2,y)                                    #등고선그래프
```

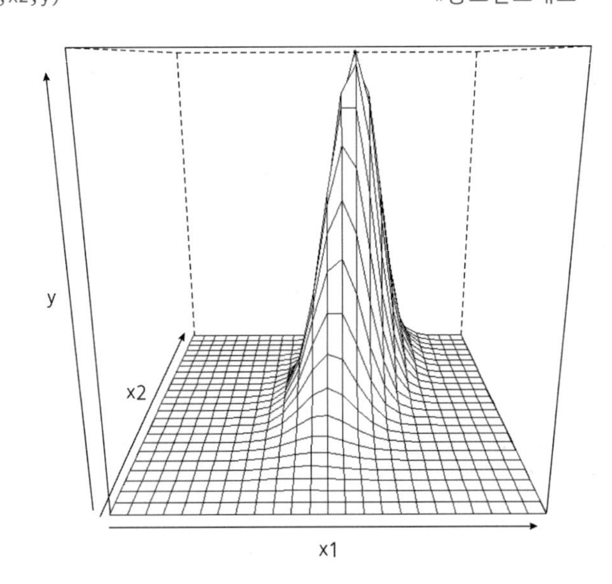

11. (1)
```
> score<-read.csv("C:\\score.csv",header=TRUE)

> freq<-table(score[,4])  #진로분포표
> freq

1 2 3 4
7 6 4 3

> prob<-prop.table(freq) #상대도수
> prob

   1    2    3    4
0.35 0.30 0.20 0.15
```

```
> sum_prob<-cumsum(prob) #누적도수
> sum_prob
   1    2     3    4
0.35 0.65. 0.85 1.00
```

```
> total<-cbind(freq,prob,sum_prob)    #총합
> total
  freq prob sum_prob
1    7 0.35     0.35
2    6 0.30     0.65
3    4 0.20     0.85
4    3 0.15     1.00
```

```
> barplot(freq,main="Barplot") #막대그래프
```

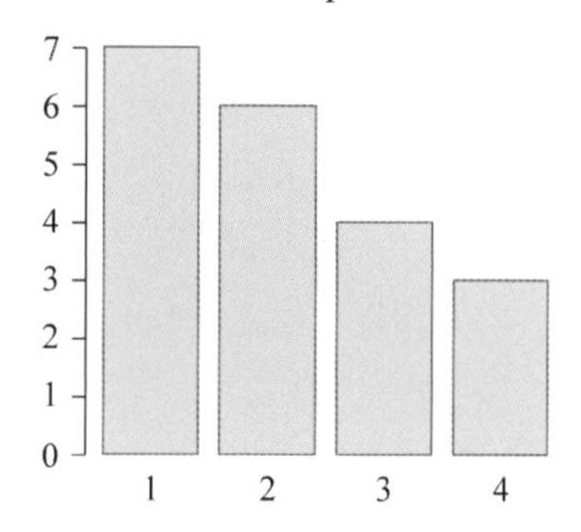


```
> pie(freq,main="Pie Chart") #원그래프
```

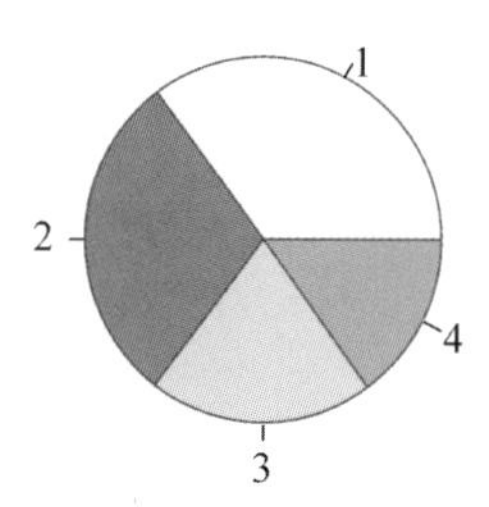

(2)
```
> stem(score[,5],scale=2)            #줄기잎그림

The decimal point is 1 digit(s) to the right of the ¦

4 ¦ 4
5 ¦ 2
6 ¦ 8888
7 ¦ 46
8 ¦ 034 7888
```

```
9 ¦ 01255
> hist(score[,5])                    #히스토그램
```

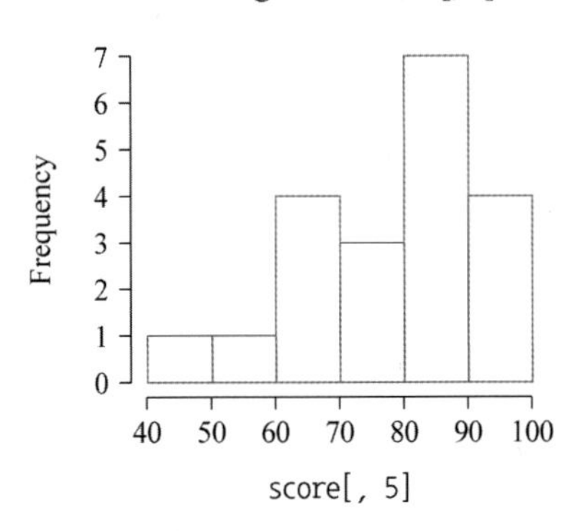

(3)

```
> x<-score[,5] ; y<-score[,7]
> min(x)          #최소값
[1]  44

> max(x)          #최대값
[1]  95

> mean(x)         #평균
[1]  78.95

> var(x)          #분산
[1]  198.2605

> median(x)       #중앙값
[1]  83.5

> min(y)          #최소값
[1]  18

> max(y)          #최대값
[1]  65

> mean(y)         #평균
[1]  40.05

> var(y)          #분산
[1]  132.9974

> median(y)       #중앙값
[1]  40
```

(4)
```
> hist(score[,5]),probability = TRUE)     #밀도히스토그램
> lines(density(score[,5]))               #라인추가
```

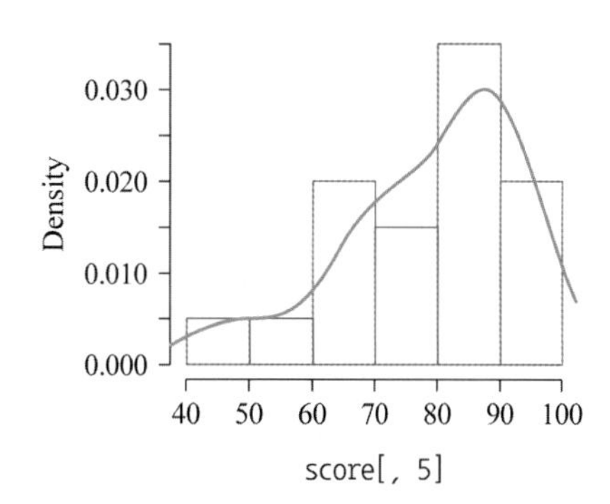

CHAPTER 04

1. $P\{X=0\}=\frac{1}{32}$, $P\{X=1\}=\frac{5}{32}$, $P\{X=2\}=\frac{10}{32}$, $P\{X=3\}=\frac{10}{32}$

$P\{X=4\}=\frac{5}{32}$, $P\{X=5\}=\frac{1}{32}$

```
> i<-0:5
> dbinom(i,size=5,prob=0.5)
[1] 0.03125 0.15625 0.31250 0.31250 0.15625 0.03125
```

2. $$1-P\{X=0\}-P\{X=1\}=1-\binom{10}{0}(0.01)^0(0.99)^{10}-\binom{10}{1}(0.01)^1(0.99)^9$$
$$=0.0043$$

```
> 1-pbinom(1,10,0.01) # or pbinom(1,10,0.01,lower.tail=FALSE)
[1] 0.0042662
```

3. (1) $B(20, 0.3)$에서 $P(X \geq 10)=1-P(X \leq 9)$

$$=1-0.9520$$
$$=0.0480$$

(2) $P(X \leq 4)=0.2375$

(3) $P(X=5)=0.1789$

(1)
```
> 1-pbinom(9,20,0.3)# or pbinom(9,20,0.3,lower.tail =FALSE)
[1] 0.0479619
```

(2)
```
> pbinom(4,20,0.3)            #누적확률
[1] 0.2375078
```

(3)
```
> dbinom(5,20,0.3)            #밀도확률
[1] 0.1788637
```

4. $$P(X=0)=\frac{e^{-0.2}(0.2)^0}{0!}=0.8187$$

즉, 범죄가 없을 가능성은 0.8187이다.

```
> dpois(0,lambda = 0.2)       #확률밀도
[1] 0.8187308
```

5. X를 n=400이고 p=0.005인 이항확률변수라고 하자, 그러면 $np=2$이고, 포아송 근사를 이용하면

(1) $P(X=1)=e^{-2}2^{1}=0.271$

```
> dpois(1,2)                    #확률밀도
[1] 0.2706706
```

(2) $$P(X\leq 3)=\sum_{x=0}^{3}e^{-2}2^{x}/x!=0.857$$

```
> ppois(3,2)                   #누적확률
[1] 0.8571235
```

6. (1) $$P(X=5)=\frac{e^{-3}3^{5}}{5!}=0.1008$$

```
> dpois(5,3)                   #확률밀도
[1] 0.1008188
```

(2) $P(X<3)=0.4232$

```
> ppois(2,3)                   #누적확률
[1] 0.4231901
```

7. (1) $Z=\dfrac{X-1500}{75}\sim N(0,1)$이므로

$$P(X\leq 1410)=P\left(Z\leq \frac{1410-1500}{75}\right)=P(Z\leq -1.2)=0.1151$$

```
> pnorm(1410,1500,75)         #누적확률
[1] 0.1150697
```

(2) $$\begin{aligned}P(1563\leq X\leq 1648)&=P\left(\frac{1563-1500}{75}\leq Z\leq \frac{1648-1500}{75}\right)\\&=P(.84\leq Z\leq 1.97)\\&=P(Z\leq 1.97)-P(Z\leq .84)=.9756-.7995=.1761\end{aligned}$$

```
> pnorm(1648,1500,75)-pnorm(1563,1500,75)         #누적확률-주거확률
[1] 0.1762254
```

8. (1) $P(X< x_0)=0.1$이므로 $P\left(Z< \frac{x_0-16.1}{0.04}\right)=0.1$. 표준정규분포표에서

$\frac{x_0-16.1}{0.04}=-1.28$이므로 $x_0=16.1-1.28\times 0.04=16.049$

```
> qnorm(0.1,16.1,0.04, lower.tail = FALSE) # or qnorm(0.9,16.1,0.04)
[1] 16.15126
```

(2) $P(X> x_0)=0.8$을 의미하므로 $P\left(Z> \frac{x_0-16.1}{0.04}\right)=0.8$ 표준정규분포표에 의하여

$\frac{x_0-16.1}{0.04}=-0.84$. 따라서 $x_0=16.1-0.84\times 0.04=16.066$이다.

```
> qnorm(0.8,16.1,0.04) # or qnorm(0.2,16.1,0.04,lower.tail=FALSE)
[1] 16.13366
```

9. (1) 0.9236

```
> pnorm(1.43) # or 1-pnorm(1.43,lower.tail=FALSE)
[1] 0.9236415
```

(2) $1-0.1867=0.8133$

```
> pnorm(-0.89,lower.tail = FALSE) # or 1-pnorm(-0.89)
[1] 0.8132671
```

(3) 0.2424

```
> pnorm(-0.65)-pnorm(-2.16) #누적확률-누적확률
[1] 0.2424598
```

(4) 0.0823

```
> pnorm(-1.39) # or 1-pnorm(1.39,lower.tail=FALSE)
[1] 0.08226444
```

(5) 0.0250

```
> pnorm(1.96,lower.tail = FALSE) #or 1-pnorm(1.96)
[1] 0.0249979
```

(6) 0.6435

```
> pnorm(1.74)-pnorm(-0.48)  #누적확률-누적확률
[1] 0.6434568
```

10. (1) 분포표에 따르면 $k=-1.72$

```
> qnorm(0.0427) # or qnorm(1-0.0427,lower.tail=FALSE)
[1] -1.720178
```

(2) $P(Z>k)=0.2946$

$P(Z<k)=0.7054$. 분포표에

따르면, $k=0.54$

```
> qnorm(1-0.2946) # or qnorm(0.2946,lower.tail=FALSE)
[1] 0.5399957
```

(3) $P(Z< -0.93)=0.1762$

$0.1762+0.7235=0.8997$

$k=1.28$

```
> p<-0.7235+pnorm(-0.93)     #누적확률계산
> qnorm(p)
[1] 1.279762
```

11. $P(778<X<834)=P(-0.55<Z<0.85)$

$$=0.8023-0.2912=0.5111$$

```
> pnorm(834,800,40)-pnorm(778,800,40) #누적확률-누적확률
[1] 0.5111778
```

12. $P\left(0\le Z\le \dfrac{X-70}{10}\right)=0.5-\dfrac{60}{300}=0.3$

$\dfrac{X-70}{10}\fallingdotseq 0.84,$

$X=70+0.84\times 10\fallingdotseq 78$

```
> qnorm(1-60/300,70,10) # or qnorm(60/300,70,10,lower.tail=FALSE)
[1] 78.41621
```

13. (1) $\frac{3}{4}$

```
> punif(1,-2,2)                                          #누적확률
[1] 0.75
```

(2) $\frac{3}{4}$

```
> punif(1.5,-2,2,lower.tail = FALSE)+punif(0.5,-2, 2)    #누적확률의 합
[1] 0.75
```

14. (1) $P(X>7)=\int_{7}^{10}\frac{1}{10}dx$

$=\frac{3}{10}$

```
> punif(7,0,10,lower.tail = FALSE)                       #누적확률(오른쪽)
[1] 0.3
```

(2) $P(2<X<7)=\int_{2}^{7}\frac{1}{10}dx$

$=\frac{5}{10}$

```
> punif(7,0,10)-punif(2,0,10)                            #누적확률-누적확률
[1] 0.5
```

(3) $E(X)=\frac{0+10}{2}=5$

$V(X)=\frac{(10-0)^2}{12}=\frac{100}{12}$

15. (1) 질병의 증세가 나타날 때까지 걸리는 시간을 확률변수 X라고 하면, 평균 38인 지수분포를 이루므로 X의 밀도함수는 $f(x)=\frac{1}{38}e^{-x/38},\ x>0$이므로 구하고자 하는 확률은 $P(X<25)=F(25)=1-e^{-25/38}=0.4821$

```
> pexp(25,1/38)                                          #누적확률
[1] 0.4820594
```

(2) 30일 안에 증세가 나타날 확률은 $P(x<30)=F(30)=1-e^{-30/38}=0.5459$ 이므로 따라서 적어도 30일 안에 증세가 나타나지 않을 확률은 0.4541

```
> 1-pexp(30,1/38) # or pexp(30,1/38,lower.tail=FALSE)
[1] 0.4540837
```

16. (1) X의 확률밀도함수가 $f(x)=2e^{-2x}(x \geqq 0)$이므로

$$P(X \leqq 1)=\int_0^1 2e^{-2x}dx=1-e^{-2}=0.8647$$

```
> pexp(1,2)                    #누적확률
[1] 0.8646647
```

(2)

$$P(1<X \leqq 3)=\int_1^3 2e^{-2x}dx=-e^{-2x}\Big|_1^3=e^{-2}-e^{-6}=0.1329$$

```
> pexp(3,2)-pexp(1,2)          #누적확률-누적확률
[1] 0.1328565
```

(3)

$$P(X \geqq 2)=\int_2^\infty 2e^{-2x}dx=-e^{-2x}\Big|_2^\infty=e^{-4}=0.0183$$

```
> 1-pexp(2,2) # or pexp(2,2,lower.tail=FALSE)
[1] 0.01831564
```

(4)

$$F(x)=\int_0^x 2e^{-2t}dt=-e^{2t}\Big|_0^x=1-e^{-2x}$$

(5) 하위 10%인 x_{10}은 $F(x_{10})=1-e^{-2x_{10}}=0.1$이므로 $e^{-2x_{10}}=0.9;\ -2x_{10}=\ln 0.9;$

$$x_{10}=-\frac{1}{2}\ln 0.9=0.053$$

```
> qexp(0.1,2) # or qexp(0.9,2,lower.tail=FALSE)
[1] 0.05268026
```

(6) 하위 10%인 x_{90}은 $F(x_{90})=1-e^{-2x_{90}}=0.9$이므로 $e^{-2x_{90}}=0.1;\ -2x_{90}=\ln 0.1;$

$$x_{90}=-\frac{1}{2}\ln 0.1=1.1513$$

```
> qexp(0.9,2) # or qexp(0.1,2,lower.tail=FALSE
[1] 1.151293
```

17. (2) 0.05

```
> pt(-1.74,17)                #누적확률
[1] 0.04996462
```

(2) 0.98

```
> pt(3.143,6)-pt(-3.143,6) # or 1-2*pt(-3.143,6)
[1] 0.9800084
```

(3) 0.8

```
> pt(1.33,18)-pt(-1.33,18) # or 1-2*pt(-1.33,18)
[1] 0.7998738
```

(4) 0.99

```
> 1-pt(-2.567,17) # or pt(-2.567,17,lower.tail=FALSE)
[1] 0.9900014
```

18. (1) 1.81

```
> qt(0.95,df=10) # or qt(0.05,df=10,lower.tail=FALSE)
[1] 1.812461
```

(2) 2.76

```
> qt(0.99,df=10) # or qt(0.01,df=10,lower.tail=FALSE)
[1] 2.763769
```

(3) -0.879

```
> qt(0.2,df=10) # or qt(0.8,df=10,lower.tail=FALSE)
[1] -0.8790578
```

(4) -1.37

```
> qt(0.1,df=10) # or qt(0.9,df=10,lower.tail=FALSE)
[1] -1.372184
```

19. (1) 15.51

```
> qchisq(0.95,8) # or qchisq(0.05,8,lower.tail=FALSE)
[1] 15.50731
```

(2) 33.41

```
> qchisq(0.99,17) # or qchisq(0.01,17,lower.tail=FALSE)
[1] 33.40866
```

(3) 21.92

```
> qchisq(0.975,11) # or qchisq(0.025,11,lower.tail=FALSE)
[1] 21.92005
```

(4) 13.09

```
> qchisq(0.05,23) # or qchisq(0.95,23,lower.tail=FALSE)
[1] 13.09051
```

20. (1) 0.05

```
> 1-pchisq(30.14,df=19) # or pchisq(30.14,df=19,lower.tail=FALSE)
[1] 0.05004353
```

(2) 0.413

```
> 1-pchisq(5,df=5) # or pchisq(5,df=5,lower.tail=FALSE)
[1] 0.4258805
```

(3) 0.875

```
> pchisq(15.99,df=10)-pchisq(3.24,df=10)        #누적확률-누적확률
[1] 0.8752795
```

(4) 0.513

```
> pchisq(17.53,df=18)-pchisq(3.49,df=18)       #누적확률-누적확률
[1] 0.512919
```

21. (1) 1.88

```
> qf(0.75,3,5) # or qf(0.25,3,5,lower.tail=FALSE)
[1] 1.884268
```

(2) 0.0672

```
> qf(0.025,3,5) # or qf(0.975,3,5,lower.tail=FALSE)
[1] 0.06718253
```

(3) 5.4094

```
> qf(0.95,3,5) # or qf(0.05,3,5,lower.tail=FALSE)
[1] 5.409451
```

(4) 0.1109

```
> qf(0.05,3,5) # or qf(0.95,3,5,lower.tail=FALSE)
[1] 0.1109452
```

22. (1) 0.0071

```
> 1-pf(4.89,8,12) # or pf(4.89,8,12,lower.tail=FALSE)
[1] 0.007192328
```

CHAPTER 05

1. 크기가 12이고, 이 표본 평균값들의 평균값은 모집단의 평균값, 10 온스와 같다. 이 표본 평균값들의 표준편차는 $\frac{3}{\sqrt{12}}=0.866$온스 이다.

2. $\mu_{\overline{x}}=\mu=10,\ \sigma^2_{\overline{x}}=\frac{a^2}{n}=\frac{6}{3}=2$

3. $P(600\le \overline{X}\le 700)=P\left(\frac{600-650}{37.95}\le Z\le \frac{700-650}{37.95}\right)=P(-1.32\le Z\le 1.32)$
$=P(Z\le 1.32)-P(Z\le -1.32)=0.9066-0.0934=0.8132$이다.

```
> mu<-650 ; sigma<-120 ; n<-10
> pnorm(700,mu,sigma/sqrt(n))-pnorm(600,mu,sigma/sqrt(n))
[1] 0.8123677
```

4. $\mu=500{,}000,\ \sigma=80{,}000,$ 그리고 $n=64$ 이므로 다음을 우선 구한다.

$\mu_{\overline{x}}=500{,}000,\ \ \sigma_{\overline{x}}=\frac{800{,}000}{\sqrt{64}}=10{,}000$

(1) 확률 $P(\overline{X}>482{,}000)$을 구하면 된다.

$$P(\overline{X}>482{,}000)\approx P\left(Z>\frac{482{,}000-500{,}000}{10{,}000}\right)$$
$$=P(Z>-1.8)=0.9641$$

```
> mu<-500000 ; sigma<-80000 ; n<-64
> pnorm(482000,mu,sigma/sqrt(n),lower.tail=FALSE)
[1] 0.9640697
```

(2) 확률 $P(4{,}800{,}000<\overline{X}<512{,}000)$을 구하면 된다.

$$P(480{,}000<\overline{X}<512{,}000)\approx P\left(\frac{480{,}000-500{,}000}{10{,}000}<Z<\frac{512{,}000-500{,}000}{10{,}000}\right)$$
$$=P(-2<Z<1.2)$$
$$=0.3849+0.4772$$
$$=0.8621$$

```
> pnorm(512000,mu,sigma/sqrt(n))-pnorm(480000,mu,sigma/sqrt(n))
[1] 0.8621802
```

5. $E(\overline{X})=\mu,\ V(\overline{X})=\dfrac{\sigma^2}{n}$

6. (1) $\mu_{\overline{x}}=2.5,\ \sigma^2_{\overline{x}}=\dfrac{\sigma^2}{n}=\dfrac{\sigma^2}{10}=0.125$

(2) $P(2.75\le \overline{X}\le 3.5)=P(0.71\le Z\le 2.82)$
$=0.2365$

```
> mu<-2.5 ; sigma<-sqrt(1.25) ; n<-10
> pnorm(3.5,mu,sigma/sqrt(n))-pnorm(2.75,mu,sigma/sqrt(n))
[1] 0.2374112
```

7. $P(\overline{X}\ge 810)=P\left(Z\ge \dfrac{810-800}{\dfrac{40}{\sqrt{64}}}\right)=P(Z\ge 2)$
$=0.023$

```
> mu<-800 ; sigma<-40 ; n<-64
> pnorm(810,mu,sigma/sqrt(n),lower.tail = FALSE)
[1] 0.02275013
```

8. $P\left(\overline{X}>\dfrac{1458}{36}\right)=P(\overline{X}>40.5)=P(Z>1.5)=0.0668$

9. $P(|\overline{X}-5|\ge 0.027)=P(|Z|\ge 2.7)$
$=2(0.0035)=0.007$

```
> mu<-5 ; sigma<-0.1 ; n<-100
> 2*pnorm(5.027,mu,sigma/sqrt(n),lower.tail = FALSE)
[1] 0.006933948
```

10. $P(75\le \overline{X}\le 95)=P\left(\dfrac{75-85}{\dfrac{37}{\sqrt{30}}}\le Z\le \dfrac{95-85}{\dfrac{37}{\sqrt{30}}}\right)$

$=P(-1.48\le Z\le 1.48)=0.8611$

```
> mu<-85 ; sigma<-37 ; n<-30
> pnorm(95,mu,sigma/sqrt(n))-pnorm(75,mu,sigma/sqrt(n))
[1] 0.8612151
```

11. $\mu = np = 8,\ \sigma^2 = npq = 4$이므로 $X \sim N(8, 4)$에 근사한다. 따라서 구하고자 하는 근사확률은 다음과 같다.

$$P(8 \leq X \leq 10) = \Phi\left(\frac{10+0.5-8}{2}\right) - \Phi\left(\frac{8-0.5-8}{2}\right)$$
$$= \Phi(1.25) - \Phi(0.25) = 0.8944 - 0.4013 = 0.4931$$

```
> mu<-16*0.5 ; sigma<-sqrt(16*0.5*0.5)
> pnorm(10.5,mu,sigma)-pnorm(7.5,mu,sigma)
[1] 0.4930566
```

$$P(X \geq 10) \fallingdotseq 1 - \Phi\left(\frac{10-0.5-8}{2}\right) = 1 - \Phi(0.75) = 1 - 0.7734 = 0.2266$$

```
> np<-16*0.5
> pnorm(9.5,np,sigma,lower.tail = FALSE)
[1] 0.2266274
```

12. (1) $n = 2000$이고 $p = 0.001$이므로 평균과 분산은 각각 $\mu = np = 2$이다. 따라서 포아송 근사에 의한 근사확률은 다음과 같다.

$$P(X \geq 4) \fallingdotseq 1 - \left(\frac{1}{0!} + \frac{2}{1!} + \frac{4}{2!} + \frac{8}{3!}\right)e^{-2} = 1 - 0.857 = 0.1429$$

(2) $n = 2000$이고 $p = 0.001$이므로 평균과 분산은 각각 $\mu = np = 2,\ \sigma^2 = npq = 1.998$이다. 따라서 정규근사에 의하여 확률을 구하면 다음과 같다.

$$P(X \geq 4) = P(X \geq 3.5) \fallingdotseq 1 - \Phi\left(\frac{3+0.5-2}{\sqrt{1.998}}\right) = 1 - \Phi(1.06) = 1 - 0.8554 = 0.1443$$

```
> np<-2000*0.001 ; sigma<-sqrt(2000*0.001*0.999)
> pnorm(3.5,np,sigma,lower.tail = FALSE)
[1] 0.1443016
```

13. 하루 동안에 생산된 부품 수를 X라 하면, $X \sim P(500)$이고 따라서 $X \approx N(500, 500)$이다. 그러므로 구하고자 하는 근사확률을 다음과 같다.

$$P(475 \leq X \leq 525) = P\left(\frac{475-0.5-500}{\sqrt{500}} \leq \frac{X-500}{\sqrt{500}} \leq \frac{525+0.5-500}{\sqrt{500}}\right)$$

$$\fallingdotseq P\left(-\frac{25.5}{23.36} \leqq Z \leqq \frac{25.5}{23.36}\right) = P(-1.1404 \leqq Z \leqq 1.1404)$$
$$= P(Z \leqq 1.1404) - (1 - P(Z \leqq 1.1404)) = 0.8729 - (1 - 0.8729) = 0.7459$$

```
> lambda<-500 ; sigma<-sqrt(500)
> pnorm(525.5,lambda,sigma)-pnorm(474.5,lambda,sigma)
[1] 0.7458781
```

14. (1) $p = 0.05,\ n = 100,\ \mu = 5$

$\sigma = \sqrt{(100)(0.05)(0.95)} = 2.1794$

따라서

$z = (2.5 - 5)/2.1794 = -1.147$

$P(X > 2) \approx P(Z \geq -1.147) = 0.8749$

```
> np<-100*0.05 ; sigma<-sqrt(100*0.05*0.95)
> pnorm(2.5,np,sigma,lower.tail=FALSE)
[1] 0.8743251
```

(2) $z = (10.5 - 5)/2.1794 = 2.524$

$P(X > 10) \approx P(Z > 2.52) = 0.0059$

```
> pnorm(10.5,np,sigma,lower.tail=FALSE)
[1] 0.005808446
```

15. $E(X) = 720 \times \frac{1}{6} = 120$

$\sigma(X) = \sqrt{720 \times \frac{1}{6} \times \frac{5}{6}} = 10$

인 정규분포를 따른다고 한다.

$P(115 \leq X \leq 135)$
$= P(-0.5 \leq Z \leq 1.5)$
$= 0.1915 + 0.4332$
$= 0.6247$

```
> np<-720*1/6 ; sigma<-sqrt(720*(1/6)*(5/6)) ; n<-720
> pnorm(135,np,sigma)-pnorm(115,np,sigma)
[1] 0.6246553
```

CHAPTER 06

1. (1)

```
> x<-c(4,1,0,0,2,2,2,2,2,1,2,3,1,2,2,3,1,2,1,2,1,4,4,3,3)
> freq<-table(x)                         #도수분포표 작성
> freq
x
 0  1  2  3  4
 2  6 10  4  3
```

(2)

```
> prob<-prop.table(freq)                 #상대도수테이블
> prob
   0    1    2    3    4
0.08 0.24 0.40 0.16 0.12
> sum_prob<-cumsum(prob)                 #누적상대도수테이블
> sum_prob
   0    1    2    3    4
0.08 0.32 0.72 0.88 1.00
```

(3)

```
> freq.table<-cbind(freq,prob,sum_prob)   #도수분포표작성

> freq.table
  freq prob sum_prob
0    2 0.08     0.08
1    6 0.24     0.32
2   10 0.40     0.72
3    4 0.16     0.88
4    3 0.12     1.00
```

(4)

```
> barplot(freq,main="barplot",xlab="Num of Head",ylab="Freq")     #빈도별
```

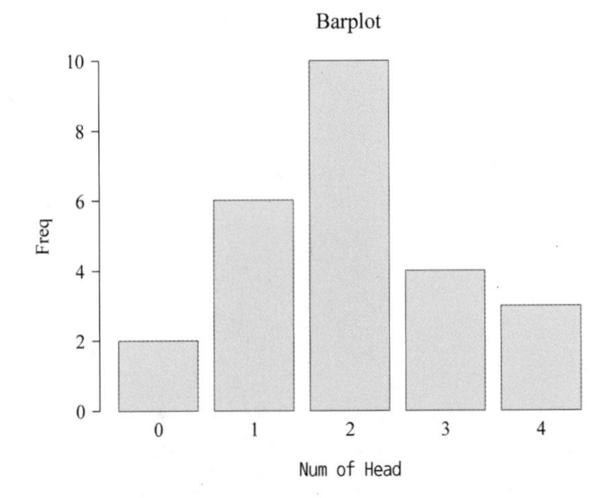

```
> barplot(prob,main="barplot",xlab="Num of Head",ylab="Prob")    #비율별
```

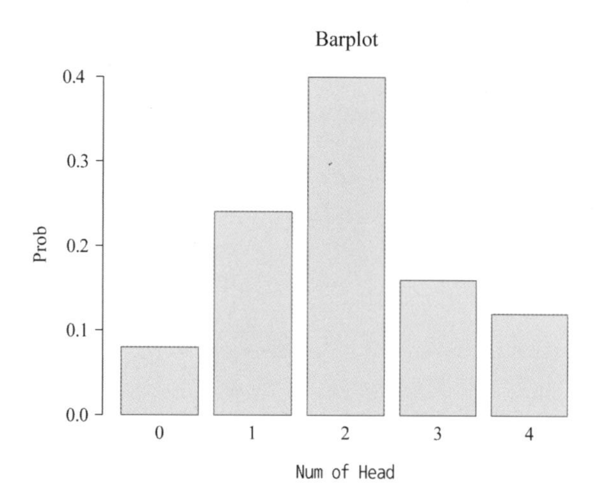

2. (1)

```
> score<-c(74,70,67,87,61,86,93,94,89,75,59,65,78,66,62,71,50,85,74,73,57,
+          98,81,77,63,87,91,75,68,84)
> cut1<-cut(score,breaks=6,right=FALSE) #데이터 6개 구간 지정, 오른쪽포함(FALSE)
> freq<-table(cut1)                     #구간별 분할표
> freq
cut1
[50,58) [58,66) [66,74) [74,82) [82,90) [90,98)
      2       5       6       7       6       4
```

(2)

```
> prob<-prop.table(freq)    #상대도수
> prob
cut1
   [50,58)    [58,66)    [66,74)    [74,82)    [82,90)    [90,98)
0.06666667 0.16666667 0.20000000 0.23333333 0.20000000 0.13333333
> sum_prob<-cumsum(prob)    #누적상대도수
> sum_prob
   [50,58)    [58,66)    [66,74)    [74,82)    [82,90)    [90,98)
0.06666667 0.23333333 0.43333333 0.66666667 0.86666667 1.00000000
```

(3)

```
> freq.table<-cbind(freq,prob,sum_prob) #도수분포표작성
> rownames(freq.table)<-levels(cut1)    #levels(범주형) 범주의 값 벡터로 출력
> freq.table
        freq       prob   sum_prob
[50,58)    2 0.06666667 0.06666667
[58,66)    5 0.16666667 0.23333333
[66,74)    6 0.20000000 0.43333333
[74,82)    7 0.23333333 0.66666667
[82,90)    6 0.20000000 0.86666667
[90,98)    4 0.13333333 1.00000000
```

(4)
```
> stem(score,scale=0.5)      #줄기-잎 그림
  The decimal point is 1 digit(s) to the right of the
5 ¦ 079
6 ¦ 1235678
7 ¦ 013445578
8 ¦ 1456779
9 ¦ 1348
```

(5)
```
> barplot(freq,)             #방법1
```

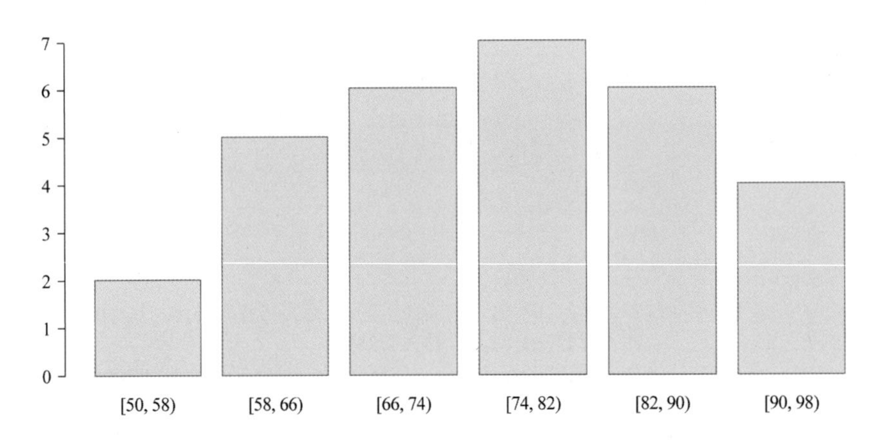


```
> hist(score,breaks=c(50,58,66,74,85,90,98),right=FALSE)    #방법2
```

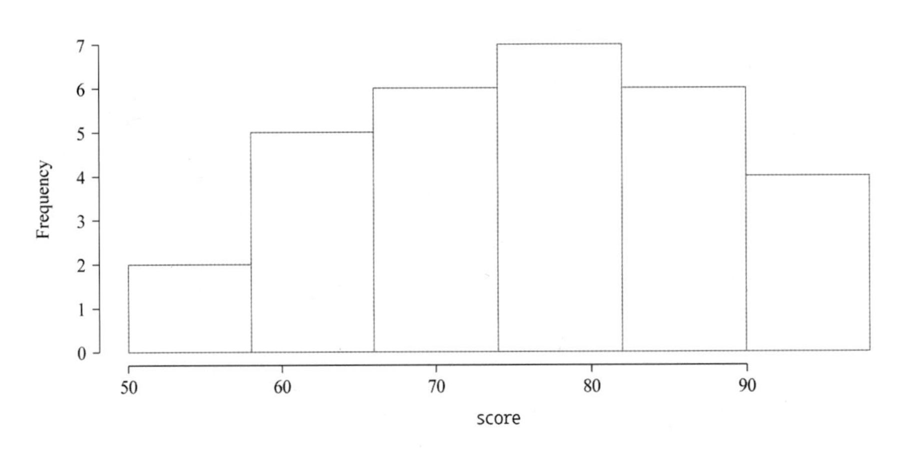

3.
```
> #ex2.3
> level<-c('중졸','고졸','대졸','고졸','대졸',
+          '고졸','중졸','대졸','고졸','대졸',
+          '고졸','중졸','고졸','중졸','고졸',
```

```
+         '대졸','대졸','중졸','대졸','고졸',
+         '고졸','중졸','고졸','중졸')
> pay<-c('A','B','C','C','B','B','A','C','B','B',
+        'C','A','B','B','A','C','C','A','C','B',
+        'C','A','B','A')
> total<-data.frame(level,pay)

> #1
> table(total) #분할표
      pay
level  A B C
  고졸 1 6 3
  대졸 0 2 5
  중졸 6 1 0

> #2
> barplot(table(total),col=rainbow(3), #막대그래프
+         ylim=c(0,10),main="barplot")
> legend("topright",fill=rainbow(3), #막대그래프 내의 레전드(표)
+        rownames(table(total)))
```

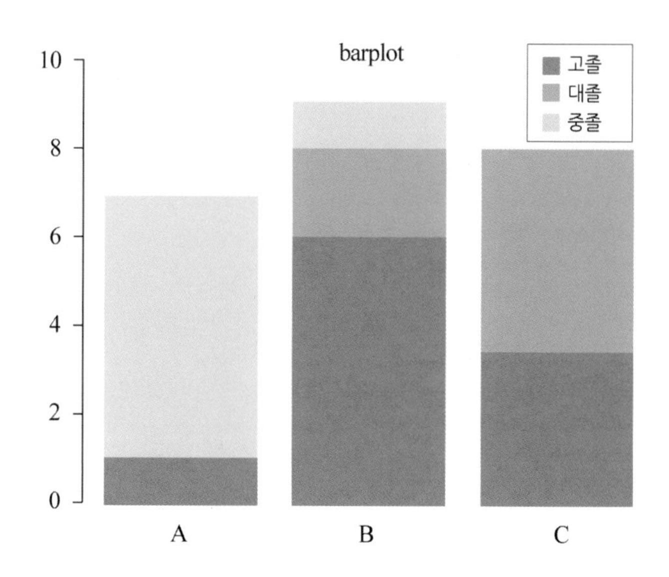

4.
```
> salary<-c(301,206,102,242,185,426,278,283,258,225,171,548,193,205,252,168,
+          264,256,279,276,128,352,415,242,199,195,367,400,361,251,357,221,
+          236,235,274,176,452,171,157,345,450,201,247,353,179,250,366,190,
+          175,342,124,223,269,249,182,390,173,100,502,170,191,360,254,205,
+          145,344,418,146,300,272,210,227,227,368,100,257,153,374,418,280,
+          229,229,274,203,141,316,255,424,201,234)
> length(salary)                              #데이터 수 확인
[1] 90
> cut1<-cut(salary,breaks=9,right=FALSE)      #데이터 9개의 범주로 나누기
> tb<table(cut1)                              #빈도표생성
> barplot(tb,main="Salary Histogram",xlab="salary",ylab=freq) #막대그래프 생성
```

5
```
> journey<-c(12,14,8,6)
> prob<-prop.table(journey)
> name<-c("하와이","동남아","유럽","기타")
> pie(journey,labels=name,main="Pie Chart",sub="Trip site")
```

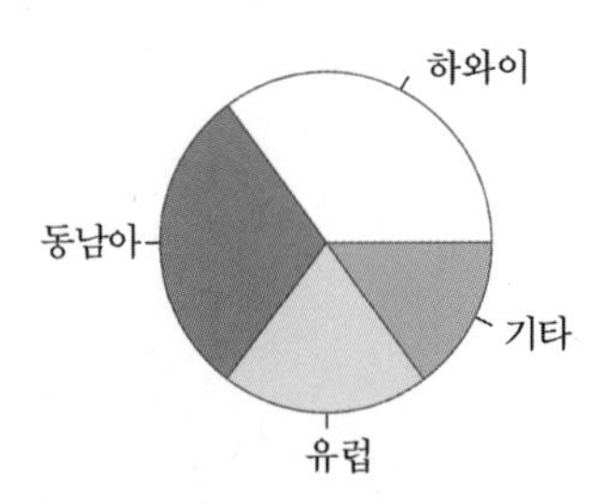

6.
```
> juice<-c(460, 510, 440, 550, 330, 460, 600, 410, 550, 360, 530,
+          530, 420, 443, 500, 540, 460, 410, 480)
```

```
> boxplot(juice,horizontal=TRUE,main="Boxplot",xlab="juice")    #상자그림1
```

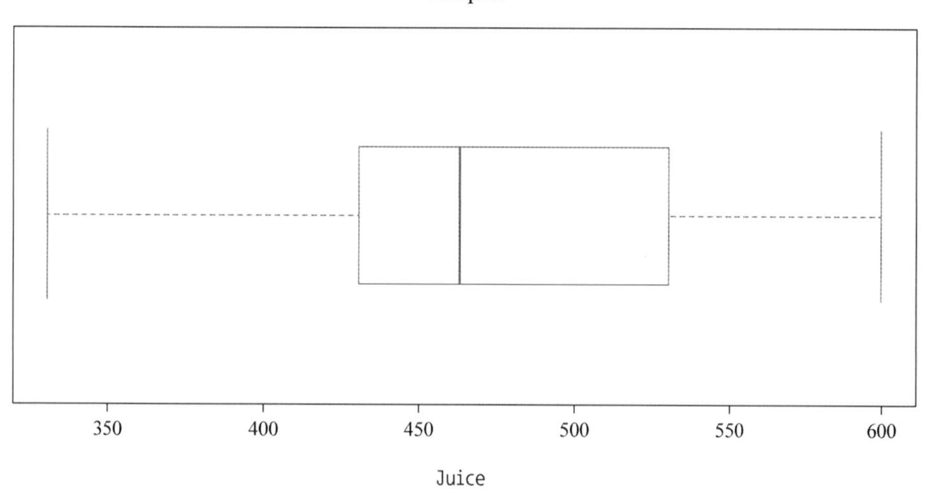


```
> boxplot(juice,horizontal=FALSE,main="Boxplot",xlab="Juice")  #상자그림2
```

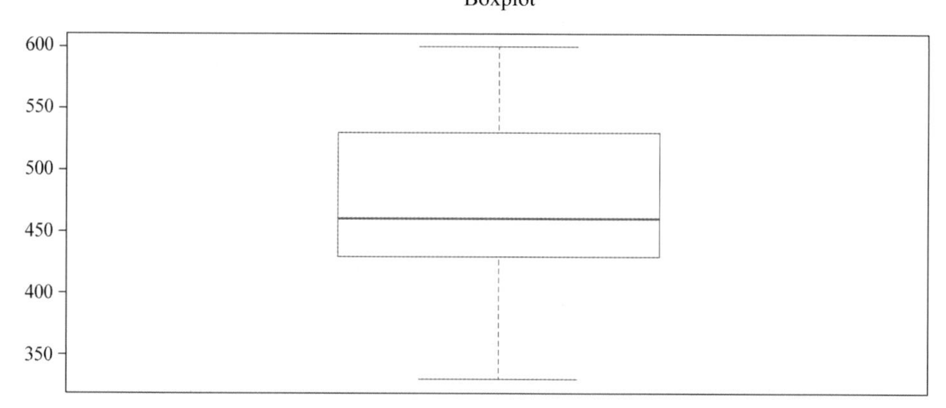

7.
```
> mental<-c(0,0,0,0,0.1,0.1,0.1,0.1,0.2,0.2,0.3,0.3,0.3,0.4,0.5,
+          0.7,0.7,1,1.5,2.7,2.8,3.5,4.0,8.9,9.2,11.7,21.0)
> overuse<-c(0,0,0,0,0,0.1,0.1,0.1,0.1,0.2,0.2,0.2,0.3,0.3,0.3,
+           0.4,0.5,0.5,0.6,0.8,0.9,1.0,1.2,1.4,1.5,1.7,2.0,
+           3.2,3.5,4.1,4.3,4.8,5.0,5.9,6.0,6.4,7.9,8.3,8.7,9.1,
+           9.6,9.9,11.0,11.5,12.2,12.7,14.0,16.6,17.8)
> par(mfrow=c(1,2))#1X2그래프 배치
> boxplot(mental,main="Mental")  #박스플롯(정시착란)
> boxplot(overuse,main="overuse")#박스플롯(과다복용)
```

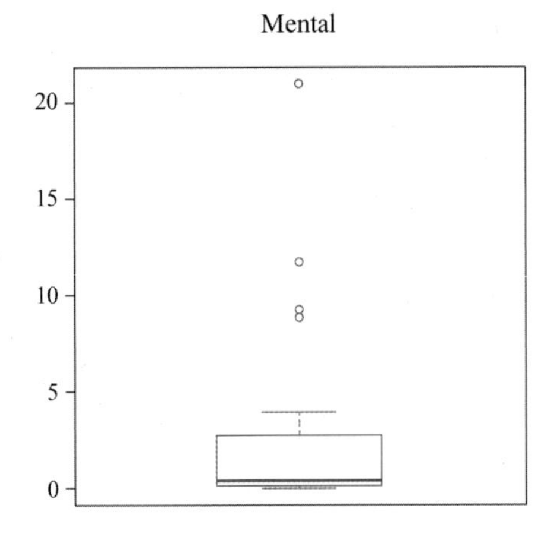

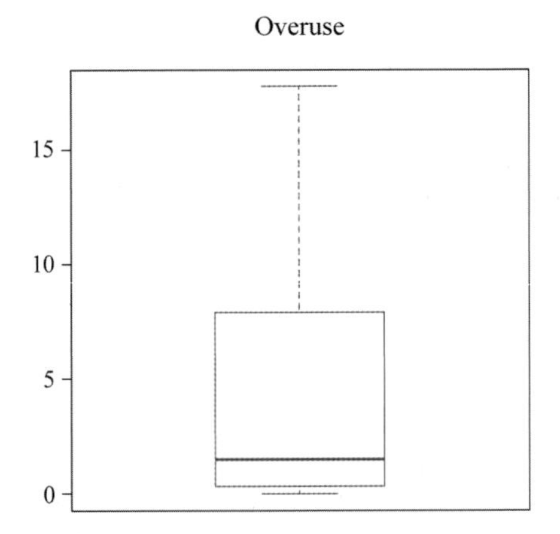

8.
```
> ciga<-c(16,9,45,150,94,60))
> mean(ciga)  #평균
[1] 62.33333
> median(ciga)#중앙값
[1] 52.5
```

9.
```
> a<-c(70,60,90,100,70,80)
> b<-c(60,80,80,90,90,50)
> c<-c(80,70,60,100,70,90)
> range(a); range(b); range(c) #범위
[1]  60 100
[1]  50  90
[1]  60 100
> IQR(a) ; IQR(b) ; IQR(C)     #사분위수 범위
[1] 17.5
[1] 22.5
[1] 17.5
> var(a); var(b); var(c);      #분산
[1] 216.6667
[1] 270
[1] 216.6667
```

10.
```
> weight<-c(a,b,c)                                        #데이터 통합
> library(lattice)                                        #패키지 생성
> dotplot(table(weight),ylab="weight",main="Dotplot")     #그래프생성
```

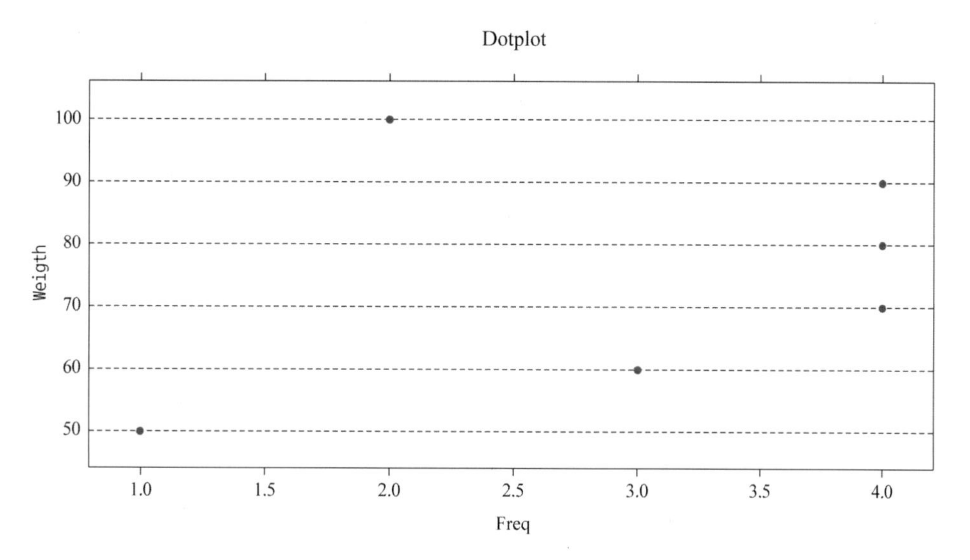

11.
```
> age<-c(4,5,6,3,7,5,6,5)
> mean(age) #평균
[1] 5.125
> var(age)  #분산
[1] 1.553571
> range(age)#범위
[1] 3 7
> IQR(age)  #사분위수 범위
[1] 1.25
```

12.
```
> blood<-c("B","B","B","B","B","A","AB","O","O","B","B","B","B","B","O","A","AB",
+          "B","B","B","A","AB","A","B","O","B","A","A","A","B","O","A","O","AB",
+          "A","A","O","A","A","A","A","AB","A","A","AB","A","O","AB","B","A","O",
+          "A","B","O","A")

> length(blood)                    #데이터의 수 점검
[1] 55
> freq<-table(blood)               #테이블생성
> prob<-prop.table(freq)           #상대도수테이블생성
> freq.table<-cbind(freq,prob)     #도수분포표생성
> freq.table
   freq      prob
A    20 0.3636364
AB    7 0.1272727
```

```
B     18 0.3272727
o     10 0.1818182
> barplot(freq,main="Barplot")   #히스토그램
> pie(freq,main="Piechart")      #파이그림
```

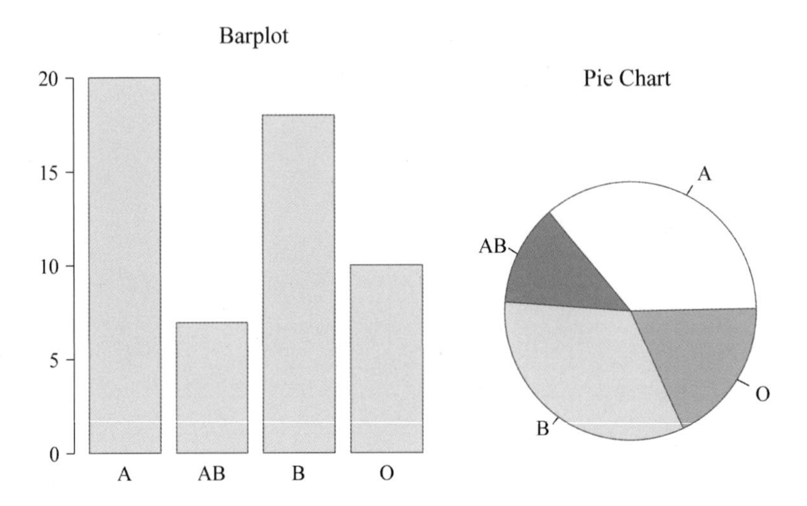

13.
```
> height<-c(168,176,169,166,171,176,169,172,168,168,173,168,167,164,160,
+          168,169,173,173,169,169,168,170,177,162,168,179,176,178,175,
+          164,167,166,163,161,173,164,176,163,166,165,175,166,175,172,
+          172,174,177,167,171,165,168,171,168,160)
> length(height)  #데이터 수 점검
[1] 55
> cut1<-cut(height,breaks=5,right=FALSE) #연속형 자료 5개의 범주로 나누기
> freq<-table(cut1)      #테이블생성
> prob<-prop.table(freq)#상대도수
> freq.table<-cbind(freq,prob)
> freq.table
          freq      prob
[160,164)    6 0.1090909
[164,168)   12 0.2181818
[168,171)   18 0.3272727
[171,175)   11 0.2000000
[175,179)    8 0.1454545
> barplot(freq,main="Height of student")
```

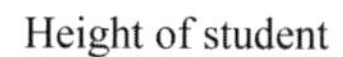

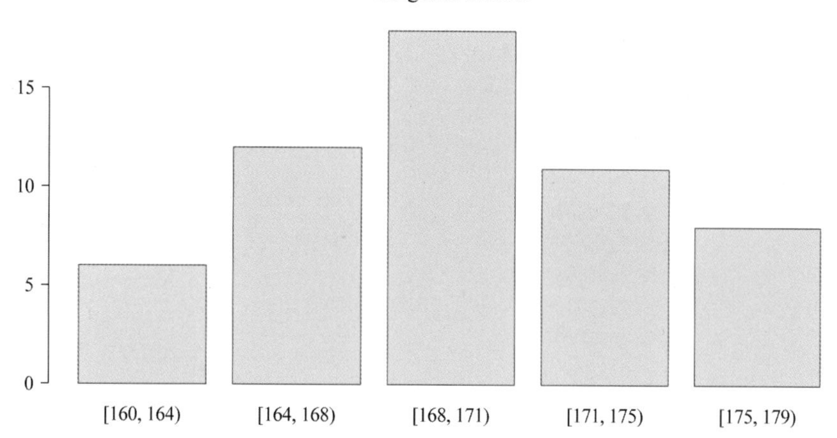

14.
```
> a<-rep("A",5)
> b<-rep("B",34)
> c<-rep("C",39)
> d<-rep("D",12)
> e<-rep("E",10)
> data<-c(a,b,c,d,e) #데이터통합
> freq<-table(data)  #도수분포표작성
> barplot(freq)      #막대그래프생성
```

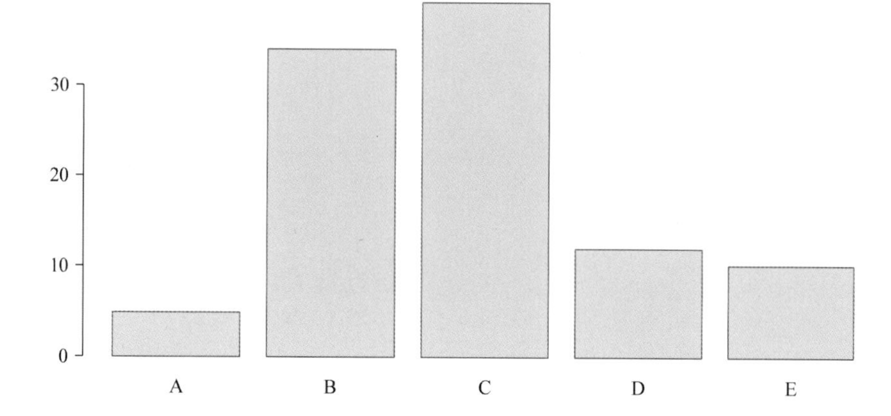

15.
```
> data<-c(1,1,1,3,0,0,1,1,1,0,2,2,0,0,0,1,2,1,2,0,0,1,6,4,3,3,1,2,4,0)
> freq<-table(data)      #테이블생성
> prob<-prop.table(freq) #상대도수테이블
> sum_freq<-cumsum(freq) #누적도수
> freq.table<-cbind(freq,sum_freq,prob) #도수분포표
> freq.table
  freq sum_freq       prob
0    9        9 0.30000000
1   10       19 0.33333333
2    5       24 0.16666667
3    3       27 0.10000000
4    2       29 0.06666667
6    1       30 0.03333333
> par(mfrow=c(1,2)) #1X2 그래프 배치
> barplot(freq,main="Barplot")  #막대그래프
> hist(data,main="Histogram",right=FALSE)#히스토그램
```

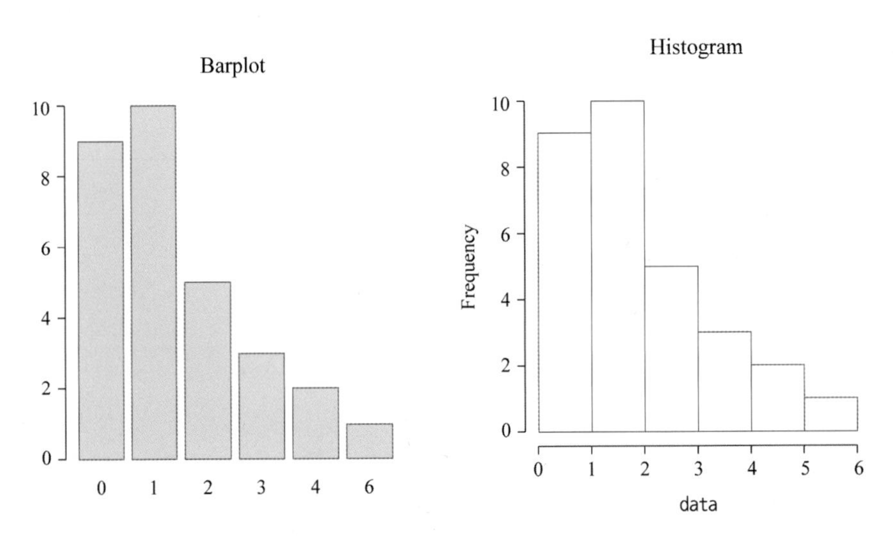

16.
```
> car<-c(56,67,61,59,63,61,59,62,56,57,51,62,77,60,69,51,62,77,60,
+        69,60,60,55,67,56,62,63,55,51,56,65,59,64,60,62,59,63,61,
+        61,61,57,66,66,66,55,56,56,60,60,64)
> mean(car)  #평균
[1] 60.9
> var(car)   #분산
[1] 29.60204
> range(car) #범위
[1] 51 77
> IQR(car)   #사분위수범위
[1] 6
> boxplot(car,main="Boxplot",xlab="noise") #상자그림1
> boxplot(car,main="Boxplot",horizontal=TRUE,xlab="noise") #상자그림2
```

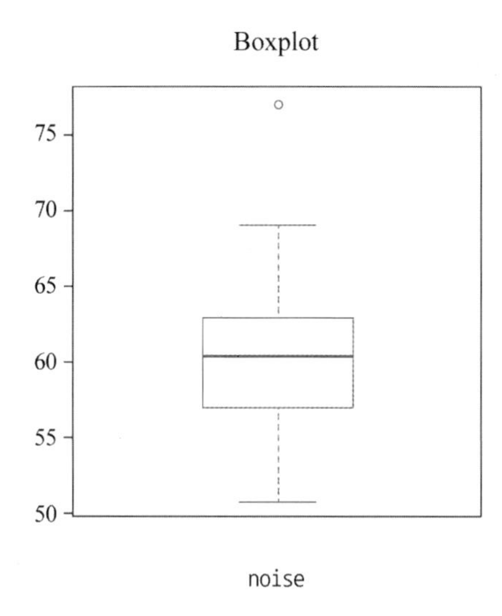

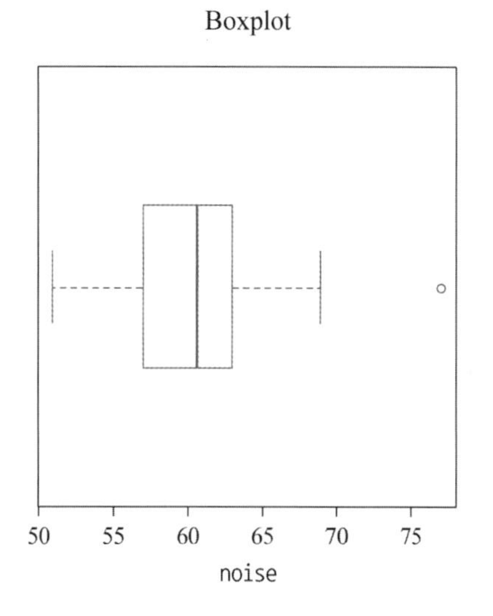

17.
```
> a<-rep("A",2240)
> b<-rep("B",1040)
> c<-rep("C",820)
> data<-c(a,b,c)                         #데이터결합
> freq<-table(data)                      #테이블생성
> prob<-prop.table(freq)                 #상대도수
> sum_prob<-cumsum(prob)                 #누적상대도수
> freq.table<-cbind(freq,prob,sum_prob)
> freq.table
  freq      prob  sum_prob
A 2240 0.5463415 0.5463415
B 1040 0.2536585 0.8000000
C  820 0.2000000 1.0000000
> pie(freq,main="Pie chart")             #파이그래프
```

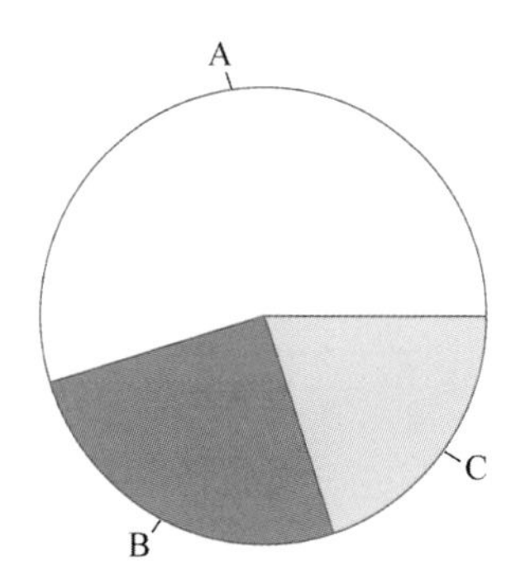

18.
```
> x<-c(1,3,4,6,6,7,8,8,9,10,15)
> mean(x)    #평균(표본)
[1] 7
> median(x) #중앙값(표본)
[1] 7
> var(x)     #분산
[1] 14.2
> sd(x)      #표준편차
[1] 3.768289
> summary(x) #사분위수
   Min. 1st QU.   Median    Mean 3rd QU.    Max.
   1.0     5.0       7.0     7.0     8.5    15.0
> x<-c(1,3,4,6,6,7,8,8,9,10,150)
> mean(x)   #평균(표본)
[1] 19.27273
> median(x) #중앙값(표본)
[1] 7
```

19. (1)
```
> matrix(c(64,10,8,15),nc=2,byrow=TRUE)               #행렬생성
     [,1] [,2]
[1,]   64   10
[2,]    8   15
> rbind(c(65,10),c(8,15))                             #행별로 묶기
     [,1] [,2]
[1,]   65   10
[2,]    8   15
> cbind(c(64,8),c(10,15))                             #열별로 묶기
     [,1] [,2]
[1,]   64   10
[2,]    8   15
```

(2)
```
> data<-matrix(c(64,10,8,15),nc=2,byrow=TRUE)       #데이터생성
> rowname<-c("A.belt","A.unbelt")                     #행이름 벡터
> colname<-c("C.belt","C.unbelt")                     #열이름 벡터
> rownames(data)<-rowname # or dimnames(data)[[1]]<-rowname
> colnames(data)<-colname # or dimnames(data)[[2]]<-colname
> data
         c.belt c.unbelt
A.belt       64       10
A.unbelt      8       15
```

(3)
```
> margin.table(data,1)                                #행별(어른)
  A.belt A.unbelt
      74       23
> margin.table(data,2)                                #열별(어린이)
  c.belt c.unbelt
      72       25
```

같은 방법으로 rowSums(),colSums(),apply(data,1 or 2,FUN=)이 있다.

```
> rowSums(data)              #행별(어른)
  A.belt A.unbelt
      74       23
> colSums(data)              #열별(어린이)
  c.belt C.unbelt
      72       25
> apply(data,1,FUN=sum)      #행별(어른)
  A.belt A.unbelt
      74       23
> apply(data,2,FUN=sum)      #열별(어린이)
  c.belt c.unbelt
      72       25
```

(4)

```
> addmargins(data)
           c.belt c.unbelt Sum
A.belt         64       10  74
A.unbelt        8       15  23
Sum            72       25  97
```

(5)

```
> prop.table(data)          #행렬의 합 : 1
               c.belt c.unbelt
A.belt     0.65979381 0.1030928
A.unbelt   0.08247423 0.1546392
```

(6) 막대그래프로 행과 열의 빈도비교를 할 경우 barplot()을 사용한다. beside= 인수는 막대를 옆으로 나열여부를 나타낸다.

```
> par(mfrow=c(1,2))         #1X2 행렬의 그래프 도시
> barplot(data,main="child usage of seatbelt",legend.text
+  = TRUE,beside=FALSE)    #어린이
> barplot(data,main="child usage of seatbelt",legend.text = TRUE,beside=TRUE)
                            #어린이
```

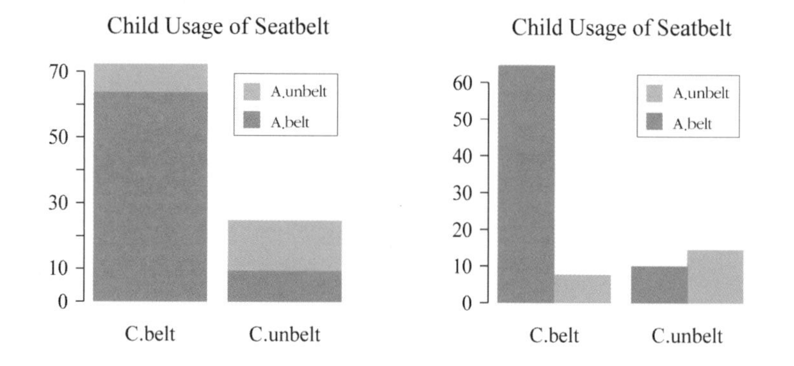

```
> barplot(t(data),main="Adult usage of seatbelt",legend.text=TRUE,beside=FALSE) #어른
> barplot(t(data),main="Adult usage of seatbelt",legend.text=TRUE,beside=TRUE)  #어른
```

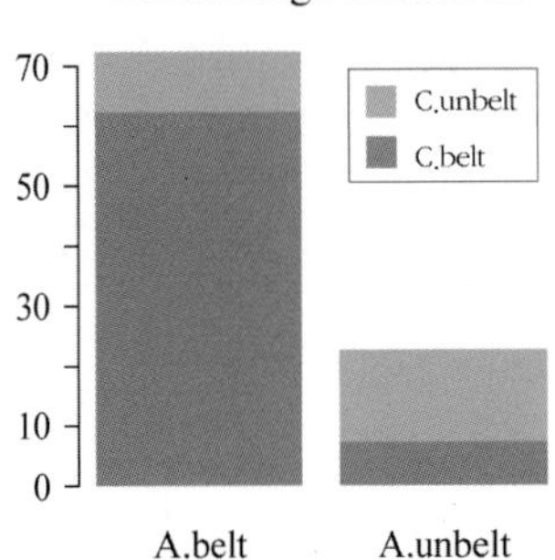

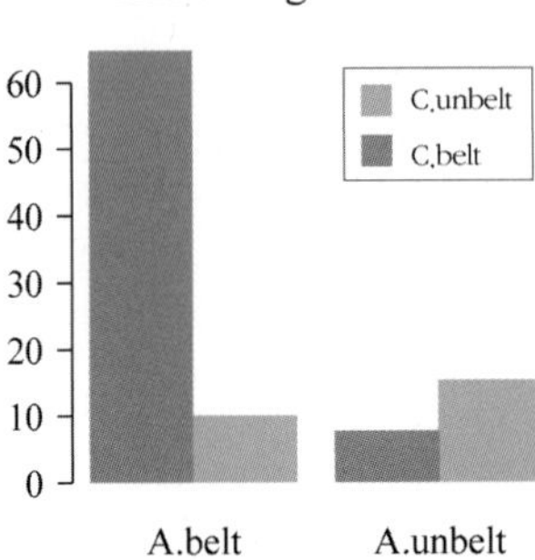

20.
```
> marketing<-c(rep(c("A","B"),c(5,5)))
> purchase<-c("Y","Y","N","Y","Y","N","N","N","N","Y")
> table_data<-table(marketing,purchase)                    #이원분할표 생성
> table_data
          purchase
marketing N Y
        A 1 4
        B 4 1
> prop.table(table_data)                                   #상대표 생성
          purchase
marketing N   Y
        A 0.1 0.4
        B 0.4 0.1
```

21.
```
> data<-c("Y","N","Y","Y","Y","N","N","Y","Y","Y")
> dotchart(table(data),main="Dotchart",xlab="Num")     #dotchart 생성
```

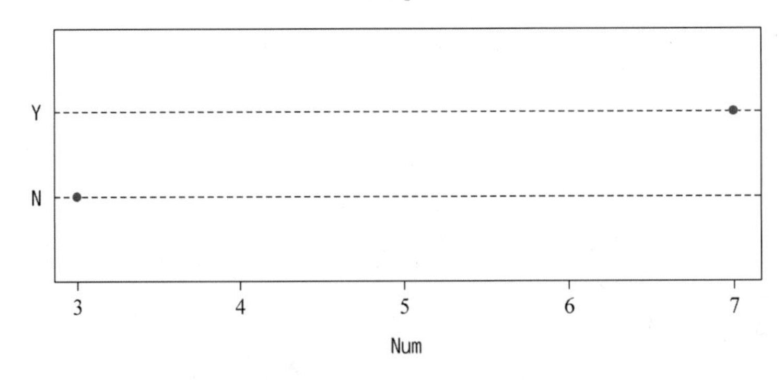

22.
```
> x<-c(45,86,34,98,67,78,56,45,85,75,64,75,75,75,58,45,83,74)
> stem(x,scale=2) #줄기잎 그림

  The decimal point is 1 digit(s) to the right of the ¦

  3 ¦ 4
  4 ¦ 555
  5 ¦ 68
  6 ¦ 47
  7 ¦ 455558
  8 ¦ 356
  9 ¦ 8
```

23.
```
> x<-c(45,86,34,98,67,78,56,45,85,75,64,75,75,75,58,45,83,74)
> mean(x)
[1] 67.66667
> median(x)
[1] 74.5
```

24.
```
> score<-c(42,40,38,37,43,39,78,38,45,44,40,38,41,35,31,44)
> boxplot(score)
```

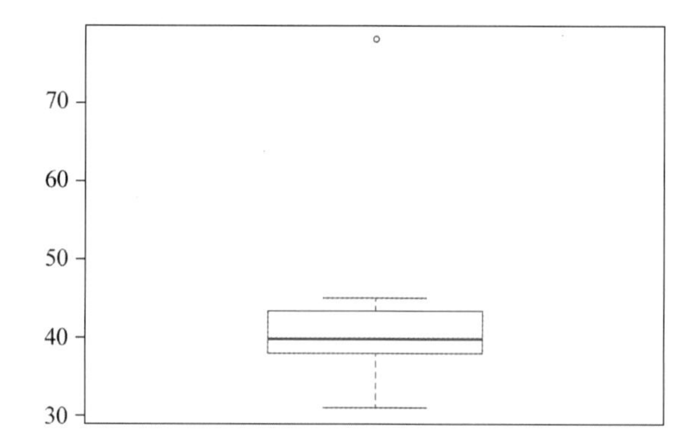

CHAPTER 07

1. (1) $\bar{x}=5.32,\ \sigma=2.49,\ n=50,\ z_{0.025}=1.96$이다.

그래서, 신뢰구간

$$5.32-1.96\left(\frac{2.49}{\sqrt{50}}\right)<\mu<5.32+1.96\left(\frac{2.49}{\sqrt{50}}\right)$$

이다. 이를 계산하면

$$4.63<\mu<6.01$$

이 된다.

■ R-프로그램

```
> xbar<-5.32 ; sigma<-2.49 ; n<-50
> xbar+c(-qnorm(0.975),qnorm(0.975))*sigma/sqrt(n)#신뢰구간
[1] 4.62982 6.01018
```

2. 표본 크기가 36이면, 표본 평균값 16.1, 표준편차 $\frac{\sigma}{\sqrt{n}}=\frac{0.12}{\sqrt{36}}=0.02$인 정규분포이다.

$(n>30)$, $16.1\pm1.96(0.02)=16.1+0.0392$ 병들 안에 들어가는 온스 평균값이 16.0608과 16.1392사이이다.

3. 모집단의 표준편차는 $\sigma=\sqrt{5.76}=2.4$, 표본 평균값의 표준편차는 $\frac{\sigma}{\sqrt{n}}=\frac{2.4}{\sqrt{64}}=0.3$이다. 모집단 평균값의 90% 신뢰구간은 $12.35\pm1.645(0.3)=12.35\pm0.4935$이다. 건전지의 수명 평균값이 11.8565와 12.8435개월 사이이다.

4. $n=10,\ \bar{x}=27.2,\ s=1.8$ 그리고 $t_{0.025,\ (9)}=2.262$이다.

95% 신뢰구간은

$$27.2-2.262\left(\frac{1.8}{\sqrt{10}}\right)<\mu<27.2+2.262\left(\frac{1.8}{\sqrt{10}}\right)$$

이 되고, 이를 계산하면

$$25.9<\mu<28.5$$

가 된다.

5. $\bar{x} = \frac{\sum x_i}{n} = \frac{0.43 + 0.52 + 0.46 + 0.49 + 0.60 + 0.56}{6} = \frac{3.06}{6} = 0.51$

$$s = \sqrt{\frac{\sum (x_i - \bar{x})^2}{n-1}}$$

$$= \sqrt{\frac{(0.08)^2 + (0.01)^2 + (0.05)^2 + (0.02)^2 + (0.09)^2 + (0.05)^2}{5}}$$

$$= 0.0632$$

$t_{0.05,\ (5)} = 2.015$ 이다. 그래서, 90% 신뢰구간은

$$0.51 - 2.015\left(\frac{0.0632}{\sqrt{6}}\right) < \mu < 0.51 + 2.015\left(\frac{0.0632}{\sqrt{6}}\right)$$

이고, 이를 계산하면

$0.458 < \mu < 0.562$ 이다.

■ R-프로그램

```
> data<-c(0.43,0.52,0.46,0.49,0.6,0.56)
> xbar<-mean(data) ; s<-sd(data) ; n=length(data)
> xbar+c(-qt(0.95,n-1),qt(0.95,n-1))*s/sqrt(n) #신뢰구간
[1] 0.4579717 0.5620283
```

6. $n = 8,\ \bar{d} = -1112.5,\ s_d = 1454,\ t_{0.005,\ (7)} = 3.499$

$$-1112.5 \pm (3.499)\frac{1454}{\sqrt{8}} = -1112.5 \pm 1798.7$$

$$-2911.2 < \mu_D < 686.2$$

7. $n = 9,\ \bar{d} = 2.778,\ s_d = 4.5765,\ t_{0.025,(8)} = 2.306$

$$2.778 \pm (2.306)\frac{4.5765}{\sqrt{9}} = 2.778 \pm 3.518$$

$$-0.74 < \mu_D < 6.30$$

8. 알약 복용 전후의 혈압차이 D_i를 모집단이 $N(\mu_D, \sigma_D^2)$인 분포로부터 추출한 표본이라 하면 μ_D에 대한 신뢰구간을 구하려면

$$\bar{d} \pm t_{0.025,(14)} \frac{s_d}{\sqrt{15}}$$

로부터 구할 수 있다. 자료로부터 표본의 평균과 표준편차는

$$\bar{d} = \frac{1}{15}\sum d_i = 8.80, \quad s_d = \sqrt{\frac{\sum (d_i - \bar{d})^2}{n-1}} = 10.98$$

이고, $t_{0.025,(14)} = 2.145$ 이므로 95% 신뢰구간은

$8.80 \pm 2.145 \frac{10.98}{\sqrt{15}} = 8.80 \pm 6.08$ 혹은 $(2.72,\ 14.88)$ 이다.

■ R-프로그램

```
> data<-c(2,8,10,6,18,10,4,26,18,-8,0,32,0,-4,10)
> dbar<-mean(data) ; s<-sd(data) ; n<-length(data)
> dbar+c(-qt(0.975,n-1),qt(0.975,n-1))*s/sqrt(n)#신뢰구간
[1]  2.722083 14.877917
```

9.

환자	1	2	3	4	5	6	7	8	9	10	합계
$A(X)$	1.9	0.8	1.1	0.1	−0.1	4.4	5.5	1.6	4.6	3.4	
$B(Y)$	0.7	−1.6	−0.2	1.2	−0.1	3.4	3.7	0.8	0.0	2.0	
차이	1.2	2.4	1.3	−1.1	0	1.0	1.8	0.8	4.6	1.4	13.4

위표에서 $\sum d_i = 13.4$이므로 $\bar{d} = \frac{13.4}{10} = 1.34$,

$$s_d^2 = \frac{1}{n-1}\left[\sum d_i^2 - n\bar{d}^2\right] = 2.23822$$

$s_d = \sqrt{2.2382} = 1.496,\ \alpha = 0.05,$ 자유도 $= 10 - 1 = 9,\ t_{0.025,(9)} = 2.262$

이다. 그러므로 A, B 두 수면제의 차 μ_D에 대한 95% 신뢰구간은

$1.34 - 2.262\frac{1.496}{\sqrt{10}} < \mu_D < 1.34 + 2.262\frac{1.496}{\sqrt{10}}$, $0.27 < \mu_D < 2.41$이다.

10. 표본의 크기가 $n=10$이고, $\alpha/2=0.05$이므로, χ^2분포표로부터 $\chi^2_{0.05,\ (9)}=16.92$와 $\chi^2_{0.95,\ (9)}=3.33$을 얻을 수 있다. 앞에서 구한 신뢰구간의 식에 의해서 σ^2의 90% 신뢰구간은

$$\left(\frac{9\times(0.4)^2}{16.92},\ \frac{9\times(0.4)^2}{3.33}\right)=(0.085,\ 0.432)$$

이고, 따라서 σ의 90% 신뢰구간은 $(\sqrt{0.085},\ \sqrt{0.432})=(0.29, 0.66)$이다.

11. $s^2=0.815,\ \chi^2_{0.975}=0.484,\ \chi^2_{0.025}\doteqdot 11.143$

$$\frac{(n-1)s^2}{\chi^2_{0.025}}<\sigma^2<\frac{(n-1)s^2}{\chi^2_{0.975}}$$

$$\frac{4\times0.815}{11.143}<\sigma^2<\frac{4\times0.815}{0.484}$$

$$0.2926<\sigma^2<6.73$$

■ R-프로그램

```
> data<-c(1.9,2.4,3.0,3.5,4.2)
> s<-sd(data) ; n<-length(data)
> ((n-1)*s^2)/c(qchisq(0.975,n-1),qchisq(0.025,n-1))#신뢰구간
[1] 0.2925528 6.7297174
```

12. $\hat{p}=0.64,\ n=550,\ \alpha=0.01,\ z_{\alpha/2}=z_{0.005}=2.58$이다.

표준오차 $SE(\hat{p})=\sqrt{\dfrac{(0.64)(0.36)}{550}}=0.0205$가 된다. 결과적으로 p의 99% 신뢰구간은

$$0.64-2.58(0.0205)<p<0.64+2.58(0.0205)$$

가 되고 이를 계산하면

$$0.587<p<0.693$$

이 된다.

13. $x=18,\ n=225,\ \alpha=0.05,\ z_{0.025}=1.96$이다. $x/n=0.08$이므로

$SE(\hat{p})=\sqrt{\dfrac{(0.08)(0.92)}{225}}=0.0181$가 된다.

p의 95% 신뢰구간은

$$0.08-1.96(0.0181)<p<0.08+1.96(0.0181)$$

로 되고, 이를 계산하면

$0.045<p<0.115$이 된다.

CHAPTER 08

1. (1) $H_0 : \mu = 100$(실제로는 $\mu \geq 100$) $H_a : \mu < 100$

 (2) 검정 통계량은 $\dfrac{\overline{X} - 100}{\sigma / \sqrt{n}}$ 이다.

 (3) $\alpha = 0.15$이므로 $z_\alpha = z_{0.15} = 1.04$이다. 대립가설이 단측이므로 검정 기준은 다음과 같다.

 "계산된 검정 통계량의 값이 -1.04 보다 작으면 H_0를 기각한다."

 (4) $\overline{x} = 95,\ \sigma = \sqrt{144} = 12,\ n = 9$이므로 검정 통계량의 계산된 값은

 $\dfrac{\overline{x} - 100}{\sigma / \sqrt{n}} = \dfrac{95 - 100}{12 / \sqrt{9}} = -1.25$ 이다.

 (5) 계산된 값이 -1.04보다 작으므로 H_0를 기각한다.
 즉, 평균 IQ가 100보다 작은 것으로 나타났다.

2. (1) $H_0 : \mu = 8$(대립가설은 $H_a : \mu > 8$)

 (2) $T = \dfrac{\sqrt{n-1}\,(\overline{X} - \mu)}{S} = \dfrac{3(\overline{X} - 8)}{1.5} = 2(\overline{X} - 8)$은 자유도 $df = 9$인 $t-$분포를 이룬다.

 (3) 자유도 $df = 9$이고, $\alpha = 0.05$에 대응하는 t의 값은 $t_{0.05,(9)} = 2.262$이며, T의 실현값은 $t_0 = 2(8.5 - 8) = 1 < t_{0.05,(9)} = 2.262$

 (4) $\alpha = 0.05$에서는 귀무 가설 $H_0 : \mu = 8$은 기각되지 않는다. 즉, 이 표본은 평균값 8인 모집단에서 추출된 표본으로 보아도 무리는 아니다. 따라서, 종래의 광석과 다르지 않다고 보아도 좋다.

■ R 프로그램

```
> mu<-8 ; xbar<-8.5 ; s<-1.5 ; n<-10 #모평균,표본평균,표준편차,개체수
> t<-sqrt(n-1)*(xbar-mu)/s #검정통계량 t
> t #검정통계량출력
[1] 1

> p_value<-pt(t,n-1) #p값
> p_value #p값출력
[1] 0.8282818
```

3. 표본의 크기가 $n=30$ 이므로, 정규검정법을 적용하여 완치율 p에 대한 검정을 할 수 있다. 확률변수 X를 완치된 환자수라고 할 때 표본비율은 $\hat{p}=27/30=0.9$이며, 이를 이용한 검정 절차는 다음과 같다.

(1) 가설 $H_0: p=0.7 \quad H_a: p>0.7$

(2) 유의수준 $\alpha=0.05$

(3) 검정통계량

$$z=\frac{\hat{p}-p_0}{\sqrt{p_0(1-p_0)/n}}=\frac{0.9-0.7}{\sqrt{0.7(1-0.7)/30}}=2.39$$

(4) 기각역 $z \geq z_{0.05}=1.645$

(5) 검정통계량의 값 $z=2.39>z_{0.05}=1.645$ 이므로, 귀무가설 H_0를 기각한다. 즉, 제약회사의 주장이 옳다고 할 수 있다.

4. 가설 검정의 절차에 따라 다음과 같은 순서로 검정할 수 있다.

(1) 가설은 세운다.

$H_0: p=0.08, \quad H_a: p \neq 0.08$

(2) 유의수준 $\alpha=0.05$

(3) 검정통계량을 구한다.

$$z_0=\frac{x/n-p_0}{\sqrt{\frac{p_0(1-p_0)}{n}}}=\frac{13/118-0.08}{\sqrt{\frac{0.08(1-0.08)}{118}}}=1.20$$

(4) 판정한다.

유의수준 $\alpha=0.05$하에서 $z_{\alpha/2}=z_{0.025}=1.96$가 되어 양측검정의 경우이므로 검정통계량의 값 $z_0=1.20$이 기각치인 $z_{\alpha/2}=z_{0.025}=1.96$ 보다 $-z_{\alpha/2}=-z_{0.025}=-1.96$보다 작으면, 기각역 안에 놓이 1.96게 된다.

(5) 따라서, $z_0=1.20$는 보다 1.96 작고, -1.96보다 크므로 채택역 안에 놓이게 되므로 귀무가설을 채택한다. 즉, 검사 당일의 불량률은 8%라고 할 수 있으며, 생산공정에 이상이 없다라고 판정한다.

■ R 프로그램

```
> p<-0.08 ; defect<-13 ; n<-118 ; phat<-defect/n
> z<-(phat-p)/sqrt((p*(1-p))/n)        #방법1
> z #검정통계량
[1] 1.208009
```

```
> z^2
[1] 1.459285

> prop.test(defect,n,p,correct=FALSE)  #방법2 x-squared=z^2

	1-sample proportions test without continuity correction

data:  defect out of n, null probability p
X-squared = 1.4593, df = 1, p-value = 0.227
alternative hypothesis: true p is not equal to 0.08
95 percent confidence interval:
0.06552293 0.17939747
sample estimates:
        p
0.1101695
```

5. 차이 $d_i = x_i - y_i$는 표에 주어져 있고 주어진 자료로부터 필요한 통계량을 구하면 다음과 같다.

$$\bar{d} = \frac{\sum_{i=1}^{15} d_i}{15} = 8.80,\ s_d = \sqrt{\frac{\sum_{i=1}^{15}(d_i - \bar{d})^2}{14}} = 10.98$$

(1) 95% 신뢰구간이므로 $\frac{\alpha}{2} = 0.025$이고 자유도 $n-1=14$인 t분포표를 이용하면 $t_{0.025,(14)} = 2.145$이다. 따라서 μ_d에 대한 95% 신뢰구간은 다음과 같다.

$$\bar{d} \pm t_{0.025,(14)} \frac{s_d}{\sqrt{15}} = 8.80 \pm 2.145 \times \frac{10.98}{\sqrt{15}} = 8.80 \pm 6.08$$

즉 $2.72 < \mu_D < 14.88$

(2) 다음과 같이 대응비교에 의한 t 검정을 시행한다.

- 귀무가설 $\mu_d = 0$
  대립가설 $\mu_d > 0$
- 유의수준 $\alpha = 0.05$
- 검정통계량 $t = \dfrac{\overline{D}}{s_D / \sqrt{n}}$
- 기각역 $t > t_{0.05,(14)} = 1.761$
- $t = \dfrac{8.80}{10.98 / \sqrt{15}} = \dfrac{8.80}{2.84} = 3.10$

계산된 값이 1.761보다 크므로 H_0를 기각한다. 즉 이 약은 혈압감소에 효과적이라고 할 수 있다.

■ R 프로그램

```
> before<-c(95,105,97,101,101,101,97,103,107,89,99,117,99,93,109)#전
> after<-c(93,97,87,95,83,91,93,77,89,97,99,85,99,97,99) #후
> result<-t.test(before-after)                #t 검정 (쌍체검정) 실시
> result$conf.int #결과의 신뢰구간 출력
[1] 2.722083 14.877917
attr(,"conf.level")
[1] 0.95

> result

        one Sample t-test

data:  before - after
t=3.1054, df=14, p-value=0.007749
alternative hypothesis: true mean is not equal to 0
95 percent confidence interval:
  2.722083 14.877917
sample estimates:
mean of x
      8.8
```

6. $\bar{d}=1,\ s_d^2=29.47,\ n=16$

$H_0 : \mu_d = 0, \quad H_a : \mu_d \neq 0$

$$t = \frac{\bar{d}-\mu_d}{\sqrt{\frac{s_d^2}{n}}} = \frac{1}{\sqrt{\frac{29.47}{16}}} = 0.582$$

$0.582 < t_{0.005,(15)} = 2.947$이므로 H_0를 기각할 수 없다.

7. $H_0 : \sigma^2 = 0.03, \quad H_a : \sigma^2 \neq 0.03$

$n=10,\ s^2 = 0.0604$

$$\chi^2 = \frac{(n-1)s^2}{\sigma_0^2} = \frac{9 \times 0.0604}{0.03} = 18.12$$

$\chi^2_{0.995,\ (9)} = 1.735 < 18.12 < 23.578 = \chi^2_{0.005,\ (9)}$

이므로 H_0를 기각할 수 없다. 즉 모분산이 0.03이라고 할 수 있다.

8. $H_0 : \sigma^2 = 1.15, \quad H_a : \sigma^2 > 1.15$

$n = 25,\ s^2 = 2.03$ 이므로

$$\chi^2 = \frac{(n-1)s^2}{\sigma_0^2} = \frac{24 \times 2.03}{1.15} = 42.37$$

$42.37 > 36.415 = \chi^2_{0.05,\ (24)}$ 이므로 H_0를 기각할 수 있다. 즉, 기계가 관리하에 있지 않다고 할 수 있다.

9.

$$(1400-1200) - 1.96\sqrt{\frac{120^2}{100} + \frac{80^2}{200}} < \mu_1 - \mu_2 < (1400-1200) + 1.96\sqrt{\frac{120^2}{100} + \frac{80^2}{200}}$$

$$200 - 1.96\sqrt{176} < \mu_1 - \mu_2 < 200 + 1.96\sqrt{176}$$

$$200 - 26 < \mu_1 - \mu_2 < 200 + 26$$

$$\therefore 174 < \mu_1 - \mu_2 < 226$$

10. $\overline{x_1} = 43,\ \overline{x_2} = 45,\ s_1^2 = \frac{104}{4},\ s_2^2 = \frac{170}{5},\ n_1 = 5,\ n_2 = 6$이므로 σ^2의 합동된 추정치

$$s_p^2 = \frac{104+170}{5+6-2} = \frac{274}{9} = 30.44$$

그래서, $s_p = 5.517$이 된다. 그리고, $\alpha = 0.02$이므로

$$t_{0.01,(9)} = 2.821$$

이다. 그래서, 98% 신뢰 구간은 다음과 같이 주어진다.

$$(43-45) - 2.821(5.517)\sqrt{\frac{1}{5} + \frac{1}{6}} < \mu_1 - \mu_2 < (43-45) + 2.821(5.517)\sqrt{\frac{1}{5} + \frac{1}{6}}$$

이를 간단히 하면

$-11.424 < \mu_1 - \mu_2 < 7.424$가 된다.

■ R 프로그램

```
> acid<-c(40,49,38,48,40)
> nitro<-c(50,41,53,39,40,47)
> xbar1<-mean(acid); xbar2 <-mean(nitro)                          #표본평균
> sd1<-sd(acid); sd2<-sd(nitro)                                   #표준편차
> n1<-length(acid); n2<-length(nitro)                             #자료수
> sp<-sqrt((sd1^2*(n1-1)+sd2^2*(n2-1))/(n1+n2-2))                 #합동추정표준편차
> (xbar1-xbar2)+c(-qt(0.99,9),qt(0.99,9))*sp*sqrt(1/n1+1/n2)) #신뢰구간
[l] -11.426712   7.426712
```

11. 두 표본이 모두 크므로 σ_1^2, σ_2^2 대신 s_1^2, s_2^2 를 각각 쓸 수 있다. μ_A, μ_B 를 각각 담배 A와 담배 B의 니코틴 함량의 진짜 평균이라고 하자.

(1) $H_0 : \mu_A = \mu_B$, $H_a : \mu_A \neq \mu_B$

(2) 검정 통계량은 $\dfrac{\overline{X_1} - \overline{X_2}}{\sqrt{\dfrac{S_1^2}{n_1} + \dfrac{S_2^2}{n_2}}}$ 이다.

(3) $\alpha = 0.05$이므로 $z_{\alpha/2}$=1.96이다.

"검정 통계량의 계산된 값이 -1.96보다 작거나 혹은 1.96 보다 크면 H_0를 기각한다."

(4) 검정 통계량의 계산된 값은 다음과 같다.

$$\frac{\overline{x_1} - \overline{x_2}}{\sqrt{\dfrac{s_1^2}{n_1} + \dfrac{s_2^2}{n_2}}} = \frac{15.4 - 16.8}{\sqrt{\dfrac{3}{60} + \dfrac{4}{40}}} = \frac{-1.4}{\sqrt{\dfrac{3}{20}}} = -3.62$$

(5) 계산된 값이 -1.96보다 작으므로 H_0를 기각한다.
즉, 두 담배의 니코틴 함량이 차이가 있다고 할만한 충분한 이유가 있다.

12. (1) 가설 설정 : $H_0 : \mu_1 = \mu_2$, $H_a : \mu_1 \neq \mu_2$

(2) 유의 수준 : $\alpha = 0.05$

(3) 기각 영역 : $|t| > t_{0.025,(28)} = 2.0484$

(4) 검정 통계량 : $\overline{x_1} = 1.503cm$, $\overline{x_2} = 1.476cm$, $s_1^2 = 0.005cm$, $s_2^2 = 0.006cm$ 이므로 이 문제는 대표본의 경우이므로 다음 공식에 대입한다.(정규 분포의 검정법을 이용)

$$s_p^2 = \frac{(n_1 - 1)s_1^2 + (n_2 - 1)s_2^2}{n_1 + n_2 - 2} = \frac{(15-1)0.005 + (15-1)0.006}{15 + 15 - 2} = 0.0055$$

$$t = \frac{(\overline{x_1} - \overline{x_2}) - (y_1 - y_2)}{\sqrt{s_p^2(\dfrac{1}{n_1} + \dfrac{1}{n_2})}} = \frac{1.503 - 1.476}{\sqrt{0.0055(\dfrac{1}{15} + \dfrac{1}{15})}} = 0.997$$

(5) $0.997 < 2.0484$이므로 5%의 유의수준에서 유의적인 차이가 있다고 판단할 수 없다.

13. (1) $H_0 : \mu_1 = \mu_2$, $H_a : \mu_1 \neq \mu_2$

(2) 검정통계량은 $\dfrac{\overline{X_1} - \overline{X_2}}{S_p\sqrt{\dfrac{1}{n_1}+\dfrac{1}{n_2}}}$ 이다.

(3) $n_1 = 20, n_2 = 15$ 이므로 자유도는 $n_1 + n_2 - 2 = 33$이고

$\alpha = 0.1$ 이므로 $t_{0.05,(33)} = 1.69$이다.

검정통계량의 계산된 값이 구간[-1.69, 1.69] 밖에 있으면 H_0를 기각한다.

(4) $\overline{x_1} = 125$, $\overline{x_2} = 115$, $s_1 = 37$, $s_2 = 43$ 이므로

$$s_p^2 = \frac{(n_1-1)s_1^2 + (n_2-1)s_2^2}{n_1+n_2-2}$$

$$= \frac{(20-1)37^2 + (15-1)43^2}{20+15-2} = 1572.64, \; s_p = \sqrt{1572.64} = 39.66$$ 이다.

$$t = \frac{\overline{x_1} - \overline{x_2}}{s_p\sqrt{\dfrac{1}{n_1}+\dfrac{1}{n_2}}} = \frac{125-115}{39.66\sqrt{\dfrac{1}{20}+\dfrac{1}{15}}} = \frac{10}{13.55} = 0.74$$ 이다.

(5) 계산된 값이 -1.69와 1.69 사이에 있으므로 H_0를 기각하지 못한다.

즉, 이 자료는 두 고장시간의 차이가 있다는 것을 입증해 주지 못한다.

14. (1) $n_1 = 85$ $n_2 = 92$

$\hat{p_1} = \dfrac{10}{85} = .118$ $\hat{p_2} = \dfrac{37}{92} = .402$

$$SE(\hat{p_1} - \hat{p_2}) = \sqrt{\frac{(.118)(.882)}{85} + \frac{(.402)(.598)}{92}} = .0492$$

$\hat{p_1} - \hat{p_2} = .118 - .402 = -.284$이다. 그리고 $z_{0.025} = +1.96$이다. 신뢰 구간 추정은 $-.284 \pm 1.96(.0619) = -.284 \pm .121$이다. 매니저는 급행 계산대를 지나가며 수표를 사용하는 소비자들의 비율이 정규 계산대를 지나가며 수표를 사용하는 소비자들의 비율보다 .163와 .405만큼 낮은 것을 95% 확신한다.

15. 1. $H_0 : p_1 = p_2$ 즉 $p_1 - p_2 = 0$ $H_a : p_1 - p_2 > 0$

2. 검정통계량은 $\dfrac{\dfrac{X_1}{n_1} - \dfrac{X_2}{n_2}}{\sqrt{\bar{p}(1-\bar{p})(\dfrac{1}{n_1} + \dfrac{1}{n_2})}}$ 이다.

3. $\alpha = 0.1$ 이므로 $z_\alpha = z_{0.1} = 1.28$ 이다.
검정통계량의 계산 된 값이 1.28보다 크면 H_0 을 기각한다.

4. $x_1 = 460, n_1 = 800, x_2 = 520, n_2 = 1000$ 이므로

$$\bar{p} = \frac{460 + 520}{800 + 1000} = 0.544$$

$$z = \frac{\dfrac{460}{800} - \dfrac{520}{1000}}{\sqrt{(0.544)(0.456)\left(\dfrac{1}{800} + \dfrac{1}{1000}\right)}} = \frac{0.575 - 0.520}{0.0236} = 2.33$$

5. 계산된 값이 1.28보다 크므로 H_0 을 기각한다.

즉, 후보자의 유명세가 떨어졌다고 할 충분한 근거가 있다.

16. 1. $H_0 : p_1 - p_2 = 0, H_a : p_1 - p_2 \neq 0$

2. 검정통계량은 $\dfrac{\dfrac{X_1}{n_1} - \dfrac{X_2}{n_2}}{\sqrt{\bar{p}\,(1-\bar{p}\,)(\dfrac{1}{n_1} + \dfrac{1}{n_2})}}$ 이다.

3. $\alpha = 0.1$ 이므로 $z_{\alpha/2} = z_{0.05} = 1.65$ 이다.
검정통계량의 계산 된 값이 구간[-1.65,1.65] 밖에 있으면 보다 크면 H_0을 기각한다.

4. $x_1 = 28, n_1 = 350, x_2 = 32, n_2 = 500$ 이므로

$$\bar{p} = \frac{28 + 32}{350 + 500} = 0.0706$$

$$z = \frac{\dfrac{28}{350} - \dfrac{32}{500}}{\sqrt{(0.0706)(0.9294)\left(\dfrac{1}{350} + \dfrac{1}{500}\right)}} = \frac{0.080 - 0.064}{0.0179} = 0.89$$

5. 계산된 값이 -1.96과 1.96 사이에 있으므로 H_0을 기각하지 않는다.
즉, 결점들의 차이가 없다고 할 수 있다.

■ R 프로그램

```
> defect1<-28 ; n1<-350 ; defect2<-32 ; n2<-500
> p1<-defect1/n1 ; p2<-defect2/n2 ; pbar<-(defect1+defect2)/(n1+n2)
> z<-(p1-p2)/sqrt(pbar*(1-pbar)*(1/n1+1/n2))           #검정통계량 계산
> z ; c(-qnorm(0.95),qnorm(0.95))                       #검정통계량과 채택역
[1] 0.8963122
[1] -1.644854  1.644854

> prop.test(c(defect1,defect2),c(n1,n2),correct=FALSE)  #방법2

        2-sample test for equality of proportions without continuity correction

data: c(defect1, defect2) out of c(n1, n2)
x-squared = 0.80338, df = 1, p-value = 0.3701
alternative hypothesis: two.sided
95 percent confidence interval:
-0.01960957 0.05160957
sample estimates:
prop 1 prop 2
 0.080  0.064
```

CHAPTER 09

1. 문제의 뜻에 의하면 네 종류의 완두콩이 나올 확률에 대한 귀무가설은

$$H_0 : p_1 = \frac{9}{16}, p_2 = \frac{3}{16}, p_3 = \frac{3}{16}, p_4 = \frac{1}{16}$$

이다. 따라서 H_0하에서 기대빈도는 다음과 같다.

$$\widehat{E_1} = 100\left(\frac{9}{16}\right) = 56.25,\ \widehat{E_2} = 100\left(\frac{3}{16}\right) = 18.75$$

$$\widehat{E_3} = 100\left(\frac{3}{16}\right) = 18.75,\ \widehat{E_4} = 100\left(\frac{1}{16}\right) = 6.25$$

검정통계량의 값은

$$\begin{aligned}{\chi_0}^2 &= \frac{(54-56.25)^2}{56.25} + \frac{(20-18.75)^2}{18.75} + \frac{(16-18.75)^2}{18.75} + \frac{(10-6.25)^2}{6.25} \\ &= 0.09 + 0.08 + 0.40 + 2.25 \\ &= 2.82 < \chi^2_{0.05,(3)} = 6.815\end{aligned}$$

따라서 H_0을 기각할 수 없으며, 이 완두콩도 멘델의 법칙에 따라 생산된다고 할 수 있다.

■ **R 프로그램**

```
> x<-c(54,20,16,10) ; p<-c(9,3,3,1)/16
> test<-chisq.test(x,p=p,correct=FALSE)
> test                    #검정결과

        Chi-squared test for given probabilities

data:  x
X-squared = 2.8267, df = 3, p-value = 0.4191

> test$observed           #관측빈도
[1] 54 20 16 10

> test$expected           #기대빈도
[1] 56.25 18.75 18.75 6.25
```

2. H_0 :열매들은 $5:2:2:1$로 혼합되지 않는다.

H_a :열매들은 $5:2:2:1$로 혼합된다.

$\alpha = 0.05$, 기각역 : $\chi^2 > 7.815$, 자유도$=3$.

관측값	269	112	74	45
기대값	250	100	100	50

$$\chi^2 = \frac{(269-250)^2}{250} + \frac{(112-100)^2}{100} + \frac{(74-100)^2}{100} + \frac{(45-50)^2}{50} = 10.14$$

H_0를 기각한다. 즉, 열매들은 $5:2:2:1$로 혼합되지 않았다.

3. H_0 : 생산품의 판매는 다섯 위치에 균등하게 분포되어 있다.

H_a : 판매는 다섯 위치에 균등하게 분포되어 있지 않다.

합계 $43+29+52+34+48=206$개가 팔렸다. 위치가 상관없다면, 우리는 각 위치 당 $\frac{206}{5}=41.2$개의 판매수를 예상한다. (균등 분포)

예상 판매 수	위치				
	1	2	3	4	5
	41.2	41.2	41.2	41.2	41.2

조건들을 확인하라:

1. 무작위배치: 우리는 팔린 206개가 대표하는 표본이라 가정해야 한다.

2. 우리는 예상 값들이 (모두 41.2) 모두 ≥ 5인 것을 유의한다.

그러므로

$$\chi_0^2 = \frac{(43-41.2)^2}{41.2} + \frac{(29-41.2)^2}{41.2} + \frac{(52-41.2)^2}{41.2} + \frac{(34-41.2)^2}{41.2} + \frac{(48-41.2)^2}{41.2} = 8.903$$

자유도는 $df=5-1=4$이다. $p-$값은 $p=P(\chi^2 > 8.903) = .0636$.

$p = .0636$으로 H_0를 10% 수준에서 무시할 흡족한 증거가 있으나 5% 수준에선 없다. 혹 식품 가게 매니저가 1종 오류를 범할 10% 가능성을 허용할 준비가 되었다면, 위치가 상관있다고 주장할 충분한 증거가 있다.

4. H_0 : 범죄발행건수는 각 지역과 무관하다.

   H_a : 범죄발행건수는 각 지역과 무관하지 않다.

   $\alpha = 0.01$, 기각역 : $\chi^2 > 21.666$,

   자유도$= 9$. 다음은 기대 도수이다.

강도	절도	살인
125.8	423.5	13.3
256.6	863.4	13.3
154.4	519.6	27.1
145.2	488.5	15.3

$$\chi^2 = \frac{(162-186.4)^2}{186.4} + \frac{(118-125.8)^2}{125.8} + \cdots + \frac{(19-15.3)^2}{15.3} = 124.59$$

   H_0를 기각한다. 즉, 범죄발행건수는 각 지역과 무관하지 않다.

5. 귀무가설을 'H_0: 학력과 만족도는 서로 독립이다'로 놓고, H_0하에서 각 범주에 대한 기대도수를 구하면 다음과 같다.

학력 /만족도	만족	보통	불만	계
고졸	40.45	27.88	13.67	82
대졸	83.87	57.80	28.33	170
대학원졸	23.68	16.32	8.00	48
계	148	102	50	300

   위의 표에서 기대도수는 다음과 같이 계산한다.

$$\widehat{E_{11}} = \frac{148(82)}{300} = 40.45,\ \widehat{E_{22}} = \frac{102(82)}{300} = 27.88, \ldots, \widehat{E_{33}} = \frac{50(48)}{300} = 8.00$$

검정통계량은 다음과 같다.

$$\chi_0^2 = \frac{(40-40.45)^2}{40.45} + \frac{(32-27.88)^2}{27.88} + \dots + \frac{(12-8)^2}{8}$$
$$= 8.764 < \chi^2_{0.05,(4)} = 9.488$$

따라서 채택되므로 유의수준 5%에서 독립이라고 판단한다.

■ **R 프로그램**

```
> result<-matrix(c(40,32,10,92,50,28,16,20,12), byrow=TRUE, nc=3)
> test<-chisq.test(result,correct=FALSE)
> test #검정결과

        pearson's chi-squared test

data: result
x-squared = 8.7636, df = 4, p-value = 0.06729

> test$observed #관측빈도
     [,1] [,2] [,3]
[1,]   40   32   10
[2,]   92   50   28
[3,]   16   20   12

> test$expected #기대빈도
         [,1]  [,2]     [,3]
[1,] 40.45333 27.88 13.66667
[2,] 83.86667 57.80 28.33333
[3,] 23.68000 16.32 8.00000
```

6. p_1, p_2, p_3를 낮, 저녁, 밤에 생산된 불량률이라 하면, 검정하고자 하는 가설은 다음과 같다.

H_0 :낮, 저녁, 그리고 밤에 생산되는 제품의 불량률은 서로 같다.

H_a :낮, 저녁, 그리고 밤에 생산되는 제품의 불량률은 서로 같지 않다.

■ **기대도수**

$$\widehat{E_{11}} = \frac{230 \times 1200}{3000} = 92$$
$$\cdots \quad \widehat{E_{23}} = \frac{2770 \times 800}{3000} = 738.7$$

와 같이 계산하면 다음의 표로 나타낼 수 있다.

불량여부/시간대			
	낮	저녁	밤
불량품	92.0	76.7	61.3
양품	1108	923.3	738.7

자유도$=(2-1)(3-1)=2$이고, 검정통계량의 값은

$$\chi^2 = \frac{(80-92)^2}{92} + \cdots + \frac{(720-738.7)^2}{738.7} = 8.476 > \chi^2_{0.025,(2)} = 7.38$$ 이므로

H_0를 기각할 수 있다. 즉, 낮, 저녁, 그리고 밤에 생산되는 제품의 불량률은 차이가 있다고 할 수 있다.

7. H_0 :유권자들의 후보A 지지율, 후보B의 지지율 및 미결정 비율은 각 도시마다 동일하다.

   H_a :유권자들의 후보A 지지율, 후보B의 지지율 및 미결정 비율은 각 도시마다 동일하지 않다.

   $\alpha = 0.05$, 기각역 : $\chi^2 > 5.991$, 자유도$=2$ 다음은 기대 도수이다.

유권자의 성향/도시		
	성남	수원
후보A 지지	214.5	214.5
후보B 지지	204.5	204.5
미결정	81	81

$$\chi^2 = \frac{(204-214.5)^2}{214.5} + \cdots + \frac{(77-81)^2}{81} = 1.84$$

H_0를 기각할 수 없다. 즉, 유권자들의 후보A 지지율, 후보B의 지지율 및 미결정 비율은 각 도시마다 동일하다고 할 수 있다.

8. H_0 :심장마비의 정도에 따른 항체검사결과는 독립이다.

   H_a :심장마비의 정도에 따른 항체검사결과는 종속이다.

   다음은 기대 도수이다.

검사여부/강도	심함	중간	가벼움
양성반응	70.3	123.8	165.9
음성반응	54.7	96.2	129.1

$$\chi^2 = \frac{(85-70.3)^2}{70.3} + \cdots + \frac{(145-129.1)^2}{129.1} = 10.533$$

$10.533 > \chi^2_{0.05,(2)} = 5.99$

H_0를 기각한다. 즉, 심장마비의 정도에 따른 항체검사결과는 관계가 있다. p값 $= 0.00514$

항체검사와 충격의 강도 사이에 관계가 있다.

9.

공정여부/불량여부	양품	불량품
선 공정	651	49
앉은 공정	831	122
계	1482	171

H_0 :두 공정 간에는 차이가 없다.

H_a :두 공정 간에는 차이가 있다.

기대도수 $\widehat{E_{11}} = \frac{700 \times 1482}{1653} = 627.59$

$\widehat{E_{12}} = \frac{700 \times 171}{1653} = 72.41$

$\widehat{E_{21}} = \frac{953 \times 1482}{1653} = 854.41$

$\widehat{E_{22}} = \frac{953 \times 171}{1653} = 98.59$와

같이 나타내면 아래 표로 나타낼 수 있다.

공정여부/불량여부	양품	불량품
선 공정	627.59	72.41
앉은 공정	854.41	98.59

$$\chi^2 = \frac{(651-627.59)^2}{627.59} + \cdots + \frac{(122-98.59)^2}{98.59} = 14.64$$

$14.64 > \chi^2_{0.01,(1)} = 6.635$ 이므로 H_0를 기각할 수 있다. 즉, 전기부품의 납땜 공정에서 작업자가 서서하는 공정과 앉아서 하는 공정에서 양품과 불량품 생산에 차이를 유발한다.

10. 지역에 따라 지지도의 비율이 같다는 귀무가설 하에서 각 칸에 대한 기대도수는 다음과 같다.

지역/후보	A	B	C	계
서울	77.5	72.5	50	200
부산	77.5	72.5	50	200
대구	77.5	72.5	50	200
광주	77.5	72.5	50	200
계	310	290	200	800

검정통계량의 값은 다음과 같다.

$$\chi_0^2 = \frac{(73-77.5)^2}{77.5} + \frac{(71-72.5)^2}{72.5} + \dots + \frac{(40-50)^2}{50} = 31.3$$

$$= 31.3 > \chi^2_{0.01,\,(6)} = 16.81$$

따라서 p-값은 1%보다 작으며, 지역에 따라 지지도가 다르다고 결론을 내린다.

■ **R 프로그램**

```
> result<-t(matrix(c(73,71,56,102,55,43,73,66,61,62,98,40),byrow=TRUE, nc=3))
> test<-chisq.test(result,correct=FALSE)
> test #검정결과

        pearson's Chi-squared test

data:  result
x-squared = 31.295, df = 6, p-value = 2.227e-05

> test$observed #관측빈도
     [,1] [,2] [,3] [,4]
[1,]   73  102   73   62
[2,]   71   55   66   98
[3,]   56   43   61   40

> test$expected #기대빈도
     [,1] [,2] [,3] [,4]
[1,] 77.5 77.5 77.5 77.5
[2,] 72.5 72.5 72.5 72.5
[3,] 50.0 50.0 50.0 50.0
```

CHAPTER 10

1.

차령	8	3	6	9	2	5	6	3
가격	18	94	50	21	145	42	36	99

(1) 음의 관계

(2) $r = -.92$

(3) 1단계 : $H_0 : \rho = 0,\ H_a : \rho < 0$

2단계 : 두 변수의 모집단은 정규분포이다.

3단계 : $df = n-2 = 8-2 = 6$

$\alpha = 0.025,\ t_{(6),0.025} = -2.447$

4단계 : $t = r\sqrt{\dfrac{n-2}{1-r^2}} = -.92\sqrt{\dfrac{8-2}{1-(-.92)^2}}$

$= -5.750$

5단계 : $-5.750 < -2.447$이므로 H_0 기각

결 론 : ρ는 음의 관계이다.

(4) ▪ **R-프로그램**

```
> age<-c(8,3,6,9,2,5,6,3)#나이
> price<-c(18,94,50,21,145,42,36,99)#가격
```

(2)

```
> cor(age,price) #상관계수
[1] -0.9232039
```

(3)

```
> cor.test(age,price,alternative = "less")#상관계수 검정
        Pearson's product-moment correlation
data: age and price
t = -5.8842, df = 6, p-value = 0.000534
alternative hypothesis: true correlation is less than 0
95 percent confidence interval:
 -1.0000000 -0.7037522
sample estimates:
       cor
-0.9232039
```

2.

포화지방섭취량	55	68	50	34	43	58	77	36
콜레스테롤 수치	180	215	195	165	170	204	235	150

(1) $r = .95$

(2) 1단계 : $H_0 : \rho = 0,\ H_a : \rho \neq 0$

2단계 : 두 변수의 모집단은 정규분포이다.

3단계 : $df = n - 2 = 8 - 2 = 6$
양측검정 $\alpha = 0.01,\ t_{0.005,\,(6)} = -3.707$

4단계 : $t = r\sqrt{\dfrac{n-2}{1-r^2}} = .95\sqrt{\dfrac{8-2}{1-(0.95)^2}}$
$= 7.452$

5단계 : $7.452 > 3.707$ 이므로 H_0 기각

결 론 : ρ는 0가 아니다.

3. (1)

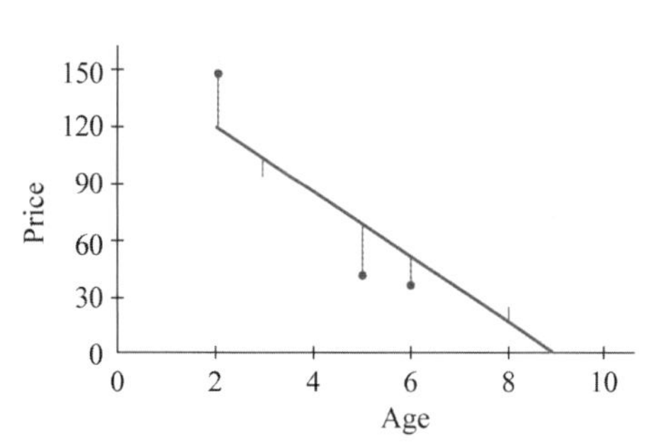

(2) $\hat{y} = 150.4136 - 16.6264x$

(3) $b_0 = 150.4136$은 새차(백불)의 가격
$b_1 =$ 1년 지날 때마다 $1663씩 가격이 떨어진다.

(4)

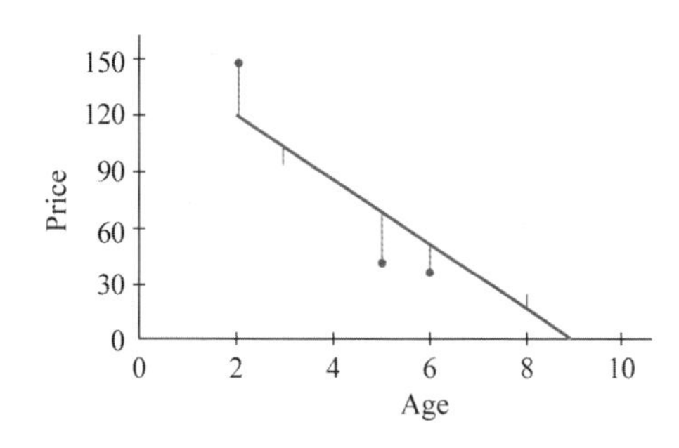

(5) $\hat{y} = 150.4136 - 16.6264(7)$
$= 34.0288$

즉 $3403

(6)

■ R-프로그램

```
> age<-c(8,3,6,9,2,5,6,3)
> price<-c(18,94,50,21,145,42,36,99)
```

(1)

```
> plot(age,price) #산점도
```

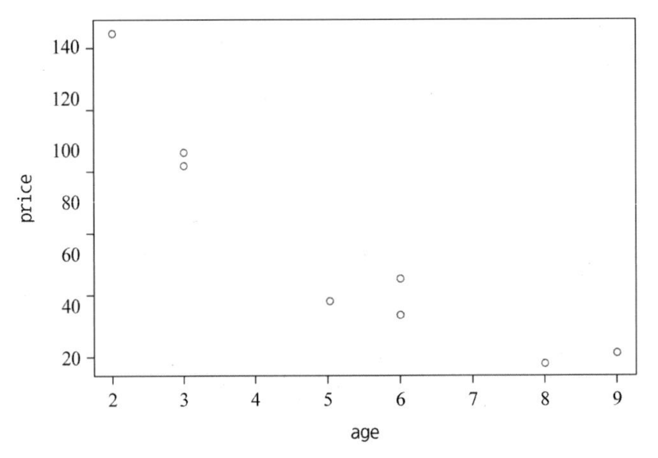

(2)

```
> model<-lm(price~age)#회귀분석 결과 저장
> model$coefficients  #회귀계수
(Intercept)         age
  150.41379   -16.62644
```

(4)

```
> plot(age,price)  #산점도
> abline(model)    #회귀직선추가
```

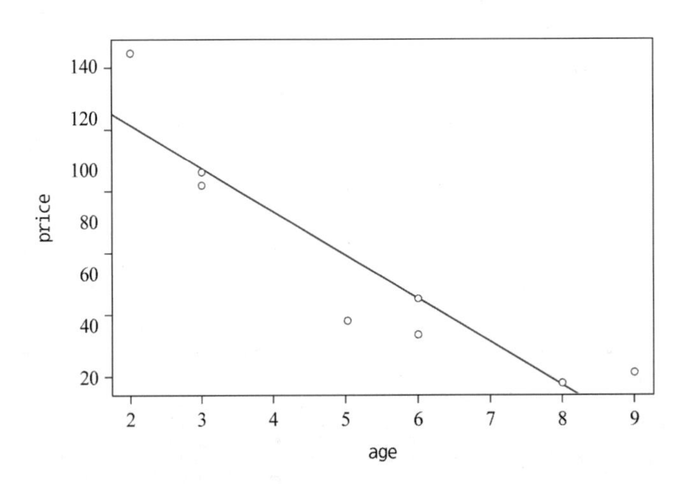

(5)
```
> predict(model,newdata=data.frame(age=7)) #7년차령의 예측치
       1
34.02874
```

4. (1)

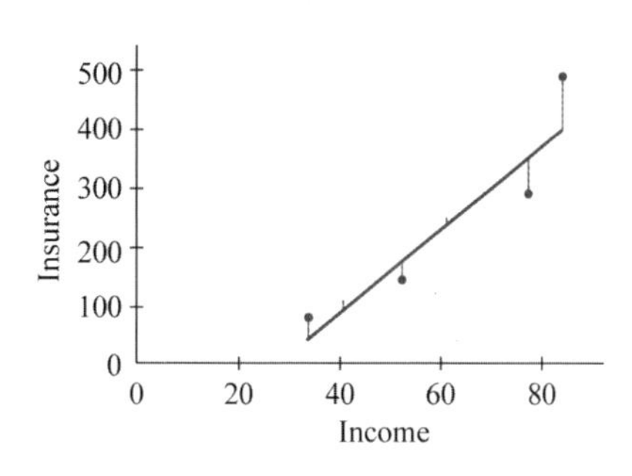

(2) $\hat{y} = -208.4 + 7.4374x$

(3) $b_0 = -208.4$은 수입이 0일 때 생명보험금이다.

$x=0$은 [$34,000, $85,000] 내에 있지 않아 의미없다. $b_1 = 7.437$

(4)

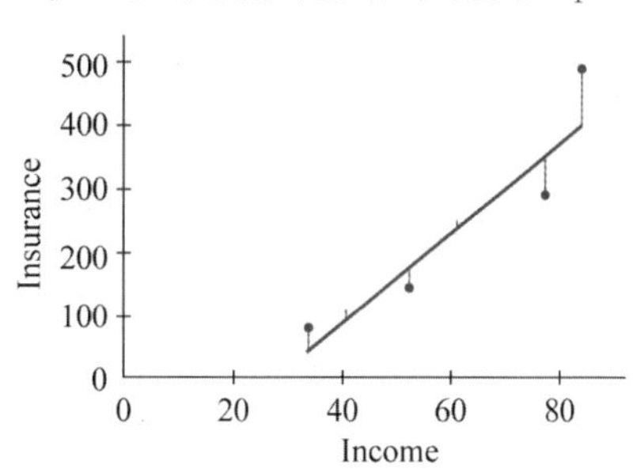

(5) $\hat{y} = -208.4 + 7.4374(55)$

$= 200.6569$

(6) $\hat{y} = -208.4 + 7.4374(78)$

$= 371.717$

$e = y - \hat{y} =$ $300,000 − $371,717.10= − $71,717.10

5. (1) $n=8,\ \sum y_i = 505,\ \sum y_i^2 = 45{,}987$

$$s_{yy} = \sum y_i^2 - \frac{\left(\sum y_i\right)^2}{n} = 45{,}987 - \frac{(505)^2}{8} = 14{,}108.875$$

$s_{xy} = -723.25$, $b_1 = -16.6264$

$$s_e = \sqrt{\frac{s_{yy} - b_1(s_{xy})}{n-2}} = \sqrt{\frac{14{,}108.875 - (16.6264)(-723.25)}{8-2}} = 18.6361$$

(2) $b_0 = 150.414$

$b_1 = -16.6264$

$r = -0.923$

$r^2 = b_1 s_{xy}/s_{yy} = (-16.6264)(-723.25)/14{,}108.875 = .85$

가격의 변동 중 차령에 의하여 설명되는 비율이 85% 이다.

(3) ■ R-프로그램

```
> age<-c(8,3,6,9,2,5,6,3)
> price<-c(18,94,50,21,145,42,36,99)
```

(1) **방법1**

```
> model<-lm(price~age) #회귀분석 결과 저장
> syy<-sum(price^2)-sum(price)^2/length(price) #ssto
> sxy<-sum(age*price)-8*mean(age)*mean(price)
> b1<-model$coefficients[2] #추정된회귀계수
> mse<-(syy-b1*sxy)/6 # MSE or sum(model$residuals^2)/6
> sqrt(mse)
     age
18.63601
```

방법2

```
> sse<-anova(model)[2,2]        #SSE(오차제곱합)
> mse<-sse/6
> sqrt(mse)
[1] 18.63601
```

(2) **방법1**

```
> R<-1-sse/syy    #R_square = 1-sse/ssto
> R
[1] 0.8523054
```

방법2

```
> summary(model)$r.squared
[1] 0.8523054
```

6. (1) x = 연간소득, y = 생명보험금

$n = 6,\ \sum y_i = 1375,\ s_{xy} = 15{,}104.1667,\ b_1 = 7.4374$

$\Sigma y_i^2 = 440.625$

$$s_{yy} = \Sigma y^2 - \frac{(\Sigma y)^2}{n} = 440.625 - \frac{(1375)^2}{6} = 125{,}520.8333$$

$$s_e = \sqrt{\frac{s_{yy} - b_1 s_{xy}}{n-2}} = \sqrt{\frac{125{,}520.8333 - (7.4374)(15{,}104.1667)}{6-2}} = 57.4132$$

(2) $r^2 = b_1 s_{xy} / s_{yy} = (7.4374)(15{,}104.1667)/125{,}520.8333 = .89$

그러므로 생명보험금의 변동중 89%가 연간소득에 의하여 설명되므로 11%는 설명되지 않는다.

(3) ■ R-프로그램

```
> income<-c(62,78,41,53,85,34)
> insure<-c(250,300,100,150,500,75)
```

(1) 방법1

```
> model<-lm(insure~income)
> syy<-sum(insure^2)-sum(insure)^2/6 #ssto
> sxy<-sum(insure*income)-6*mean(insure)*mean(income)
> b1<-model$coefficients[2] #추정된회귀계수
> mse<-(syy-b1*sxy)/4
> sqrt(mse)
57.41245
```

방법2

```
> mse<-sum(model$residuals^2)/4
> sqrt(mse)
[1] 57.41245
```

방법3

```
> mse<-anova(model) [2,2]/4
> sqrt(mse)
[1] 57.41245
```

(2) 방법1

```
> sse<-sum(model$residuals^2)
> 1-sse/syy
[1] 0.8949596
```

방법2

```
> sse<-anova(model) [2,2]
> 1-sse/syy
[1] 0.8949596
```

방법3

```
> summary(model)$r.squared
[1] 0.8949596
```

7. (1) $b_1 = 2.50,\ s_{b_1} = s_e / \sqrt{s_{xx}} = 1.464 / \sqrt{524.884} = .0639$

$b_1 \pm t s_{b_1} = 2.50 \pm (2.33)(.0639) = 2.50 \pm .15 = 2.35$에서 2.65

(2) 단계1 : $H_0 : \beta_1 = 0,\ H_a : \beta_1 > 0$

단계2 : σ_e를 모르므로 t분포이다.

단계3 : $\alpha = .02$이고 z의 임계값은 2.05이다.

단계4 : $t = (b_1 - \beta_1)/s_{b_1} = (2.50 - 0)/.0639 = 39.12$

단계5 : $39.12 > 2.05$ 따라서 H_0은 기각

결 론 : β_1는 양이다.

(3) 단계1 : $H_0 : \beta_1 = 0,\ H_a : \beta_1 \neq 0$

단계2 : σ_e를 모르므로 t분포이다.

단계3 : $\alpha = 0.01$이고 양측이 검정이므로 $z_{0.005} = 2.58$이다.

단계4 : $t = (b_1 - \beta_1)/s_{b_1} = (2.50 - 0)/.0639 = 39.12$

단계5 : $39.12 > 2.58$ 따라서 H_0은 기각

결 론 : β_1는 0이 아니다.

(4) 단계1 : $H_0 : \beta_1 = 1.75,\ H_a : \beta_1 > 1.75$

단계2 : σ_e를 모르므로 t분포이다.

단계3 : $\alpha = 0.01$이고 $z_{0.01} = 2.33$이다.

단계4 : $t = (b_1 - \beta_1)/s_{b_1} = (2.50 - 1.75)/.0639 = 11.74$

단계5 : $11.74 > 2.33$ 따라서 H_0은 기각

결 론 : β_1 은 1.75보다 크다.

(5) ■ **R-프로그램**

```
> sxx<-524.884 ; se<-1.464 ; b0<-5.48 ; b1<-2.5 ; n<-100
```

(1)
```
> b1+c(-qt(0.99,n-1),qt(0.99,n-1))*se/sqrt(sxx)
[1] 2.348899 2.651101
```

(2)
```
> t<-(b1-0)/(se/sqrt(sxx))
> q<-qt(0.975,n-1)
> t ; q
[1] 39.12286
[1] 1.984217
```

(3)
```
> t<-(b1-0)/(se/sqrt(sxx))
> q<-c(qt(0.05,n-1),qt(0.95,n-1)) #채택역
> t ; q
[1] 39.12286
[1] -1.660391 1.660391
```

(4)
```
> t<-(b1-1.75)/(se/sqrt(sxx))
> q<-c(qt(0.05,n-1),qt(0.95,n-1)) #채택역
> t ; q
[1] 11.73686
[1] -1.660391 1.660391
```

8. $n=8$, $s_{xx}=43.5$, $b_1=-16.6264$, $s_e=18.6361$

$s_{b_1}=s_e/\sqrt{s_{xx}}=18.6361/\sqrt{43.5}=2.8256$

(1) $df=n-2=8-2=6$

β_1의 95% 신뢰구간은

$b_1 \pm ts_{b_1} = -16.6264 \pm (2.447)(2.8256) = -16.6264 \pm 6.9142$

$\Rightarrow -23.5406$에서 -9.7122

(2) 단계1 : $H_0 : \beta_1 = 0$, $H_a : \beta_1 < 0$

단계2 : σ_e를 모르므로 t분포를 사용한다,

단계3 : $\alpha = 0.05$, $df=6$이고 $t_{0.05,\,(6)} = -1.943$이다.

단계4 : $t=(b_1-\beta_1)/s_{b_1}=(-16.6264-0)/2.8256=-5.884$

단계5 : $-5.884 < -1.943$ 따라서 H_0은 기각

결 론 : β_1는 음수이다.

(3) ■ **R-프로그램**

```
> age<-c(8,3,6,9,2,5,6,3)
> price<-c(18,94,50,21,145,42,36,99)
```

(1)
```
> model<-lm(price~age)
> confint(model) #모든 회귀계수에 대한신뢰구간
                 2. 5 %     97 . 5 %
(Intercept) 110.69614 190.131442
age         -23.54039  -9.712481
```

(2)
```
> summary(model) [4] #모든 회귀계수에 대한 검정
$coefficients
             Estimate Std. Error    t value    pr(>¦t¦)
(Intercept) 150.41379  16.231745   9.266643 8.927033e-05
age         -16.62644   2.825584  -5.884248 1.068076e-03
```

9. (1) 회귀직선식과 상관계수

```
> years<-seq(1900,1990,by=5) #데이터입력
> pop<-c(76.1,83.8,92.4,100.5,106.5,115.8,123.1,127.3,132.5,133.4,
+        151.9,165.1,180,193.5,204.0,215.5,227.2,237.9,249.4)

> cor(years,pop)          #상관계수
[1] 0.9889972

> model<-lm(pop~years)    #회귀모형(y=pop,x=years)
> model$coefficients      #회귀계수
  (Intercept)       years
-3593.284035     1.926351
```

(2) 비선형모델을 찾기 위해 log 대 년도 회귀직선 상관계수

```
> mode12<-lm(log(pop,base=10)~years)  #회귀모형
> mode12$coefficients                 #회귀계수
  (Intercept)       years
-8.808917817  0.005639006

> cor(log(pop,base=10),years)         #상관계수
[1] 0.9961113
```

(3) 각각의 모델이용 예측 시기예측

```
> answer<-predict(mode12,newdata=data.frame(years=2100))#mode12의 y값 추정
> 10^answer #y=10^(log(y))
       1
1078.932

> answer<-predict(model,newdata=data.frame(years=2100)) #model의 y값 추정
> answer
       1
452.0528

> answer<-(300-model$coefficients[1])/model$coefficients[2] #x=(y-b0)/b1
> answer
(Intercept)
   2021.067


> answer<-(log(300,base=10)-mode12$coefficients[1])/model2$coefficients[2]
  #x=(log(y)-b0)/b1
> answer
(Intercept)
   2001.424
```

(4) 답에 대한 정확성 논평

```
> summary(model)  #모델1 ANOVA 결정계수

call:
lm(formula = pop ~ years)

Residuals:
    Min      1Q  Median    3Q    Max
-20.068  -4.634   1.505 6.332 9.317

coefficients:
              Estimate Std. Error t value pr(¦lt¦)
(Intercept) -3.593e+03  1.359e+02  -26.43 3.01e-15 ***
years        1.926e+00  6.988e-02   27.57 1.50e-15 ***
---
signif. codes: 0 '***' 0.001 '**' 0.01 '*' 0.05 '.' 0.1 ' ' 1

Residual standard error: 8.342 on 17 degrees of freedom
Multiple R-squared:  0.9781,    Adjusted R-squared: 0.9768
F-statistic: 759.8 on 1 and 17 DF, p-value: 1.499e-15

> summary(mode12) #모델2 ANOVA 결정계수

call:
lm(formula = log(pop, base = 10) ~ years)

Residuals:
      Min        1Q    Median        3Q       Max
-0.033792 -0.008326  0.002409  0.010723  0.017540

coefficients:
             Estimate Std. Error t value pr(>¦t¦)
(Intercept) -8.808918   0.235304  -37.44   <2e-16 ***
years        0.005639   0.000121   46.62   <2e-16 ***
---
signif . codes: 0 '***' 0.001 '***' 0.01 '*' 0.05 '.' 0.1 ' ' 1

Residual standard error: 0.01444 on 17 degrees of freedom
Multiple R-squared : 0.9922,    Adjusted R-squared:  0.9918
F-statistic:  2173 on 1 and 17 DF,  p-value: < 2.2e-16
```

비선형모형이 더 큰 상관계수를 가지며 산점도가 선형모형보다 선형에 더 가깝기 때문에 비선형모형이 더 정확하다.

10. (1) x 평균거리 y공전시간 으로 놓고 log$x$ 대 log$y$의 회귀직선과 상관계수

```
> dist1<-c(36,67,93,141,484,888,1764,2790,3654)
> day1<-c(88,275,365,687,4332,10826,30676,59911,90824)
> dist<-log(dist1,base=10)        #변수변환1
```

```
> day<-log(day1,base=10)          #변수변환2

> model<-lm(day~dist)             #회귀분석
> model$coefficients              #회귀계수
(Intercept)        dist
-0.3420967    1.4860308

> cor(dist,day)                   #상관계수
[1] 0.99969
```

(2) 평균거리 5000일 때 회귀식을 이용해 공전시간 추정

```
> answer<-predict(model,newdata=data.frame(dist=log(5000,base=10))) #mode1에
대한 추정 값
> 10^answer
       1
142786.3
```

(3) 공전시간 45000일 행성발견 평균거리 예측

```
> answer<-(log(45000,base=10)-model$coefficients[1])/model$coefficients[2]
#x=(y-b0)/b1
> 10^answer
(Intercept)
   2298.854
```

11. (1) 선형회귀식 추정

```
> x1<-c(80,80,75,62,62,62,62,62,58,58,58,58,58,58,50,50,50,50,50,56,70)
> x2<-c(27,27,25,24,22,23,24,24,23,18,18,17,18,19,18,18,19,19,20,20,20)
> y<-c(42,37,37,28,18,18,19,20,15,14,14,13,11,12,8,7,8,8,9,15,15)

> model<-lm(y~x1+x2) #회귀분석(종속변: y, 독립변수: x1,x2)
> model$coefficients #추정된회귀계수
(Intercept)        x1        x2
-50.3588401 0.6711544 1.2953514
```

(2) 결정계수

```
> summary(model) [8] #결정계수 or summary(model)$r.squared
$r.squared
[l] 0.9087609
```

(3) 회귀계수의 신뢰구간과 의미 설명

```
> confint(model,c("x1","x2")) #회귀계수의 신뢰구간
       2.5 %    97.5 %
x1 0.4049864  0.9373225
x2 0.5232931  2.0674096
```

12. (1) 선형 회귀식 추정

```
> x1<-c(1.67,-1.67,2.22,15.56,18.33,-1.11,-12.22,-13.89,-6.11,12.78,
+       12.22,8.89,-6.67,3.89,15.56,-6.67,14.44,4.44,-2.78,-1.11)
> x2<-c(3,4,7,6,5,5,6,10,9,2,12,5,5,4,8,5,7,8,9,7)
> x3<-c(6,10,3,9,6,5,7,10,11,5,4,1,15,7,6,8,3,11,8,5)
>
y<-c(250,360,165,43,92,200,355,290,230,120,73,205,400,320,72,272,94,190,235,
+    139)
> model<-lm(y~x1+x2+x3)#회귀분석(종속변수:y,독립변수:x1,x2,x3)
> model$coefficients    #추정된회귀계수
(Intercept)          x1           x2           x3
280.576178    -8.249377     -14.833081     6.098887
```

(2) (1)에서 추정된 회귀식에서 회귀계수의 의미 설명

```
> summary(model)        #회귀계수의미설명
call:

lm(formula = y ~ x1 + x2 + x3)
Residuals:
    Min       1Q  Median      3Q     Max
-77.396  -35.484  -1.083  26.650  88.154


coefficients:
           Estimate Std. Error t value pr(>¦t¦)
(Intercept) 280.576     44.144   6.356 9.53e-06 ***
x1           -8.249      1.390  -5.935 2.09e-05 ***
x2          -14.833      4.754  -3.120  0.00659 **
x3            6.099      4.012   1.520  0.14794
---
signif. codes: 0 '***' 0.001 '**' 0.01 '*' 0.05 '.' 0.1 ' ' 1

Residual standard error: 51.04 on 16 degrees of freedom
Multiple R-squared: 0.8042,     Adjusted R-squared:  0.7675
F-statistic: 21.91 on 3 and 16 DF,  p-value: 6.544e-06
```

(3) 기온 -1.1 단열재 두께 5cm 10년된주택 난방비 예측

```
> answer<-predict(model,newdata=data.frame(x1=-1.1,x2=5,x3=10)) #추정값
> answer
      1
276.474
```

13. (1) 상관행렬 , 어느 독립변수가 종속변수와 강한 상관관계 가지고 있는가

```
> x1<-c(8,5,2,15,11,14,9,7,22,3,1,5,23,17,12,14,8,4,2,8)
> x2<-c(35,43,51,60,73,80,76,54,55,90,30,44,84,76,68,25,90,62,80,72)
> x3<-c(0,0,1,1,0,1,0,1,1,1,0,0,1,0,1,0,1,0,1,0)
> y<-c(21.1,23.6,19.3,33,28.6,35,32,26.8,38.6,21.7,15.7,20.6,41.8,
+      36.7,28.4,23.6,31.8,20.7,22.8,32.8)
```

```
> cor(cbind(y,x1,x2,x3)) #상관행렬(y,x1,x2,x3로 행렬생성)
           y        x1        x2        x3
y  1.0000000 0.8675970 0.5471967 0.3105583
x1 0.8675970 1.0000000 0.1868237 0.2075026
x2 0.5471967 0.1868237 1.0000000 0.4577749
x3 0.3105583 0.2075026 0.4577749 1.0000000
```

(2) 선형회귀식 추정

```
> model<-lm(y~x1+x2+x3) #회귀분석(종속변수:y,독립변수:x1,x2,x3)
> model$coefficients    #추정된회귀계수
(Intercept)        x1        x2         x3
  9.9151915 0.8993794 0.1539160 -0.6673080
```

(3) 회귀계수 각각에 대해 유의수준 5%유의성 검정

```
> summary(model) #회귀계수 검정

call:
lm(formula = y ~ x1 + x2 + x3)

Residuals:
    Min      1Q Median     3Q    Max
-4.0985 -1.5746 0.0328 1.2015 4.6078

coefficients:
            Estimate std. Error t value pr(>|t|)
(Intercept)  9.91519    1.91626   5.174 9.23e-05 ***
x1           0.89938    0.08768  10.258 1.93e-08 ***
x2           0.15392    0.03144   4.895 0.000162 ***
x3          -0.66731    1.21393  -0.550 0.590111
---
signif . codes: 0 '***' 0.001 '**' 0.01 '*' 0.05 '.' 0.1 ' ' 1

Residual standard error: 2.39 on 16 degrees of freedom
Multiple R-squared:  0.9081,    Adjusted R-squared:  0.8909
F-statistic: 52.72 on 3 and 16 DF, p-value: 1.623e-08
```

(4) 5년 경력 실적 60 대학졸업 조합원의 예상연봉

```
> answer<-predict(model,newdata=data.frame(x1=5,x2=60,x3=1)) #추정값
> answer
       1
22.97974
```

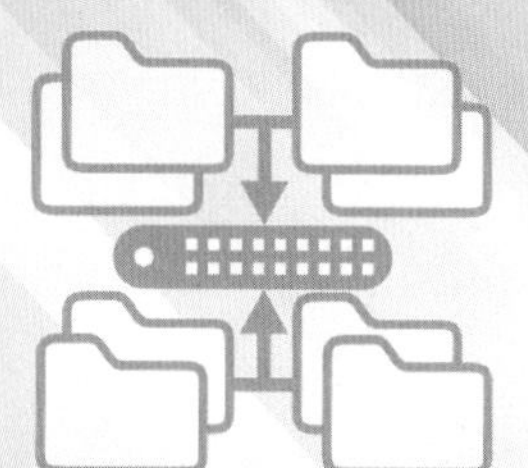

APPENDIX

구성

1. 카이제곱분포표
2. 표준정규분포표
3. T -분포표
4. F -분포표

1. 카이제곱분포표-오른쪽 꼬리 확률

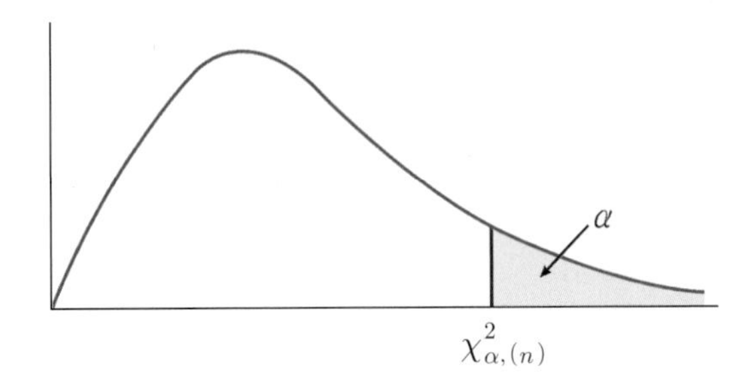

df \ α	0.9995	0.999	0.9975	0.995	0.990	0.975	0.950	0.900	0.750	0.500
1	0.00	0.00	0.00	0.00	0.00	0.00	0.00	0.02	0.10	0.45
2	0.00	0.00	0.01	0.01	0.02	0.05	0.10	0.21	0.58	1.39
3	0.02	0.02	0.04	0.07	0.11	0.22	0.35	0.58	1.21	2.37
4	0.06	0.09	0.14	0.21	0.30	0.48	0.71	1.06	1.92	3.36
5	0.16	0.21	0.31	0.41	0.55	0.83	1.15	1.61	2.67	4.35
6	0.30	0.38	0.53	0.68	0.87	1.24	1.64	2.20	3.45	5.35
7	0.48	0.60	0.79	0.99	1.24	1.69	2.17	2.83	4.25	6.35
8	0.71	0.86	1.10	1.34	1.65	2.18	2.73	3.49	5.07	7.34
9	0.97	1.15	1.45	1.73	2.09	2.70	3.33	4.17	5.90	8.34
10	1.26	1.48	1.83	2.16	2.56	3.25	3.94	4.87	6.74	9.34
11	1.59	1.83	2.23	2.60	3.05	3.82	4.57	5.58	7.58	10.34
12	1.93	2.21	2.66	3.07	3.57	4.40	5.23	6.30	8.44	11.34
13	2.31	2.62	3.11	3.57	4.11	5.01	5.89	7.04	9.30	12.34
14	2.70	3.04	3.58	4.07	4.66	5.63	6.57	7.79	10.17	13.34
15	3.11	3.48	4.07	4.60	5.23	6.26	7.26	8.55	11.04	14.34
16	3.54	3.94	4.57	5.14	5.81	6.91	7.96	9.31	11.91	15.34
17	3.98	4.42	5.09	5.70	6.41	7.56	8.67	10.09	12.79	16.34
18	4.44	4.90	5.62	6.26	7.01	8.23	9.39	10.86	13.68	17.34
19	4.91	5.41	6.17	6.84	7.63	8.91	10.12	11.65	14.56	18.34
20	5.40	5.92	6.72	7.43	8.26	9.59	10.85	12.44	15.45	19.34
21	5.90	6.45	7.29	8.03	8.90	10.28	11.59	13.24	16.34	20.34
22	6.40	6.98	7.86	8.64	9.54	10.98	12.34	14.04	17.24	21.34
23	6.92	7.53	8.45	9.26	10.20	11.69	13.09	14.85	18.14	22.34
24	7.45	8.08	9.04	9.89	10.86	12.40	13.85	15.66	19.04	23.34
25	7.99	8.65	9.65	10.52	11.52	13.12	14.61	16.47	19.94	24.34
26	8.54	9.22	10.26	11.16	12.20	13.84	15.38	17.29	20.84	25.34
27	9.09	9.80	10.87	11.81	12.88	14.57	16.15	18.11	21.75	26.34
28	9.66	10.39	11.50	12.46	13.56	15.31	16.93	18.94	22.66	27.34
29	10.23	10.99	12.13	13.12	14.26	16.05	17.71	19.77	23.57	28.34
30	10.80	11.59	12.76	13.79	14.95	16.79	18.49	20.60	24.48	29.34
40	16.91	17.92	19.42	20.71	22.16	24.43	26.51	29.05	33.66	39.34
50	23.46	24.67	26.46	27.99	29.71	32.36	34.76	37.69	42.94	49.33
60	30.34	31.74	33.79	35.53	37.48	40.48	43.19	46.46	52.29	59.33
80	44.79	46.52	49.04	51.17	53.54	57.15	60.39	64.28	71.14	79.33
100	59.90	61.92	64.86	67.33	70.06	74.22	77.93	82.36	90.13	99.33

df \ α	0.250	0.200	0.150	0.100	0.050	0.025	0.020	0.010	0.005	0.0025	0.001	0.0005
1	1.32	1.64	2.07	2.71	3.84	5.02	5.41	6.63	7.88	9.14	10.83	12.12
2	2.77	3.22	3.79	4.61	5.99	7.38	7.82	9.21	10.60	11.98	13.82	15.20
3	4.11	4.64	5.32	6.25	7.81	9.35	9.84	11.34	12.84	14.32	16.27	17.73
4	5.39	5.99	6.74	7.78	9.49	11.14	11.67	13.28	14.86	16.42	18.47	20.00
5	6.63	7.29	8.12	9.24	11.07	12.83	13.39	15.09	16.75	18.39	20.51	22.11
6	7.84	8.56	9.45	10.64	12.59	14.45	15.03	16.81	18.55	20.25	22.46	24.10
7	9.04	9.80	10.75	12.02	14.07	16.01	16.62	18.48	20.28	22.04	24.32	26.02
8	10.22	11.03	12.03	13.36	15.51	17.53	18.17	20.09	21.95	23.77	26.12	27.87
9	11.39	12.24	13.29	14.68	16.92	19.02	19.68	21.67	23.59	25.46	27.88	29.67
10	12.55	13.44	14.53	15.99	18.31	20.48	21.16	23.21	25.19	27.11	29.59	31.42
11	13.70	14.63	15.77	17.28	19.68	21.92	22.62	24.72	26.76	28.73	31.26	33.14
12	14.85	15.81	16.99	18.55	21.03	23.34	24.05	26.22	28.30	30.32	32.91	34.82
13	15.98	16.98	18.20	19.81	22.36	24.74	25.47	27.69	29.82	31.88	34.53	36.48
14	17.12	18.15	19.41	2.106	23.68	26.12	26.87	29.14	31.32	33.43	36.12	38.11
15	18.25	19.31	20.60	22.31	25.00	27.49	28.26	30.58	32.80	34.95	37.70	39.72
16	19.37	20.47	21.79	23.54	26.30	28.85	29.63	32.00	34.27	36.46	39.25	41.31
17	20.49	21.61	22.98	24.77	27.59	30.19	31.00	33.41	35.72	37.95	40.79	42.88
18	21.60	22.76	24.16	25.99	28.87	31.53	32.35	34.81	37.16	39.42	42.31	44.43
19	22.72	23.90	25.33	27.20	30.14	32.85	33.69	36.19	38.58	40.88	43.82	45.97
20	23.83	25.04	26.50	28.41	31.41	34.17	35.02	37.57	40.00	42.34	45.31	47.50
21	24.93	26.17	27.66	29.62	32.67	35.48	36.34	38.93	41.40	43.78	46.80	49.01
22	26.04	27.30	28.82	30.81	33.92	36.78	37.66	40.29	42.80	45.20	48.27	50.51
23	27.14	28.43	29.98	32.01	35.17	38.08	38.97	41.64	44.18	46.62	49.73	52.00
24	28.24	29.55	31.13	33.20	36.42	39.36	40.27	42.98	45.56	48.03	51.18	53.48
25	29.34	30.68	32.28	34.38	37.65	40.65	41.57	44.31	46.93	49.44	52.62	54.95
26	30.43	31.79	33.43	35.56	38.89	41.92	42.86	45.64	48.29	50.83	54.05	56.41
27	31.53	32.91	34.57	36.74	40.11	43.19	44.14	46.96	49.64	52.22	55.48	57.86
28	32.62	34.03	35.71	37.92	41.34	44.46	45.42	48.28	50.99	53.59	56.89	59.30
29	33.71	35.14	36.85	39.09	42.56	45.72	46.69	49.59	52.34	54.97	58.30	60.73
30	34.80	36.25	37.99	40.26	43.77	46.98	47.96	50.89	53.67	56.33	59.70	62.16
40	45.62	47.27	49.24	51.81	55.76	59.34	60.44	63.69	66.77	69.70	73.40	76.09
50	56.33	58.16	60.35	63.17	67.50	71.42	72.61	76.15	79.49	82.66	86.66	89.56
60	66.98	68.97	71.34	74.40	79.08	83.30	84.58	88.38	91.95	95.34	99.61	102.7
80	88.13	90.41	93.11	96.58	101.9	106.6	108.1	112.3	116.3	120.1	124.8	128.3
100	109.1	111.7	114.7	118.5	124.3	129.6	131.1	135.8	140.2	144.3	149.4	153.2

2. 표준정규분포표

$$P\{Z \leq z\} = \int_{-\infty}^{z} \frac{1}{\sqrt{2\pi}} e^{-\frac{x^2}{2}} dx$$

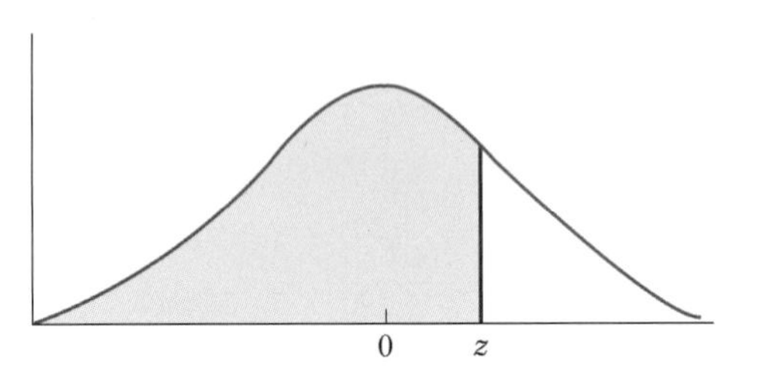

표의 숫자는 z보다 같거나 작을 확률을 나타낸다.

z	.00	.01	.02	.03	.04	.05	.06	.07	.08	.09
.0	.5000	.5040	.5080	.5120	.5160	.5119	.5239	.5279	.5319	.5359
.1	.5398	.5438	.5478	.5517	.5557	.5596	.5636	.5675	.5714	.5753
.2	.5793	.5832	.5871	.5910	.5948	.5987	.6026	.6064	.6103	.6141
.3	.6179	.6217	.6255	.6293	.6331	.6368	.6406	.6443	.6480	.6517
.4	.6554	.6591	.6628	.6664	.6700	.6736	.6772	.6808	.6844	.6879
.5	.6915	.6950	.6985	.7019	.7054	.7088	.7123	.7157	.7190	.7224
.6	.7257	.7291	.7324	.7357	.7389	.7422	.7454	.7486	.7517	.7549
.7	.7580	.7611	.7642	.7673	.7704	.7734	.7764	.7794	.7823	.7852
.8	.7881	.7910	.7939	.7967	.7995	.8023	.8051	.8078	.8106	.8133
.9	.8159	.8186	.8212	.8238	.8264	.8289	.8315	.8340	.8365	.8389
1.0	.8413	.8438	.8461	.8485	.8508	.8531	.8554	.8577	.8599	.8621
1.1	.8643	.8665	.8686	.8708	.8729	.8749	.8770	.8790	.8810	.8830
1.2	.8949	.8869	.8888	.8907	.8925	.8944	.8962	.8980	.8997	.9015
1.3	.9032	.9049	.9066	.9082	.9099	.9115	.9131	.9147	.9162	.9177
1.4	.9192	.9207	.9222	.9236	.9251	.9265	.9279	.9292	.9306	.9319
1.5	.9332	.9345	.9357	.9370	.9382	.9394	.9406	.9418	.9429	.9441
1.6	.9452	.9463	.9474	.9484	.9495	.9505	.9515	.9525	.9535	.9545
1.7	.9554	.9564	.9573	.9582	.9591	.9599	.9608	.9616	.9625	.9633
1.8	.9641	.9649	.9656	.9664	.9671	.9678	.9686	.9693	.9699	.9706
1.9	.9713	.9719	.9726	.9732	.9738	.9744	.9750	.9756	.9761	.9767
2.0	.9772	.9778	.9783	.9788	.9793	.9798	.9803	.9808	.9812	.9817
2.1	.9821	.9826	.9830	.9834	.9838	.9842	.9846	.9850	.9854	.9857
2.2	.9861	.9864	.9868	.9871	.9875	.9878	.9881	.9884	.9887	.9890
2.3	.9893	.9896	.9898	.9901	.9904	.9906	.9909	.9911	.9913	.9916
2.4	.9918	.9920	.9922	.9925	.9927	.9929	.9931	.9932	.9934	.9936
2.5	.9938	.9940	.9941	.9943	.9945	.9946	.9948	.9949	.9951	.9952
2.6	.9953	.9955	.9956	.9957	.9959	.9960	.9961	.9962	.9963	.9964
2.7	.9965	.9966	.9967	.9968	.9969	.9970	.9971	.9972	.9973	.9974
2.8	.9974	.9975	.9976	.9977	.9977	.9978	.9979	.9979	.9980	.9981
2.9	.9981	.9982	.9982	.9983	.9984	.9984	.9985	.9985	.9986	.9986
3.0	.9987	.9987	.9987	.9988	.9988	.9989	.9989	.9989	.9990	.9990
3.1	.9990	.9991	.9991	.9991	.9992	.9992	.9992	.9992	.9993	.9993
3.2	.9993	.9993	.9994	.9994	.9994	.9994	.9994	.9995	.9995	.9995
3.3	.9995	.9995	.9995	.9996	.9996	.9996	.9996	.9996	.9996	.9997
3.4	.9997	.9997	.9997	.9997	.9997	.9997	.9997	.9997	.9997	.9998
3.5	.9998	.9998	.9998	.9998	.9998	.9998	.9998	.9998	.9998	.9998

3. t 분포-오른쪽 꼬리 확률

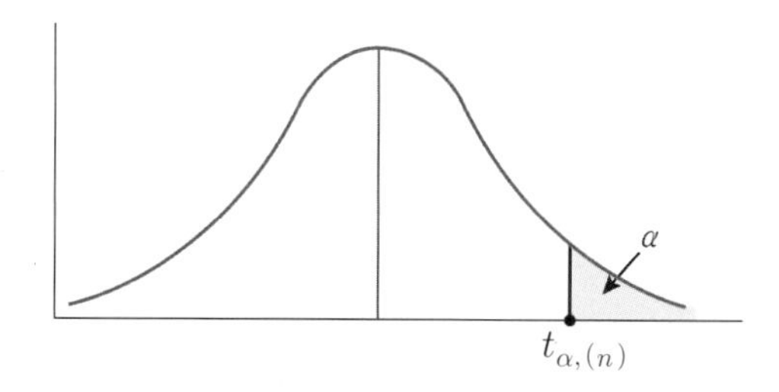

df \ α	0.25	0.20	0.15	0.10	0.05	0.025	0.02	0.01	0.005	0.0025	0.001	0.0005
1	1.000	1.376	1.963	3.078	6.314	12.71	15.89	31.82	63.66	127.3	318.3	636.6
2	0.816	1.061	1.386	1.886	2.920	4.303	4.849	6.965	9.925	14.09	22.33	31.60
3	0.765	0.978	1.250	1.638	2.353	3.182	3.482	4.541	5.841	7.453	10.21	12.92
4	0.741	0.941	1.190	1.533	2.132	2.776	2.999	3.747	4.604	5.598	7.173	8.610
5	0.727	0.920	1.156	1.476	2.015	2.571	2.757	3.365	4.032	4.773	5.893	6.869
6	0.718	0.906	1.134	1.440	1.943	2.447	2.612	3.143	3.707	4.317	5.208	5.959
7	0.711	0.896	1.119	1.415	1.895	2.365	2.517	2.998	3.499	4.029	4.785	5.408
8	0.706	0.889	1.108	1.397	1.860	2.306	2.449	2.896	3.355	3.833	4.501	5.041
9	0.703	0.883	1.100	1.383	1.833	2.262	2.398	2.821	3.250	3.690	4.297	4.781
10	0.700	0.879	1.093	1.372	1.812	2.228	2.359	2.764	3.169	3.581	4.144	4.587
11	0.697	0.876	1.088	1.363	1.796	2.201	2.328	2.718	3.106	3.497	4.025	4.437
12	0.695	0.873	1.083	1.356	1.782	2.179	2.303	2.681	3.055	3.428	3.930	4.318
13	0.694	0.870	1.079	1.350	1.771	2.160	2.282	2.650	3.012	3.372	3.852	4.221
14	0.692	0.868	1.076	1.345	1.761	2.145	2.264	2.624	2.977	3.326	3.787	4.140
15	0.691	0.866	1.074	1.341	1.753	2.131	2.249	2.602	2.947	3.286	3.733	4.073
16	0.690	0.865	1.071	1.337	1.746	2.120	2.235	2.583	2.921	3.252	3.686	4.015
17	0.689	0.863	1.069	1.333	1.740	2.110	2.224	2.567	2.898	3.222	3.646	3.965
18	0.688	0.862	1.067	1.330	1.734	2.101	2.214	2.552	2.878	3.197	3.611	3.922
19	0.688	0.861	1.066	1.328	1.729	2.093	2.205	2.539	2.861	3.174	3.579	3.883
20	0.687	0.860	1.064	1.325	1.725	2.086	2.197	2.528	2.845	3.153	3.552	3.850
21	0.686	0.859	1.063	1.323	1.721	2.080	2.189	2.518	2.831	3.135	3.527	3.819
22	0.686	0.858	1.061	1.321	1.717	2.074	2.183	2.508	2.819	3.119	3.505	3.792
23	0.685	0.858	1.060	1.319	1.714	2.069	2.177	2.500	2.807	3.104	3.485	3.768
24	0.685	0.857	1.059	1.318	1.711	2.064	2.172	2.492	2.797	3.091	3.467	3.745
25	0.684	0.856	1.058	1.316	1.708	2.060	2.167	2.485	2.787	3.078	3.450	3.725
26	0.684	0.856	1.058	1.315	1.706	2.056	2.162	2.479	2.779	3.067	3.435	3.707
27	0.684	0.855	1.057	1.314	1.703	2.052	2.158	2.473	2.771	3.057	3.421	3.690
28	0.683	0.855	1.056	1.313	1.701	2.048	2.154	2.467	2.763	3.047	3.408	3.674
29	0.683	0.854	1.055	1.311	1.699	2.045	2.150	2.462	2.756	3.038	3.396	3.659
30	0.683	0.854	1.055	1.310	1.697	2.042	2.147	2.457	2.750	3.030	3.385	3.646
40	0.681	0.851	1.050	1.303	1.684	2.021	2.123	2.423	2.704	2.971	3.307	3.551
50	0.679	0.849	1.047	1.299	1.676	2.009	2.109	2.403	2.678	2.937	3.261	3.496
60	0.679	0.848	1.045	1.296	1.671	2.000	2.099	2.390	2.660	2.915	3.232	3.460
80	0.678	0.846	1.043	1.292	1.664	1.990	2.088	2.374	2.639	2.887	3.195	3.416
100	0.677	0.845	1.042	1.290	1.660	1.984	2.081	2.364	2.626	2.871	3.174	3.390
1,000	0.675	0.842	1.037	1.282	1.646	1.962	2.056	2.330	2.581	2.813	3.098	3.300
∞	0.674	0.841	1.036	1.282	1.645	1.960	2.054	2.326	2.576	2.807	3.091	3.291

4. F 분포-오른쪽 꼬리 확률

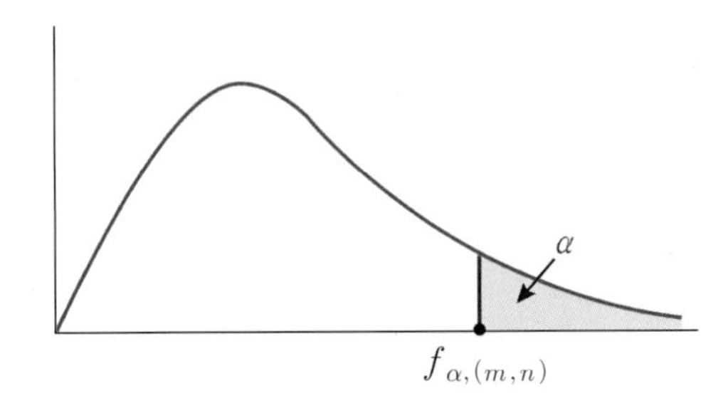

분모의 자유도	α	분자의 자유도									
		1	2	3	4	5	6	7	8	9	10
	0.100	39.86	49.50	53.59	55.83	57.24	58.20	58.91	59.44	59.86	60.19
	0.050	161.45	199.50	215.71	224.58	230.10	233.99	236.77	238.88	240.54	241.88
1	0.025	647.79	799.50	864.16	899.58	921.85	937.11	948.22	956.66	963.28	968.63
	0.010	4052.2	4999.5	5403.4	5624.6	5763.6	5859.0	5928.4	5981.1	6022.5	6055.8
	0.001	405284	500000	540379	562500	576405	585937	592873	598144	602284	605621
	0.100	8.53	9.00	9.16	9.24	9.29	9.33	9.35	9.37	9.38	9.39
	0.050	18.51	19.00	19.16	19.25	19.30	19.33	19.35	19.37	19.38	19.40
2	0.025	38.51	39.00	39.17	39.25	39.30	39.33	39.36	39.37	39.39	39.40
	0.010	98.50	99.00	99.17	99.25	99.30	99.33	99.36	99.37	99.39	99.40
	0.001	998.50	999.00	999.17	999.25	999.30	999.33	999.36	999.37	999.39	999.40
	0.100	5.54	5.46	5.39	5.34	5.31	5.28	5.27	5.25	5.24	5.23
	0.050	10.13	9.55	9.28	9.12	9.01	8.94	8.89	8.85	8.81	8.79
3	0.025	17.44	16.04	15.44	15.10	14.88	14.73	14.62	14.54	14.47	14.42
	0.010	34.12	30.82	29.46	28.71	28.24	27.91	27.67	27.49	27.35	27.23
	0.001	167.03	148.50	141.11	137.10	134.58	132.85	131.58	130.62	129.86	129.25
	0.100	4.54	4.32	4.19	4.11	4.05	4.01	3.98	3.95	3.94	3.92
	0.050	7.71	6.94	6.59	6.39	6.26	6.16	6.09	6.04	6.00	5.96
4	0.025	12.22	10.65	9.98	9.60	9.36	9.20	9.07	8.98	8.90	8.84
	0.010	21.20	18.00	16.69	15.98	15.52	15.21	14.98	14.80	14.66	14.55
	0.001	74.14	61.25	56.18	53.44	51.71	50.53	49.66	49.00	48.47	48.05
	0.100	4.06	3.78	3.62	3.52	3.45	3.40	3.37	3.34	3.32	3.30
	0.050	6.61	5.79	5.41	5.19	5.05	4.95	4.88	4.82	4.77	4.74
5	0.025	10.01	8.43	7.76	7.39	7.15	6.98	6.85	6.76	6.68	6.62
	0.010	16.26	13.27	12.06	11.39	10.97	10.67	10.46	10.29	10.16	10.05
	0.001	47.18	37.12	33.20	31.09	29.75	28.83	28.16	27.65	27.24	26.92
	0.100	3.78	3.46	3.29	3.18	3.11	3.05	3.01	2.98	2.96	2.94
	0.050	5.99	5.14	4.76	4.53	4.39	4.28	4.21	4.15	4.10	4.06
6	0.025	8.81	7.26	6.60	6.23	5.99	5.82	5.70	5.60	5.52	5.46
	0.010	13.75	10.92	9.78	9.15	8.75	8.47	8.26	8.10	7.98	7.87
	0.001	35.51	27.00	23.70	21.92	20.80	20.03	19.46	19.03	18.69	18.41

분모의 자유도	α	분자의 자유도 12	15	20	25	30	40	50	60	120	1,000
	0.100	60.71	61.22	61.74	62.05	62.26	62.53	62.69	62.79	63.06	63.30
	0.050	243.91	245.95	248.01	249.26	250.10	251.14	251.77	252.20	253.25	254.11
1	0.025	976.71	984.87	993.10	998.08	1001.4	1005.6	1008.1	1009.8	1014.0	1017.7
	0.010	6106.3	6157.3	6208.7	6239.8	6260.6	6286.8	6302.5	6313.0	6339.4	6362.7
	0.001	610668	615764	620908	624017	626099	628712	630285	631337	633972	636301
	0.100	9.41	9.42	9.44	9.45	9.46	9.47	9.47	9.47	9.48	9.49
	0.050	19.41	19.43	19.45	19.46	19.46	19.47	19.48	19.48	19.49	19.49
2	0.025	39.41	39.43	39.45	39.46	39.46	39.47	39.48	39.48	39.49	39.50
	0.010	99.42	99.43	99.45	99.46	99.47	99.47	99.48	99.48	99.49	99.50
	0.001	999.42	999.43	999.45	999.46	999.47	999.47	999.48	999.48	999.49	999.50
	0.100	5.22	5.20	5.18	5.17	5.17	5.16	5.15	5.15	5.14	5.13
	0.050	8.74	8.70	8.66	8.63	8.62	8.59	8.58	8.57	8.55	8.53
3	0.025	14.34	14.25	14.17	14.12	14.08	14.04	14.01	13.99	13.95	13.91
	0.010	27.05	26.87	26.69	26.58	26.50	26.41	26.35	26.32	26.22	26.14
	0.001	128.32	127.37	126.42	125.84	125.45	124.96	124.66	124.47	123.97	123.53
	0.100	3.90	3.87	3.84	3.83	3.82	3.80	3.80	3.79	3.78	3.76
	0.050	5.91	5.86	5.80	5.77	5.75	5.72	5.70	5.69	5.66	5.63
4	0.025	8.75	8.66	8.56	8.50	8.46	8.41	8.38	8.36	8.31	8.26
	0.010	14.37	14.20	14.02	13.91	13.84	13.75	13.69	13.65	13.56	13.47
	0.001	47.41	46.76	46.10	45.70	45.43	45.09	44.88	44.75	44.40	44.09
	0.100	3.27	3.24	3.21	3.19	3.17	3.16	3.15	3.14	3.12	3.11
	0.050	4.68	4.62	4.56	4.52	4.50	4.46	4.44	4.43	4.40	4.37
5	0.025	6.52	6.43	6.33	6.27	6.23	6.18	6.14	6.12	6.07	6.02
	0.010	9.89	9.72	9.55	9.45	9.38	9.29	9.24	9.20	9.11	9.03
	0.001	26.42	25.91	25.39	25.08	24.87	24.60	24.44	24.33	24.06	23.82
	0.100	2.90	2.87	2.84	2.81	2.80	2.78	2.77	2.76	2.74	2.72
	0.050	4.00	3.94	3.87	3.83	3.81	3.77	3.75	3.74	3.70	3.67
6	0.025	5.37	5.27	5.17	5.11	5.07	5.01	4.98	4.96	4.90	4.86
	0.010	7.72	7.56	7.40	7.30	7.23	7.14	7.09	7.06	6.97	6.89
	0.001	17.99	17.56	17.12	16.85	16.67	16.44	16.31	16.21	15.98	15.77

참고문헌

1. 민만식 (2017) 사례로 배우는 확률과 통계, 한티미디어
2. 민만식 (2017) 기초미분적분학, 한티미디어
3. 나종화 (2016) R 시각화와 통계자료분석, 자유아카데미
4. 이윤환 (2017) 제대로 알고 쓰는 R 통계분석, 자유아카데미
5. 임동훈 (2016) R을 이용한 통계학, 자유아카데미
6. 김재희 (2016) R을 이용한 통계 프로그래밍 기초, 자유아카데미
7. 민만식 (2015) 행렬대수, 자유아카데미
8. 송혜양 등 (1996) 통계학, 자유아카데미
9. 김동희 (2015) R을 이용한 통계학 이론과 응용, 자유아카데미
10. 배현웅, 문호석 (2015) R을 함께하는 통계학, 교우사
11. 송성주, 전명식 (2015) 수리통계학, 자유아카데미
12. 송태민 (2015) 빅데이터 연구, 한나래출판사
13. 민만식 (2016) 확률론, 한티미디어
14. 김성태 (2016) 빅데이터 시대의 커뮤니케이션 연구, 율곡출판사
15. 윤승창 (2004) 생활속의 통계분석, 북스힐
16. 민만식 (2017) 생활속의 수학, 한티미디어
17. 신종화외2명 (2017) 빅데이터 분석도구 R인 액션, 홍릉과학출판사

INDEX